新工科暨卓越工程师教育培养计划电子信息类专业系列教材
普通高等学校"双一流"建设电子信息类专业特色教材

丛书顾问/郝 跃

自动控制原理（第三版）习题解析

- 主编/张兰勇 李 芃
- 主审/刘 胜

华中科技大学出版社
http://www.hustp.com
中国·武汉

内 容 简 介

本书为刘胜教授主编的教材《自动控制原理(第三版)》的学习指导性教学配套用书。本书系统地给出了《自动控制原理(第三版)》中 201 道习题的详解,这些习题包括概念题、基本题、证明题、工程应用题、设计题等;每一章均增加了历年考研题以促进知识点融会贯通,并给出了详细的求解过程;最后,设计了两套考研模拟试卷。全书共计给出了 300 多道习题的解答,可以提升学生对自动控制理论的综合运用能力。

本书可作为高等工科院校自动化、电气工程及其自动化、探测制导与控制技术、测控技术与仪器、机器人工程、人工智能、机械设计制造及其自动化、船舶与海洋工程、通信工程、计算机科学与技术、电子信息工程等专业的自动控制原理课程教学配套教材,亦可作为广大考研人员和自动化类各专业工程技术人员的自学参考书。

图书在版编目(CIP)数据

自动控制原理(第三版)习题解析/张兰勇,李芃主编. —武汉:华中科技大学出版社,2021.8
ISBN 978-7-5680-7389-9

Ⅰ.①自… Ⅱ.①张… ②李… Ⅲ.①自动控制理论-高等学校-题解 Ⅳ.①TP13-44

中国版本图书馆 CIP 数据核字(2021)第 155452 号

自动控制原理(第三版)习题解析　　　　　　　　　　　张兰勇　李　芃　主编
Zidong Kongzhi Yuanli(Di-san Ban)Xiti Jiexi

策划编辑:	祖　鹏
责任编辑:	刘艳花
责任校对:	刘　竣
封面设计:	秦　茹
责任监印:	周治超
出版发行:	华中科技大学出版社(中国·武汉)　　电话:(027)81321913
	武汉市东湖新技术开发区华工科技园　　邮编:430223
录　排:	武汉市洪山区佳年华文印部
印　刷:	武汉开心印印刷有限公司
开　本:	787mm×1092mm　1/16
印　张:	16
字　数:	384 千字
版　次:	2021 年 8 月第 1 版第 1 次印刷
定　价:	46.00 元

本书若有印装质量问题,请向出版社营销中心调换
全国免费服务热线:400-6679-118　　竭诚为您服务
版权所有　侵权必究

前言

自动控制技术已广泛地应用于工业、农业、交通运输和国防建设的各个领域。自动控制技术以自动控制理论为基础,在科学技术现代化的发展与创新过程中,正在发挥着越来越重要的作用,尤其是在工业化、信息化"两化"融合中,扮演着越来越重要的角色。20世纪50年代发展起来的以传递函数为核心的经典控制理论,至今仍成功地应用于控制工程领域。

本书是与刘胜教授主编的教材《自动控制原理(第三版)》(华中科技大学出版社)配套的学习指导性教学用书,亦可作为广大考研人员的自学参考教材。

编者力图打造一本自动控制原理方面习题解析的精品教材,在自动控制的基本概念、控制系统的数学模型、线性系统的时域分析法、线性系统的根轨迹法、线性系统的频域分析法、线性系统的校正设计、非线性控制系统分析以及线性离散系统的分析与校正等内容中均精心设计了习题及"金牌"讲解。

本书设计了基本例题、实际工程实例以及多层次不同用途的课后习题,力求由浅入深、循序渐进和突出重点,构建出立体化的学生自学与自我反馈资源体系,同时给学生自主学习留有充分的空间,也为进一步激发和调动学生的潜能和积极性创造了条件。

本书除了有传统习题的解题过程外,还有以下特点。

解题思路:阐述习题的解题过程及其逻辑推理;解题过程:概念清晰、步骤完整、数据准确、附图齐全。把解题思路、解题过程串起来,做到融会贯通,最后给出配套教材的课后习题答案,在解题思路和解题过程上进行精练分析和引导,巩固所学,达到举一反三的效果。此外,针对考研人员,每章节中均穿插引入了历年考研真题并附上详细的求解过程,最后给出了考研模拟试题,力图提高广大考研人员综合运用知识的能力。

本书由张兰勇、李芃主编。在编著过程中,得到了张紫萌、王梦琳、赵昂、李康、魏伦潘、李承羽、宋健、段应坤、杨海乐等的支持和协助,刘胜教授作为主审专家为本书提供了很多宝贵的修改意见,对本书质量的提高起到了重要的作用,在此一并感谢。

由于作者水平有限,书中难免有不妥之处,敬请广大专家和读者批评指正。

编 者
2021年5月于哈尔滨

目录

1 绪论 …………………………………………………………… (1)
2 控制系统的数学模型 ………………………………………… (9)
3 线性系统的时域分析法 ……………………………………… (39)
4 线性系统的根轨迹 …………………………………………… (79)
5 线性系统的频域分析法 ……………………………………… (111)
6 线性系统的校正设计 ………………………………………… (149)
7 非线性控制系统分析 ………………………………………… (177)
8 线性离散控制系统的分析与校正 …………………………… (209)
9 研究生入学考试模拟试题(1) ………………………………… (236)
10 研究生入学考试模拟试题(2) ……………………………… (242)
参考文献 ………………………………………………………… (249)

1

绪论

【习题1-1】 什么是自动控制系统？试列举几个日常生活中闭环和开环控制系统，并说明其工作原理。

解 自动控制就是指在没有人参与的情况下，利用外加的设备和装置（控制器）使机器、设备或生产过程（被控对象）按照给定的规律运行，使被控对象的一个或几个物理量（即被控量）能够在一定的精度范围内按照给定的规律变化；由控制器、执行机构和被控对象组成的整体称为控制系统；当被控对象能由控制器与执行机构自动操纵时，这样的系统就称为自动控制系统。

举例如下。

闭环：汽车定速巡航系统，设定巡航速度后，汽车自动检测当前车辆的速度，当速度低于巡航速度时，电子系统控制车辆电子油门以提速，直到达到目标速度；当速度高于巡航速度时，电子系统控制车辆刹车系统以减速，直到达到目标速度。

开环：汽车方向控制系统、油门控制系统均由人给出输入量（方向盘转动角度，油门踩下深度），系统响应产生方向及速度变化，均不存在自动控制的反馈量。

【习题1-2】 液位自动控制系统原理示意图如图1-1所示。当排出流量变化时期望系统保持水箱中液面高度 c 不变，试说明系统工作原理并绘出系统方框图。

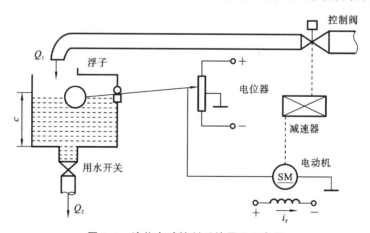

图1-1 液位自动控制系统原理示意图

解 系统被控对象是水箱，被控量是水箱内的液面高度，在平衡情况下，液面处于理想高度，电位器电刷处于中点位置，电动机输入电压为零，电动机不工作，阀门处于固定开度,水的流入量和流出量处于相对平衡状态;当用水开关 Q_2 开大,水箱内液面降低时,电位器电刷位置升高,电动机输入电压为正,控制阀开大,流入水量增加使液面上升,直至回至理想状态;当用水开关 Q_2 关小,水箱内液面升高时,电位器电刷位置降低,电动机输入电压为负,控制阀关小,流入水量减小使液面下降,直至回至理想状态。液位自动控制系统方框图如图 1-2 所示。

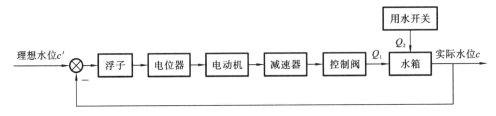

图 1-2　液位自动控制系统方框图

【习题 1-3】　自动开关门控制系统原理示意图如图 1-3 所示,试说明系统工作原理并绘出系统方框图。

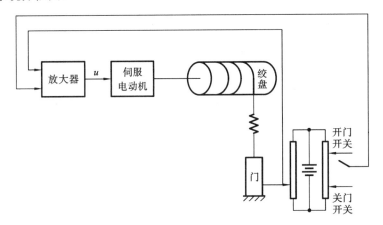

图 1-3　自动开关门控制系统原理示意图

解　当开关拨向开门开关时,电位器桥式测量电路产生偏差电压,经放大器放大后,驱动伺服电动机带动绞盘转动将门向上提起,与门固连的电位器电刷上移,直到桥式测量电路平衡;当开关拨向关门开关时,电位器桥式测量电路产生偏差电压,经放大器放大后,驱动伺服电动机带动绞盘转动将门放下,与门固连的电位器电刷下移,直到桥式测量电路平衡。自动开关门控制系统方框图如图 1-4 所示。

图 1-4　自动开关门控制系统方框图

【习题 1-4】　水温控制系统原理示意图如图 1-5 所示。其中,冷水在热交换器中由通入的蒸汽加热,从而得到一定温度的热水。冷水流量变化用流量计测量。试绘制系统方框图,并说明为了保持热水温度为期望值,系统是如何工作的。系统的被控对象和控制装置各是什么?

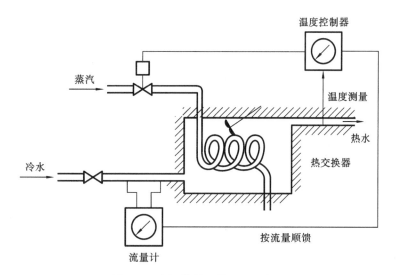

图 1-5 水温控制系统原理示意图

解 水温控制系统方框图如图 1-6 所示。

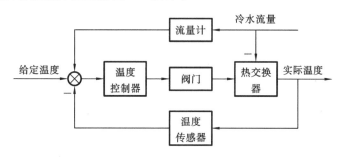

图 1-6 水温控制系统方框图

系统为复合控制系统,将按偏差控制和按扰动顺馈控制结合起来。

反馈主要为温度负反馈,当水温升高时,由温度控制器控制蒸汽阀门关小蒸汽流量使水温降低至目标值;当水温降低时,温度控制器控制蒸汽阀门开大使水温升高至目标值;冷水流量作为主要扰动量,以流量计进行扰动测量并进行顺馈补偿,当冷水流量减少时,水温升高,两控制信号均控制蒸汽阀门关小使水温降回正常值;当冷水流量增加时,水温降低,两控制信号均控制蒸汽阀门开大使水温升回正常值;系统被控对象为热交换机,控制装置为温度控制器。

【**习题 1-5**】 电阻炉温度控制系统原理示意图如图 1-7 所示。试分析系统保持电阻炉温度恒定的工作原理,并指出系统的被控对象、被控量及各部件的作用,然后绘出系统的方框图。

解 电阻炉以电阻丝加热,并保持炉温恒定;系统采用热电偶测量炉温,并将其转化为电压信号,当电阻炉内温度降低时,该电压信号与给定电压反极性连接,形成偏差电压,经电压放大器和功率放大器后驱动直流电机正转,直流电机经减速器作用后控制变压器的滑动触头上移,从而增大电阻丝的供电电压,使炉温回升至预设稳定值;当电阻炉内温度升高时,该电压信号与给定电压反极性连接,形成偏差电压,经电压放大器和功率放大器后驱动直流电机反转,直流电机经减速器作用后控制变压器的滑动触头

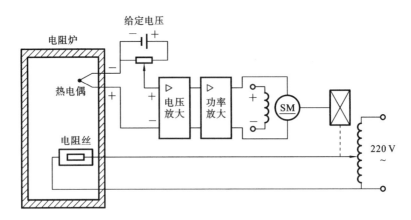

图 1-7 电阻炉温度控制系统原理示意图

下移,从而减小电阻丝的供电电压,使炉温下降至预设稳定值;系统的被控对象为电阻炉,被控量为炉温,热电偶起测量作用,电压放大器和功率放大器起放大作用,电动机和减速器均为执行机构,水温控制系统方框图如图1-8所示。

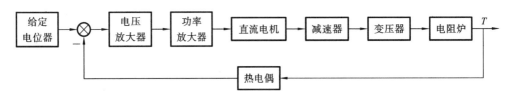

图 1-8 水温控制系统方框图

【**习题 1-6**】 自整角机随动系统原理示意图如图 1-9 所示。系统的功能是使接收自整角机 TR 的转子角位移 θ_o 与发送自整角机 TX 的转子角位移 θ_i 始终保持一致。试说明系统是如何保证输出角度与给定角度一致的。并指出系统的被控对象、被控量及各部件的作用,最后绘出系统的方框图。

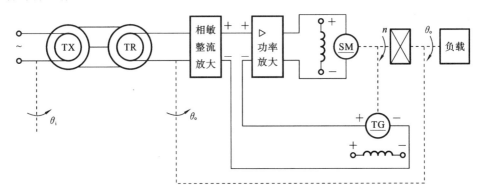

图 1-9 自整角机随动系统原理示意图

解 自整角发送机的转子与给定轴相连,自整角接收机的转子与负载轴相连,TX与 TR 组成角差测量线路;若自整角发送机的转子转过一个角度,则在自整角接收机转子的单相绕组上将感应出一个偏差电压 u_e,这是一个振幅为 u_{em}、频率与自整角发送机激磁频率相同的交流调幅电压,即 $u_e = u_{em}\sin(\omega t)$,在一定范围内,$u_{em}$ 正比于 $\theta_i - \theta_o$,即 $u_{em} = K_e(\theta_i - \theta_o)$,所以可得 $u_e = K_e(\theta_i - \theta_o)\sin(\omega t)$,$u_e$ 经相敏整流放大器放大后变为直流电压,再经功率放大器放大后作用于电动机两端,电动机经过减速器后带动负载和自整角接收机的转子,实现 $\theta_o = \theta_i$,从而完成跟随。

该系统被控对象为负载轴,被控量为负载轴转角及自整角接收机转子的转角 θ_o,电动机和减速器为执行机构,相敏整流放大器与功率放大器起放大作用,测速发电机起测量反馈作用,自整角机随动系统方框图如图 1-10 所示。

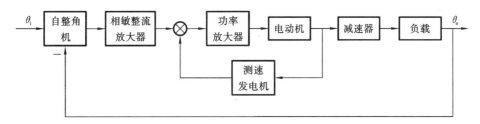

图 1-10 自整角机随动系统方框图

【**习题 1-7**】 谷物湿度控制系统原理示意图如图 1-11 所示。在谷物磨粉的生产过程中,在最佳湿度条件下,出粉率最高。因此,磨粉之前要给谷物加水以得到给定的湿度。图 1-11 中,谷物用传送装置按一定的流量通过加水点,加水量由自动阀门控制。在加水过程中,谷物流量、加水前谷物湿度以及水压都是对谷物湿度控制的扰动作用。为了提高控制精度,系统中采用了谷物湿度的顺馈和反馈控制,试绘出系统的方框图。

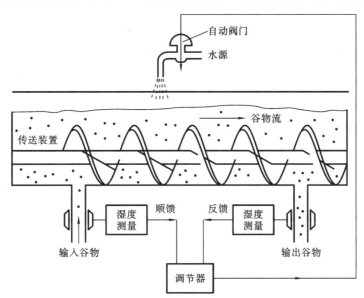

图 1-11 谷物湿度控制系统原理示意图

解 谷物湿度控制系统方框图如图 1-12 所示。

【**习题 1-8**】 数字计算机控制的机床刀具进给系统原理示意图如图 1-13 所示。要求将工件的加工过程编制成程序预先存入数字计算机,加工时,步进电动机按照计算机给出的信息动作,完成加工任务。试说明该系统的工作原理。

解 该系统为开环系统,系统工作原理如图 1-13 所示,数字计算机按照输入程序控制输出电压信号,该电压信号经过脉冲分配与功率放大后作为驱动电压被作为步进电动机的输入电压控制刀具工作,制造工件。

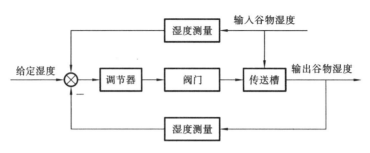

图 1-12 谷物湿度控制系统方框图

图 1-13 数字计算机控制的机床刀具进给系统原理示意图

【习题 1-9】 船舶航向保持控制系统方框图如图 1-14 所示。该图描述的是哪类反馈控制系统？并指出系统的被控对象、被控量及各部件的作用。

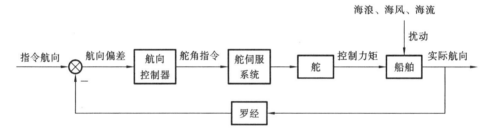

图 1-14 船舶航向保持控制系统方框图

解 该图描述的是负反馈控制系统。该系统的被控对象为船舶，被控量为船舶航向，罗经起测量作用，航向控制器起校正作用，舵与舵伺服系统起放大、执行作用。

【习题 1-10】 简述闭环自动控制系统一般是由哪些基本环节组成的，并绘出控制系统结构图。

解 闭环控制系统的基本控制环节如图 1-15 所示。

图 1-15 闭环控制系统的基本控制环节

给定环节：产生参考输入或设定值的环节。

比较环节：用于产生偏差信号，用以控制的环节。

校正环节：改善控制系统的性能，使系统能正常工作的环节。

放大环节：使偏差信号有足够大的振幅和频率的环节。

执行机构：偏差的控制作用驱动被控对象的环节。

被控对象:进行控制的设备或过程。
检测装置:测量被控量和控制量(给定量)。

【习题 1-11】 简述如何判断控制系统是否为线性系统。控制系统三个性能指标要求是什么?

解 当系统的输入与输出的关系满足叠加性和齐次性时,系统为线性系统。

控制系统的三个性能指标要求是稳、准、快。

稳定性(稳):保证控制系统正常运行的必备条件。

稳态性能指标(准):稳态误差。当系统从一个稳态过渡到新的稳态,或系统受到扰动作用又重新平衡后,系统出现的偏差反映控制精度,控制精度越高越好。

动态性能指标(快):反映过渡过程的形式和快慢。人们希望自动控制系统的过渡时间尽可能短,输出量的最大振荡度(即超调量)尽可能小。

【习题 1-12】 简述什么是校正装置,其作用是什么。

解 在控制系统中,由于系统本身不能同时满足对系统所提出的各项性能指标的要求而引入的一些附加装置称为校正装置。校正装置的作用是改善系统的动态、稳态性能,使其满足所期望的要求。

【习题 1-13】 冰箱体内温度控制系统的工作原理图如图 1-16 所示。

(1) 试简述系统的工作原理;
(2) 指出受控对象、被控量和给定值;
(3) 绘出系统方框图。

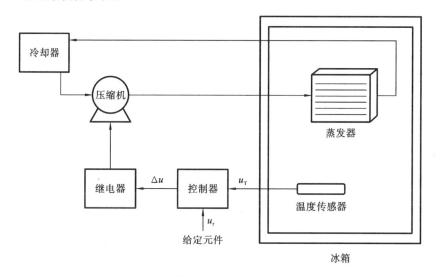

图 1-16 冰箱体内温度控制系统的工作原理图

解 (1) 工作原理:温度传感器感受冰箱体内的温度变化(转化为 u_T)并作用到控制器。在控制器内与给定元件(电位器)的电压信号 u_r 比较,产生偏差信号 Δu ($\Delta u = u_r - u_T$),Δu 作用到继电器,使继电器接通,压缩机启动。压缩机将蒸发器中的介质(制冷剂)送至冷却器散热,降温后的低温低压制冷剂被压缩机压缩成低温高压液体进入蒸发器,在蒸发器内降压成气体,吸收冰箱体内的热量,使箱体内温度下降,如此循环流动,达到冰箱内制冷的效果。继电器、压缩机、冷却器和蒸发器组成系统的执行机构和调节机构。

(2) 受控对象是冰箱体,被控量是冰箱内温度,给定值是控制器的给定元件(电位器产生的给定信号u_r)。

(3) 系统方框图如图1-17所示。

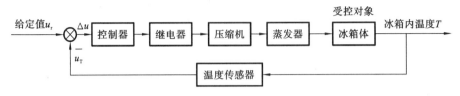

图 1-17 控制系统方框图

【习题 1-14】 图1-18是导弹发射架方位角控制系统原理图。图1-18中电位器P_1、P_2并联后跨接到同一电源E_0的两端,其滑臂分别与输入轴和输出轴连接,组成方位角的给定元件和测量反馈元件。输入轴由手轮操纵;输出轴由直流电动机经减速后带动,电动机采用电枢控制的方式工作。试分析系统的工作原理,指出系统的被控对象、被控量和给定量,绘出系统的方框图。

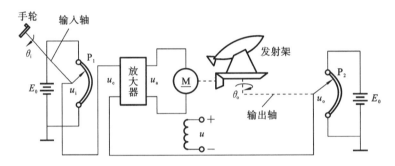

图 1-18 导弹发射架方位角控制系统原理图

解 当导弹发射架的方位角与输入轴方位角一致时,系统处于相对静止状态。当摇动手轮使电位器P_1的滑臂转过一个输入角θ_i的瞬间,由于输出轴的转角$\theta_o \neq \theta_i$,于是出现一个误差角$\theta_e = \theta_i - \theta_o$,该误差角通过电位器$P_1$、$P_2$转换成偏差电压$u_e = u_i - u_o$,$u_e$经放大后驱动电动机转动,在驱动导弹发射架转动的同时,通过输出轴带动电位器P_2的滑臂转过一定的角度,直至$\theta_o = \theta_i$时,$u_i = u_o$,偏差电压$u_e = 0$,电动机停止转动。这时,导弹发射架停留在相应的方位角上。只要$\theta_o \neq \theta_i$,偏差就会产生调节作用,控制的结果是消除偏差θ_e,使输出量θ_o严格地跟随输入量θ_i的变化而变化。

在系统中,导弹发射架是被控对象,发射架方位角θ_o是被控量,通过手轮输入的角度θ_i是给定量。导弹发射架方位角控制系统方框图如图1-19所示。

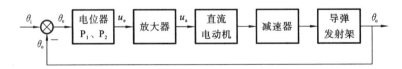

图 1-19 导弹发射架方位角控制系统方框图

2

控制系统的数学模型

【习题 2-1】 写出如图 2-1 所示的机械系统的微分方程。

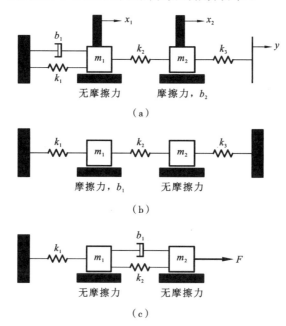

图 2-1 机械系统

解 (1) 对图 2-1(a)有

$$k_3(y-x_2)-k_2(x_2-x_1)-b_2 m_2 g = m_2 \frac{\mathrm{d}^2 x_2}{\mathrm{d}t^2}$$

$$k_2(x_2-x_1)-k_1 x_1 - b_1 \frac{\mathrm{d}x_1}{\mathrm{d}t} = m_1 \frac{\mathrm{d}^2 x_1}{\mathrm{d}t^2}$$

(2) 对图 2-1(b)有

$$k_3 x_2 - k_2(x_2-x_1) = m_2 \frac{\mathrm{d}^2 x_2}{\mathrm{d}t^2}$$

$$k_2(x_2-x_1)-k_1 x_1 - b_1 m_1 g = m_1 \frac{\mathrm{d}^2 x_1}{\mathrm{d}t^2}$$

(3) 对图 2-1(c)有

$$F - k_2(x_2 - x_1) - b_1\left(\frac{dx_2}{dt} - \frac{dx_1}{dt}\right) = m_2 \frac{d^2 x_2}{dt^2}$$

$$k_2(x_2 - x_1) + b_1\left(\frac{dx_2}{dt} - \frac{dx_1}{dt}\right) - k_1 x_1 = m_1 \frac{d^2 x_1}{dt^2}$$

【习题 2-2】 试证明图 2-2(a)的电网络与图 2-2(b)的机械系统有相同的数学模型。

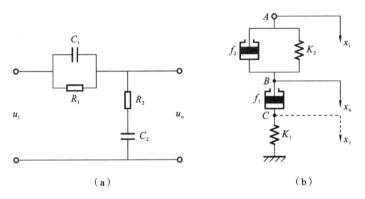

图 2-2 电网络与机械系统示意图

解 对于图 2-2(a)所示的系统,利用复数阻抗的方法,则有

$$G_a(s) = \frac{U_o(s)}{U_i(s)} = \frac{R_2 + \dfrac{1}{C_2 s}}{\dfrac{R_1 \dfrac{1}{C_1 s}}{R_1 + \dfrac{1}{C_1 s}} + \left(R_2 + \dfrac{1}{C_2 s}\right)}$$

$$= \frac{R_1 R_2 C_1 C_2 s^2 + (R_1 C_1 + R_2 C_2)s + 1}{R_1 R_2 C_1 C_2 s^2 + (R_1 C_1 + R_2 C_2 + R_1 C_2)s + 1}$$

对于图 2-2(b)所示的系统,设 A、B、C 点的位移分别为 x_i、x_o、x_1,根据牛顿第二定律,对于 B 点和 C 点,分别有

B 点: $\quad K_2(x_i - x_o) + f_2(x_i - x_o)' = f_1(x_o - x_1)' \quad$ (1)

C 点: $\quad K_1 x_1 = f_1(x_o - x_1)' \quad$ (2)

对于式(2),考虑初始条件为 0,等式两边同时进行拉氏变换,则有

$$K_1 X_1(s) = f_1 s X_o(s) - f_1 s X_1(s)$$

$$X_1(s) = \frac{f_1 s}{K_1 + f_1 s} X_o(s) \quad (3)$$

又将式(1)两边同时进行拉氏变换,有

$$K_2 X_i(s) - K_2 X_o(s) + f_2 s X_i(s) - f_2 s X_o(s) = f_1 s X_o(s) - f_1 s X_1(s)$$

将式(3)代入上式并整理,得

$$(K_2 + f_2 s) X_i(s) = \left[f_2 s + K_2 + \frac{K_1 f_1 s}{K_1 + f_1 s}\right] X_o(s)$$

所以

$$G_b(s) = \frac{X_o(s)}{X_i(s)} = \frac{f_1 f_2 s^2 + (K_2 f_1 + K_1 f_2)s + K_1 K_2}{f_1 f_2 s^2 + (K_2 f_1 + K_1 f_2 + K_1 f_1)s + K_1 K_2}$$

比较 $G_a(s)$、$G_b(s)$ 可见:$G_a(s)$、$G_b(s)$ 两传递函数类型相同,即两系统具有相同的

数学模型,作为相似系统,两者参数相似关系为

$$K_1 \sim \frac{1}{C_1}, \quad f_1 \sim R_1, \quad K_2 \sim \frac{1}{C_2}, \quad f_2 \sim R_2$$

【**习题 2-3**】 图 2-3 所示为双摆系统,双摆悬挂在无摩擦的旋轴上,并且用弹簧把它们中点连在一起。假定摆球的质量为 M,摆杆长度为 l,摆杆质量不计,弹簧置于摆杆的 $l/2$ 处,其弹性系数为 k,摆的角位移很小,$\sin\theta$、$\cos\theta$ 均可进行线性近似处理,当 $\theta_1 = \theta_2$ 时,位于杆中间的弹簧无变形,且外力输入 $f(t)$ 只作用于左侧的杆。若令 $a = \frac{g}{L} + \frac{k}{4M}$,$b = \frac{k}{4M}$,则

(1) 列写双摆系统的运动方程;
(2) 确定传递函数 $\theta_1(s)/F(s)$;
(3) 绘出双摆系统的结构图和信号流图。

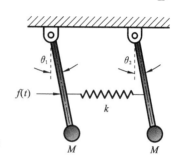

图 2-3 双摆系统

解 (1) 弹簧所受到的压力为

$$F = k \frac{l}{2} (\sin\theta_1 - \sin\theta_2) \qquad (1)$$

左边摆杆的力矩方程为

$$f(t) \frac{l}{2} \cos\theta_1 - F \frac{l}{2} \cos\theta_1 - mgl\sin\theta_1 = ml^2 \frac{\mathrm{d}^2\theta_1}{\mathrm{d}t^2}$$

整理得

$$\frac{\mathrm{d}^2\theta_1}{\mathrm{d}t^2} = \frac{f(t)\cos\theta_1}{2ml} - \frac{F\cos\theta_1}{2ml} - \frac{g\sin\theta_1}{l} \qquad (2)$$

右边摆杆的力矩方程为

$$F \frac{l}{2} \cos\theta_1 - mg\sin\theta_1 = ml^2 \frac{\mathrm{d}^2\theta_1}{\mathrm{d}t^2}$$

整理得

$$\frac{\mathrm{d}^2\theta_2}{\mathrm{d}t^2} = \frac{F\cos\theta_1}{2ml} - \frac{g\sin\theta_2}{l} \qquad (3)$$

因 θ_1 与 θ_2 很小,近似有 $\sin\theta_1 = \theta_1$,$\cos\theta_1 = 1$;$\sin\theta_2 = \theta_2$,$\cos\theta_2 = 1$。

将 $F = k \frac{l}{2} (\sin\theta_1 - \sin\theta_2)$ 代入左右摆杆的力矩方程式(2)和式(3)中,得

$$\ddot{\theta}_1 = \frac{1}{2ml} f(t) - \left(\frac{g}{l} + \frac{k}{4m}\right)\theta_1 + \frac{k}{4m}\theta_2 \qquad (4)$$

$$\ddot{\theta}_2 = \frac{k}{4m}\theta_1 - \left(\frac{g}{l} + \frac{k}{4m}\right)\theta_2 \qquad (5)$$

若令 $a = \frac{g}{l} + \frac{k}{4m}$,$b = \frac{k}{4m}$,$\omega_1 = \dot{\theta}_1$,$\omega_2 = \dot{\theta}_2$,则双摆系统的运动方程为

$$\frac{\mathrm{d}\omega_1}{\mathrm{d}t} = \ddot{\theta}_1 = -a\theta_1(t) + b\theta_2(t) + \frac{1}{2ml} f(t) \qquad (6)$$

$$\frac{\mathrm{d}\omega_2}{\mathrm{d}t} = \ddot{\theta}_2 = b\theta_1(t) - a\theta_2(t) \qquad (7)$$

(2) 设全部初始条件为零,对式(6)和式(7)进行拉氏变换,有

$$s^2 \theta_1(s) = -a\theta_1(s) + b\theta_2(s) + \frac{1}{2ml} F(s)$$

$$s^2\theta_2(s)=b\theta_1(s)-a\theta_2(s)$$

显然

$$\theta_2(s)=\frac{b}{s^2+a}\theta_1(s)$$

所以

$$\left(s^2+a-\frac{b^2}{s^2+a}\right)\theta_1(s)=\frac{1}{2ml}F(s)$$

得到传递函数为

$$\frac{\theta_1(s)}{F(s)}=\frac{1}{2ml}\frac{s^2+a}{(s^2+a)-b^2}$$

（3）由传递函数可得双摆系统结构图如图 2-4 所示。

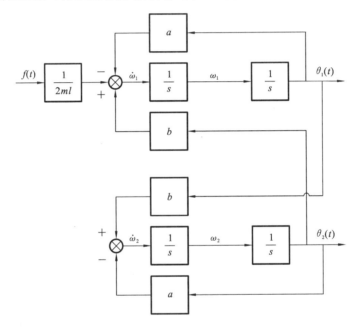

图 2-4 双摆系统结构图

双摆系统信号流图如图 2-5 所示。

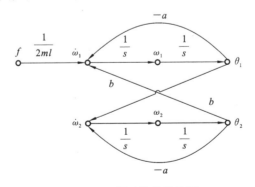

图 2-5 双摆系统信号流图

【习题 2-4】 写出图 2-6 中各电路的动态方程以及传递函数。

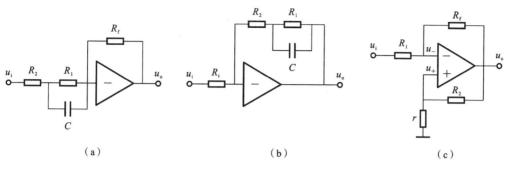

图 2-6 电路图

解 （1）设 R_1, R_2 间点电压值为 u_2，可得

$$\frac{u_i - u_2}{R_2} = -\frac{u_o}{R_f}$$

$$\frac{u_2}{R_1} + C\frac{du_2}{dt} = -\frac{u_o}{R_f}$$

对上式进行拉氏变换得

$$R_f u_i(s) - R_f u_2(s) = -R_2 u_o(s)$$

$$\frac{u_2(s)}{R_1} + Csu_2(s) = -\frac{u_o(s)}{R_f}$$

消去 $u_2(s)$，得

$$\frac{u_o(s)}{u_i(s)} = -\frac{R_f R_1 Cs + R_f}{R_2 R_1 Cs + R_1 + R_2}$$

（2）图 2-6(b) 与图 2-6(a) 对照，可得

$$\frac{u_o(s)}{u_i(s)} = -\frac{R_2 R_1 Cs + R_1 + R_2}{R_i R_1 Cs + R_i}$$

（3）设 R_1, R_2 间点电压值为 u_1，R_f, r 间点电压值为 u_2，r 的阻抗为 $R + j\omega X$，可得

$$\frac{(U_o - U_i)R_1}{R_1 + R_2} + U_i = \frac{U_o(R + j\omega X)}{R_f + (R + j\omega X)}$$

令

$$s = j\omega$$

有

$$\frac{(U_o - U_i)R_1}{R_1 + R_f} + U_i = \frac{U_o(R + sX)}{R_f + (R + sX)}$$

整理得

$$\frac{U_o}{U_i} = \frac{R_2 R_f + RR_f + R_f Xs}{RR_f - R_1 R_2 + R_f Xs}$$

【习题 2-5】 已知一系统由如下方程组成，试绘制系统结构图并求闭环传递函数 $\dfrac{C(s)}{R(s)}$。

$$X_1 = G_1(s)R(s) - G_1(s)(G_7(s) - G_8(s))C(s)$$

$$X_2(s) = G_2(s)(X_1(s) - G_6(s)X_3(s))$$

$$X_3(s) = (X_2(s) - G_5(s)C(s))G_3(s)$$

$$C(s) = G_4(s)X_3(s)$$

解 由以上方程,可直接画出系统结构示意图,如图 2-7 所示。

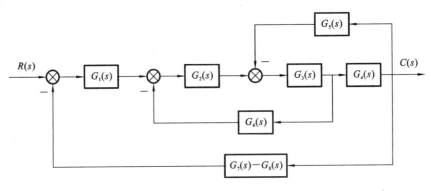

图 2-7 系统结构示意图

由以上各式直接消去中间变量 $X_1(s)$、$X_2(s)$、$X_3(s)$,得系统闭环传递函数为(为节约空间,省略答案中的(s))

$$\frac{C(s)}{R(s)}=\frac{G_1G_2G_3G_4}{1+G_3G_4G_5+G_2G_3G_6+G_1G_2G_3G_4G_7-G_1G_2G_3G_4G_8}$$

也可以梅森公式计算,结果相同。

【习题 2-6】 在电动机位置控制中一个非常经典的问题是电动机驱动有一种主要振动方式的负载。这个问题出现在计算机硬盘读写磁头控制、轴到轴磁带驱动,以及其他很多实际应用中。图 2-8 绘出了带柔性负载的电动机原理。电动机电势常数K_e、转矩常数K_t、电枢电感L_a、以及电枢电阻R_a;转子转动惯量J_1和黏滞摩擦系数B;负载转动惯量J_2;转子和负载通过一个转轴连接,其弹簧系数为k,等效阻尼系数为b,写出系统的运动方程。

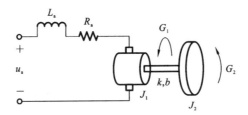

图 2-8 带柔性负载的电动机原理图

解 对于扭转弹簧有
$$T_S=K(\theta_1-\theta_2)+b(\omega_1-\omega_2)$$
由电机端转矩平衡关系可得
$$J_1\dot{\omega}_1=K_t i_a-B\omega_1-T_s$$
由负载端转矩平衡关系可得
$$J_2\dot{\omega}_2=T_s$$
又有
$$\dot{\theta}_1=\omega_1,\quad \dot{\theta}_2=\omega_2$$
再由
$$U_a=R_a i_a+L_a\frac{di_a}{dt}+K_e\omega_1$$

得运动方程为

$$\frac{d\omega_1}{dt}=\ddot{\theta}_1=\frac{1}{J_1}(K_t i_a(t)-B\dot{\theta}_1(t)-K(\theta_1-\theta_2)+b(\dot{\theta}_1-\dot{\theta}_2))$$

$$\frac{d\omega_2}{dt}=\ddot{\theta}_2=\frac{1}{J_2}(K(\theta_1-\theta_2)+b(\dot{\theta}_1-\dot{\theta}_2))$$

其中与 $i_a(t)$ 有关的表达式为

$$U_a=R_a i_a(t)+L_a\frac{di_a(t)}{dt}+K_e\omega_1$$

【习题 2-7】 某系统的微分方程组如下：

$$x_1(t)=r(t)-\tau\dot{c}(t)+K_1 n(t)$$
$$x_2(t)=K_0 x_1(t)$$
$$x_3(t)=x_2(t)-n(t)-x_5(t)$$
$$T\dot{x}_4(t)=x_3(t)$$
$$x_5(t)=x_4(t)-c(t)$$
$$\dot{c}(t)+c(t)=x_5(t)$$

式中：$r(t),n(t)$ 分别为控制系统输入量和扰动输入量；$x_1(t),x_2(t),x_3(t),x_4(t),x_5(t)$ 为中间变量。试绘出系统结构图，并求出 $r(t)$ 作用下的系统闭环传递函数 $\Phi(s)=\frac{C(s)}{R(s)},\Phi_n(s)=\frac{C(s)}{N(s)}$。

解 对上式进行拉氏变换得

$$x_1(s)=r(s)-\tau s C(s)+K_1 n(s)$$
$$x_2(s)=K_0 x_1(s)$$
$$x_3(s)=x_2(s)-n(s)-x_5(s)$$
$$Ts x_4(s)=x_3(s)$$
$$x_5(s)=x_4(s)-C(s)$$
$$sC(s)+C(s)=x_5(s)$$

由此可得系统结构示意图如图 2-9 所示。

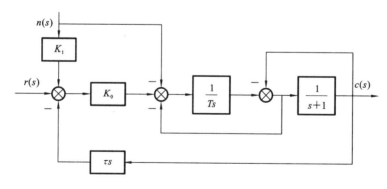

图 2-9 系统结构示意图

设 $n(s)=0$，消去中间变量，得

$$\Phi(s)=\frac{C(s)}{R(s)}=\frac{K_0}{Ts^2+(2T+K_0\tau+1)s+1}$$

设 $r(s)=0$，消去中间变量，得

$$\Phi_\mathrm{n}(s)=\frac{C(s)}{N(s)}=\frac{K_0K_1-1}{Ts^2+(2T+K_0\tau+1)s+1}$$

也可以梅森公式计算,结果相同。

【习题 2-8】 试简化图 2-10 所示的系统结构示意图,并分别求出传递函数 $C_1(s)/R_1(s)$,$C_1(s)/R_2(s)$,$C_2(s)/R_1(s)$,$C_2(s)/R_2(s)$。

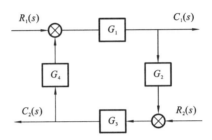

图 2-10 系统结构示意图

解 不标负反馈符号,均按正反馈处理。

$$\frac{C_1(s)}{R_1(s)}=\frac{G_1}{1-G_1G_2G_3G_4}$$

$$\frac{C_1(s)}{R_2(s)}=\frac{G_1G_3G_4}{1-G_1G_2G_3G_4}$$

$$\frac{C_2(s)}{R_1(s)}=\frac{G_1G_2G_3}{1-G_1G_2G_3G_4}$$

$$\frac{C_2(s)}{R_2(s)}=\frac{G_3}{1-G_1G_2G_3G_4}$$

【习题 2-9】 飞机俯仰角控制系统结构图如图 2-11 所示,试逐步简化结构图,并求闭环传递函数 $\theta_\mathrm{o}(s)/\theta_\mathrm{i}(s)$。

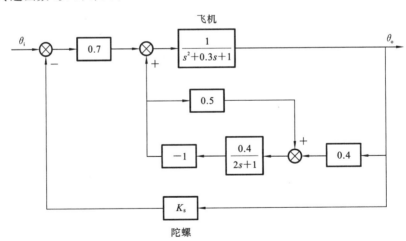

图 2-11 飞机俯仰角控制系统结构图

解 先将该结构图中间的较小正反馈回路按标准形式化简,得图 2-12(a)。

再将图 2-12(a)中所余正反馈回路按标准形式化简,得图 2-12(b)。

再将图 2-12(b)按反馈回路标准形式化简,得图 2-12(c)。

由此可直接写出

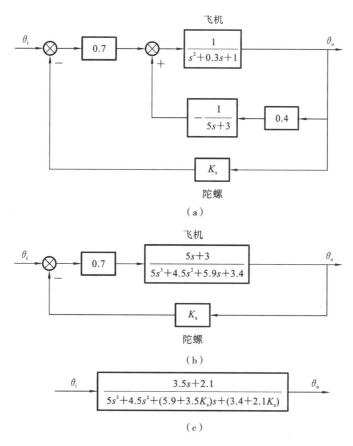

(a)

(b)

(c)

图 2-12 飞机俯仰角控制系统简化结构图

$$\frac{\theta_o(s)}{\theta_i(s)} = \frac{3.5s+2.1}{5s^3+4.5s^2+(5.9+3.5K_s)s+(3.4+2.1K_s)}$$

【习题 2-10】 系统结构如图 2-13 所示，试确定系统的闭环传递函数 $C(s)/R(s)$。

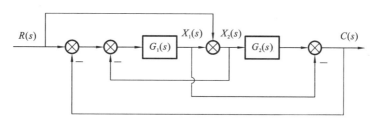

图 2-13 系统结构图

解 按题中所给两个中间变量，可得

$$X_1(s) = (R(s) - C(s) - X_2(s))G_1(s)$$
$$X_2(s) = X_1(s) + R(s)$$
$$C(s) = X_2(s)G_2(s)X_1(s)$$

由以上三式消去中间变量，可得系统闭环传递函数为

$$\frac{C(s)}{R(s)} = \frac{G_2(s)(1+G_1(s))}{1+2G_2(s)+G_1(s)G_2(s)}$$

【习题 2-11】 已知控制系统结构图如图 2-14 所示，试通过结构图等效变换求系

统传递函数 $C(s)/R(s)$。

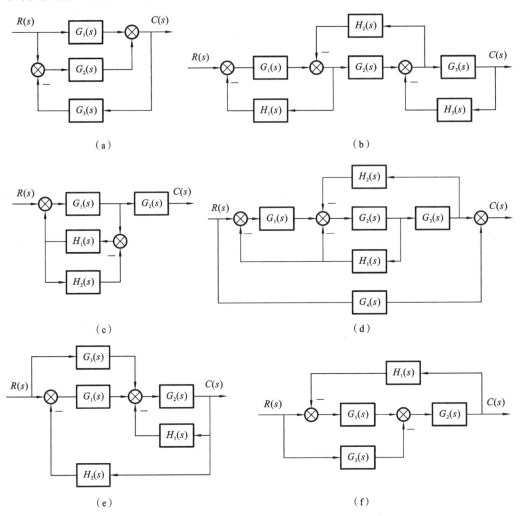

图 2-14 控制系统结构图

解 （1）将图 2-14(a)所示结构图拆分为图 2-15 所示，将两部分分别以标准模式进行计算，可得

$$\frac{C(s)}{R(s)} = \frac{G_1(s) + G_2(s)}{1 + G_2(s)G_3(s)}$$

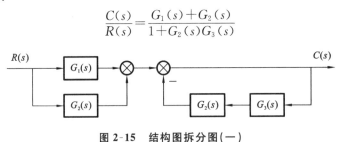

图 2-15 结构图拆分图（一）

（2）将图 2-14(b)所示结构图 $H_2(s)$ 部分引出点后移，相加点前移，得图 2-16。再将 $G_1(s)H_1(s)$ 部分与 $G_3(s)H_3(s)$ 分别按照标准反馈模式计算，得图 2-17。再将图 2-17 按标准反馈模式计算，得

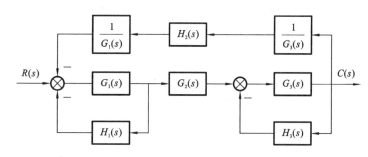

图 2-16 结构图拆分图（二）

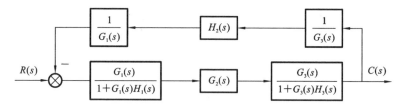

图 2-17 结构图拆分图（三）

$$\frac{C(s)}{R(s)} = \frac{G_1(s)G_2(s)G_3(s)}{(1+G_1(s)H_1(s))(1+G_3(s)H_3(s))+G_2(s)H_2(s)}$$

（3）先计算正反馈回路内部的负反馈回路，得图 2-18。

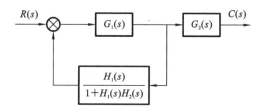

图 2-18 结构图拆分图（四）

再按标准反馈模式计算，得

$$\frac{C(s)}{R(s)} = \frac{G_1(s)G_2(s)(1+H_1(s)H_2(s))}{1+H_1(s)H_2(s)-G_1(s)H_1(s)}$$

（4）将图 2-14(d)所示结构图 $H_2(s)$ 部分引出点前移，并将 $H_1(s)$ 部分两回路分离，可得图 2-19。

在图 2-19 中由内向外依次按标准反馈模式计算，得

$$\frac{C(s)}{R(s)} = \frac{G_1(s)G_2(s)G_3(s)}{1+G_2(s)H_1(s)+G_2(s)G_3(s)H_2(s)-G_1(s)G_2(s)H_1(s)} + G_4(s)$$

（5）将图 2-14(e)中后侧 $G_2(s)H_1(s)$ 部分按标准反馈模式计算，得图 2-20。

再将图 2-20 中 $H_2(s)$ 部分相加点后移，得图 2-21。

将图 2-21 前后两部分分别计算，得

$$\frac{C(s)}{R(s)} = \frac{G_2(s)(G_1(s)+G_3(s))}{1+G_2(s)H_1(s)+G_1(s)G_2(s)H_2(s)}$$

（6）将图 2-14(f)结构图中 $H_1(s)$ 部分相加点后移，得图 2-22。

将图 2-22 前后两部分分别计算，得

$$\frac{C(s)}{R(s)} = \frac{G_2(s)(G_1(s)+G_3(s))}{1+G_1(s)G_2(s)H_1(s)}$$

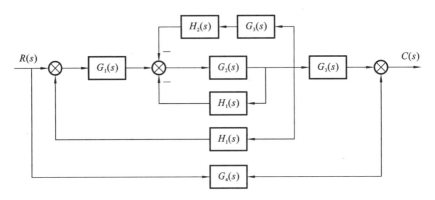

图 2-19 结构图拆分图(五)

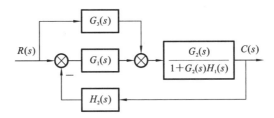

图 2-20 结构图拆分图(六)

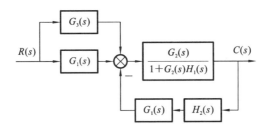

图 2-21 结构图拆分图(七)

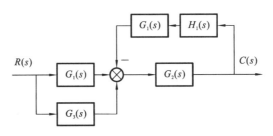

图 2-22 结构图拆分图(八)

【习题 2-12】 试绘制图 2-14 中各系统结构图对应的信号流图,并用梅森增益公式求各系统的传递函数 $C(s)/R(s)$。

解 图 2-14 的信号流图如图 2-23 所示。

(1) $\quad P_1=G_1(s),\quad P_2=G_2(s),\quad L_1=-G_2(s)G_3(s),\quad \Delta=1+G_2(s)G_3(s)$

$$P=\frac{P_1\Delta_1+P_2\Delta_2}{\Delta}=\frac{G_1(s)+G_2(s)}{1+G_2(s)G_3(s)}$$

(2) $\quad P_1=G_1(s)G_2(s)G_3(s),\quad L_1=-G_1(S)H_1(s)$

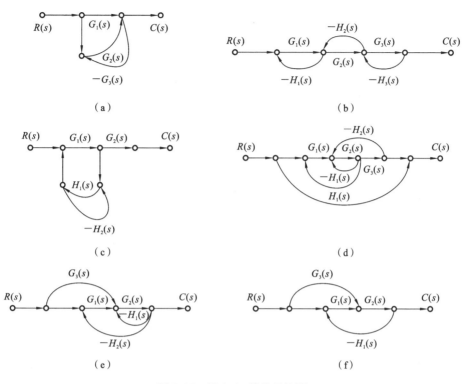

图 2-23 图 2-14 的信号流图

$$L_2 = -G_2(s)H_2(s), \quad L_3 = -G_3(s)H_3(s),$$
$$\Delta = 1 + G_1(s)H_1(s) + G_2(s)H_2(s) + G_3(s)H_3(s) + G_1(s)H_1(s)G_3(s)H_3(s)$$
$$P = \frac{P_1\Delta_1}{\Delta} = \frac{G_1(s)G_2(s)G_3(s)}{1 + G_1(s)H_1(s) + G_2(s)H_2(s) + G_3(s)H_3(s) + G_1(s)H_1(s)G_3(s)H_3(s)}$$

(3) $P_1 = G_1(s)G_2(s), \quad L_1 = G_1(s)H_1(s), \quad L_2 = -H_1(s)H_2(s)$
$$\Delta = 1 - G_1(s)H_1(s) + H_1(s)H_2(s)$$
$$P = \frac{P_1\Delta_1}{\Delta} = \frac{G_1(s)G_2(s)(1 + H_1(s)H_2(s))}{1 - G_1(s)H_1(s) + H_1(s)H_2(s)}$$

(4) $P_1 = G_1(s)G_2(s)G_3(s), \quad P_2 = G_4(s), \quad L_1 = -G_2(s)H_1(s)$
$$L_2 = G_1(s)G_2(s)H_1(s), \quad L_3 = -G_2(s)G_3(s)H_2(s)$$
$$\Delta = 1 + G_2(s)H_1(s) - G_1(s)G_2(s)H_1(s) + G_2(s)G_3(s)H_2(s)$$
$$P = \frac{P_1\Delta_1 + P_2\Delta_2}{\Delta} = \frac{G_1(s)G_2(s)G_3(s)}{1 + G_2(s)H_1(s) - G_1(s)G_2(s)H_1(s) + G_2(s)G_3(s)H_2(s)} + G_4(s)$$

(5) $P_1 = G_1(s)G_2(s), \quad P_2 = G_2(s)G_3(s)$
$$L_1 = -G_2(s)H_1(s), \quad L_2 = -G_1(s)G_2(s)H_2(s)$$
$$\Delta = 1 + G_2(s)H_1(s) + G_1(s)G_2(s)H_2(s)$$
$$P = \frac{P_1\Delta_1 + P_2\Delta_2}{\Delta} = \frac{G_1(s)G_2(s) + G_2(s)G_3(s)}{1 + G_2(s)H_1(s) + G_1(s)G_2(s)H_2(s)}$$

(6) $P_1 = G_1(s)G_2(s), \quad P_2 = G_2(s)G_3(s), \quad L_1 = -G_1(s)G_2(s)H_1(s)$

【习题 2-13】 试用梅森增益公式求图 2-24 中各系统信号流图的传递函数 $C(s)/R(s)$。

解 (1) $\qquad P_1 = G_1(s)G_2(s)G_3(s)G_4(s)G_5(s)$

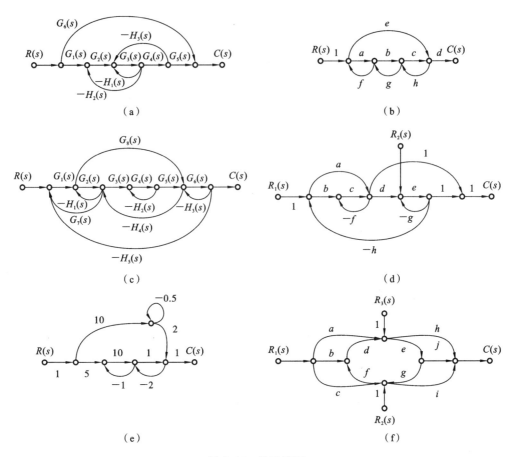

图 2-24 信号流图

$$P_2 = G_6(s), \quad L_1 = -G_3(s)H_1(s)$$
$$L_2 = -G_2(s)G_3(s)H_2(s), \quad L_3 = -G_3(s)G_4(s)H_3(s)$$
$$\Delta = 1 + G_3(s)H_1(s) + G_2(s)G_3(s)H_2(s) + G_3(s)G_4(s)H_3(s)$$
$$P = \frac{P_1\Delta_1 + P_2\Delta_2}{\Delta}$$
$$= \frac{G_1(s)G_2(s)G_3(s)G_4(s)G_5(s)}{1 + G_3(s)H_1(s) + G_2(s)G_3(s)H_2(s) + G_3(s)G_4(s)H_3(s)} + G_6(s)$$

(2) $\quad P_1 = abcd, \quad P_2 = de$
$$L_1 = af, \quad L_2 = bg, \quad L_3 = ch, \quad L_4 = efgh$$
$$\Delta = 1 - af - bg - ch - efgh + afch$$
$$P = \frac{P_1\Delta_1 + P_2\Delta_2}{\Delta} = \frac{abcd + de(1 - bg)}{1 - af - bg - ch - efgh + afch}$$

(3) $\quad P_1 = G_1(s)G_2(s)G_3(s)G_4(s)G_5(s)G_6(s)$
$$P_2 = G_7(s)G_3(s)G_4(s)G_5(s)G_6(s)$$
$$P_3 = G_1(s)G_8(s)G_6(s)$$
$$P_4 = -G_7(s)H_1(s)G_8(s)G_6(s)$$
$$L_1 = -G_2(s)H_1(s), L_2 = -G_4(s)H_2(s), L_3 = -G_6(s)H_3(s)$$
$$L_4 = -G_3(s)G_4(s)G_5(s)H_4(s), L_5 = G_8(s)H_1(s)H_4(s)$$

$$L_6 = -G_1(s)G_2(s)G_3(s)G_4(s)G_5(s)G_6(s)H_5(s)$$
$$L_7 = -G_7(s)G_3(s)G_4(s)G_5(s)G_6(s)H_5(s)$$
$$L_8 = -G_1(s)G_8(s)G_6(s)H_5(s), \quad L_9 = G_7(s)H_1(s)G_8(s)G_6(s)H_5(s)$$
$$\Delta = 1 - \sum_{i=1}^{9} l_i + L_1 L_2 + L_1 L_3 + L_2 L_3 + L_2 L_5 + L_2 L_8 + L_2 L_9 - L_1 L_2 L_3$$
$$\Delta_1 = 1, \quad \Delta_2 = 1, \quad \Delta_3 = \Delta_4 = 1 + G_4(s)H_2(s)$$

$$\frac{C(s)}{R(s)} = \frac{P_1 + P_2 + (P_3 + P_4)(1 + G_4(s)H_2(s))}{\Delta}$$

$$= \frac{\begin{aligned}&G_3(s)G_4(s)G_5(s)G_6(s)(G_1(s)G_2(s)+G_7(s))+G_6(s)G_8(s)(G_1(s)-G_7(s)H_1(s))\\&+G_4(s)G_6(s)G_8(s)H_2(s)(G_1(s)-G_7(s)H_1(s))\end{aligned}}{\begin{aligned}&1+G_2(s)H_1(s)+G_4(s)H_2(s)+G_6(s)H_3(s)+G_3(s)G_4(s)G_5(s)H_4(s)\\&-G_8(s)H_1(s)H_4(s)+G_1(s)G_2(s)G_3(s)G_4(s)G_5(s)G_6(s)H_5(s)\\&+G_3(s)G_4(s)G_5(s)G_6(s)G_7(s)H_5(s)+G_1(s)G_8(s)G_6(s)H_5(s)\\&-G_6(s)G_7(s)G_8(s)H_1(s)H_5(s)+G_2(s)G_4(s)H_1(s)H_2(s)\\&+G_2(s)G_6(s)H_1(s)H_3(s)+G_4(s)G_6(s)H_2(s)H_3(s)\\&-G_4(s)G_8(s)H_1(s)H_2(s)H_4(s)+G_1(s)G_4(s)G_6(s)G_8(s)H_2(s)H_5(s)\\&-G_4(s)G_6(s)G_7(s)G_8(s)H_1(s)H_2(s)H_5(s)+G_2(s)G_4(s)G_6(s)H_1(s)H_2(s)H_3(s)\end{aligned}}$$

(4)　　　$P_{11} = bcde, \quad P_{12} = a, \quad P_{13} = bc, \quad P_{14} = ade$
$$P_{21} = le, \quad P_{22} = -lehbc, \quad P_{23} = -leha$$
$$L_1 = -cf, \quad L_2 = -eg, \quad L_3 = -bcdeh, \quad L_4 = -adeh$$
$$\Delta = 1 + cf + eg + bcdeh + adeh + cfeg$$

$$P_1 = \frac{P_{11}\Delta_{11} + P_{12}\Delta_{12} + P_{13}\Delta_{13} + P_{14}\Delta_{14}}{\Delta} = \frac{bcde + a(1+eg) + bc(1+eg) + ade}{1 + cf + eg + bcdeh + adeh + cfeg}$$

$$P_2 = \frac{P_{21}\Delta_{21} + P_{22}\Delta_{22} + P_{23}\Delta_{23}}{\Delta} = \frac{le(1+cf) - lehbc - leha}{1 + cf + eg + bcdeh + adeh + cfeg}$$

(5)　　　　　　　$P_1 = 50, \quad P_2 = 20$
$$L_1 = -10, \quad L_2 = -2, \quad L_3 = -0.5$$
$$\Delta = 1 + 10 + 2 + 0.5 + 5 + 1 = 19.5$$
$$P = \frac{P_1 \Delta_1 + P_2 \Delta_2}{\Delta} \approx 15.1282$$

(6) $P_{11} = ah, \quad P_{12} = aej, \quad P_{13} = aegi, \quad P_{14} = bdh, \quad P_{15} = bdej, \quad P_{16} = bdegi$
$$P_{17} = ci, \quad P_{18} = cfdh, \quad P_{19} = cfdej, \quad P_{21} = i, \quad P_{22} = fdh, \quad P_{23} = fdej$$
$$P_{31} = h, \quad P_{32} = ej, \quad P_{33} = egi, \quad L_1 = degf, \quad \Delta = 1 - degf$$

$$P_1 = \frac{\sum_{i=1}^{9} P_{1i}\Delta_{1i}}{\Delta} = \frac{ah + aej + aegi + bdh + bdej + bdegi + ci + cfdh + cfdej}{1 - degf}$$

$$P_2 = \frac{i + fdh + fdej}{1 - degf}, \quad P_3 = \frac{h + ej + egi}{1 - degf}$$

【习题2-14】 系统信号流图如图2-25所示，试用梅森公式求系统传递函数$C(s)/R(s)$。

解　　$P_1 = abc, \quad L_1 = bg, \quad L_2 = ch, \quad L_3 = f, \quad L_4 = bce, \quad L_5 = abcd$
$$\Delta = 1 - bg - ch - f - bce - abcd$$

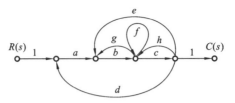

图 2-25 系统信号流图

$$P = \frac{P_1 \Delta_1}{\Delta} = \frac{abc}{1-bg-ch-f-bce-abcd}$$

【习题 2-15】 系统结构图如图 2-26 所示，试求传递函数 $Z(s)/R(s)$。

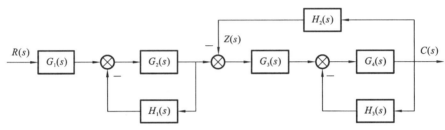

图 2-26 系统结构图

解 由已知系统结构图可以轻易地算出该系统传递函数

$$\frac{C(s)}{R(s)} = \frac{G_1(s)G_2(s)G_3(s)G_4(s)}{(1+G_2(s)H_1(s))(1+G_4(s)H_3(s)+G_3(s)G_4(s)H_2(s))}$$

同时由系统结构图可以看出

$$Z(s) = C(s)H_2(s)$$

所以可得

$$\frac{Z(s)}{R(s)} = \frac{C(s)}{R(s)}H_2(s) = \frac{G_1(s)G_2(s)G_3(s)G_4(s)H_2(s)}{(1+G_2(s)H_1(s))(1+G_4(s)H_3(s)+G_3(s)G_4(s)H_2(s))}$$

【习题 2-16】 图 2-27 所示是两个相互联系的控制系统结构图，试确定传递函数 $C_1(s)/R_1(s)$，$C_1(s)/R_2(s)$，$C_2(s)/R_1(s)$ 及 $C_2(s)/R_2(s)$。

解 由已知系统结构图可以得出该系统的信号流图如图 2-28 所示。

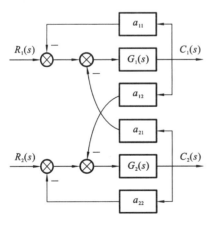

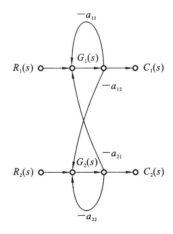

图 2-27 两个相互联系的控制系统结构图　　图 2-28 该系统的信号流图

由图 2-28 得

$$L_1 = -G_1(s)a_{11}, \quad L_2 = -G_2(s)a_{22}, \quad L_3 = G_1(s)G_2(s)a_{12}a_{21}$$
$$\Delta = 1 + G_1(s)a_{11} + G_2(s)a_{22} - G_1(s)G_2(s)a_{12}a_{21} + G_1(s)G_2(s)a_{11}a_{22}$$

分别求取4个传递函数,即

$$C_1(s)/R_1(s): P_1 = G_1(s)$$

$$\frac{C_1(s)}{R_1(s)} = \frac{P_1 \Delta_1}{\Delta} = \frac{G_1(s)(1 + G_2(s)a_{22})}{1 + G_1(s)a_{11} + G_2(s)a_{22} - G_1(s)G_2(s)a_{12}a_{21} + G_1(s)G_2(s)a_{11}a_{22}}$$

$$C_1(s)/R_2(s): P_1 = -a_{21}G_1(s)G_2(s)$$

$$\frac{C_1(s)}{R_2(s)} = \frac{P_1 \Delta_1}{\Delta} = \frac{-a_{21}G_1(s)G_2(s)}{1 + G_1(s)a_{11} + G_2(s)a_{22} - G_1(s)G_2(s)a_{12}a_{21} + G_1(s)G_2(s)a_{11}a_{22}}$$

$$C_2(s)/R_1(s): P_1 = -a_{12}G_1(s)G_2(s)$$

$$\frac{C_2(s)}{R_1(s)} = \frac{P_1 \Delta_1}{\Delta} = \frac{-a_{12}G_1(s)G_2(s)}{1 + G_1(s)a_{11} + G_2(s)a_{22} - G_1(s)G_2(s)a_{12}a_{21} + G_1(s)G_2(s)a_{11}a_{22}}$$

$$C_2(s)/R_2(s): P_1 = G_2(s)$$

$$\frac{C_2(s)}{R_2(s)} = \frac{P_1 \Delta_1}{\Delta} = \frac{G_2(s)(1 + G_1(s)a_{11})}{1 + G_1(s)a_{11} + G_2(s)a_{22} - G_1(s)G_2(s)a_{12}a_{21} + G_1(s)G_2(s)a_{11}a_{22}}$$

【习题 2-17】 图 2-29 是两个相互有联系的控制系统结构图,试确定传递函数 $C_1(s)/R_1(s)$, $C_1(s)/R_2(s)$, $C_2(s)/R_1(s)$, $C_2(s)/R_2(s)$。

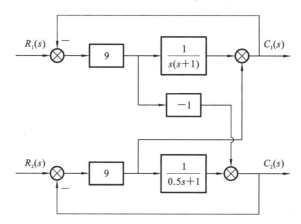

图 2-29 两个相互有联系的控制系统结构图

解 由已知结构图可得该系统的信号流图如图 2-30 所示。

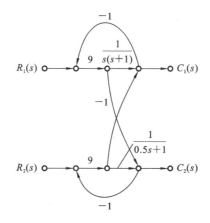

图 2-30 该系统的信号流图

由图 2-30 得

$$L_1 = -\frac{9}{s(s+1)}, \quad L_2 = -\frac{9}{0.5s+1}, \quad L_3 = -81$$

$$\Delta = 1 + \frac{9}{s(s+1)} + \frac{9}{0.5s+1} + 81 + \frac{81}{s(s+1)(0.5s+1)}$$

现分别求取 4 个传递函数，即

$$C_1(s)/R_1(s): P_1 = \frac{9}{s(s+1)}, P_2 = 81$$

$$\frac{C_1(s)}{R_1(s)} = \frac{p_1\Delta_1 + p_2\Delta_2}{\Delta} = \frac{\frac{9}{s(s+1)}\left(1+\frac{9}{0.5s+1}\right)+81}{1+\frac{9}{s(s+1)}+\frac{9}{0.5s+1}+81+\frac{81}{s(s+1)(0.5s+1)}}$$

$$= \frac{4.5s+171}{41s^3+132s^2+95.5s+90}$$

$$C_1(s)/R_2(s): P_1 = 9$$

$$\frac{C_1(s)}{R_2(s)} = \frac{P_1\Delta_1}{\Delta} = \frac{9}{1+\frac{9}{s(s+1)}+\frac{9}{0.5s+1}+81+\frac{81}{s(s+1)(0.5s+1)}}$$

$$= \frac{4.5s^3+13.5s^2+9s}{41s^3+132s^2+95.5s+90}$$

$$C_2(s)/R_1(s): P_1 = -9$$

$$\frac{C_2(s)}{R_1(s)} = \frac{P_1\Delta_1}{\Delta} = -\frac{4.5s^3+13.5s^2+9s}{41s^3+132s^2+95.5s+90}$$

$$C_2(s)/R_2(s): P_1 = \frac{9}{0.5s+1}, P_2 = 81$$

$$\frac{C_2(s)}{R_2(s)} = \frac{p_1\Delta_1+p_2\Delta_2}{\Delta} = \frac{\frac{9}{0.5s+1}\left(1+\frac{9}{s(s+1)}\right)+81}{1+\frac{9}{s(s+1)}+\frac{9}{0.5s+1}+81+\frac{81}{s(s+1)(0.5s+1)}}$$

$$= \frac{9s^2+9s+162}{41s^3+132s^2+95.5s+90}$$

【习题 2-18】 已知系统结构图如图 2-31 所示，试简化系统结构图并求传递函数 $C(s)/R(s)$。

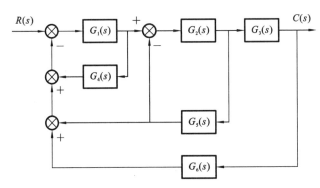

图 2-31 系统结构图

解 可将系统结构图拆分为如图 2-32 的形式。

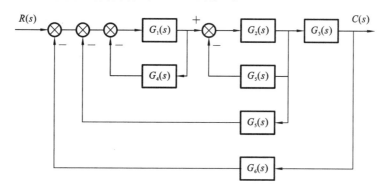

图 2-32 系统结构图拆分图（一）

按图 2-32 只需按照标准反馈模式由内向外分依次计算即可，分别如图 2-33 所示。

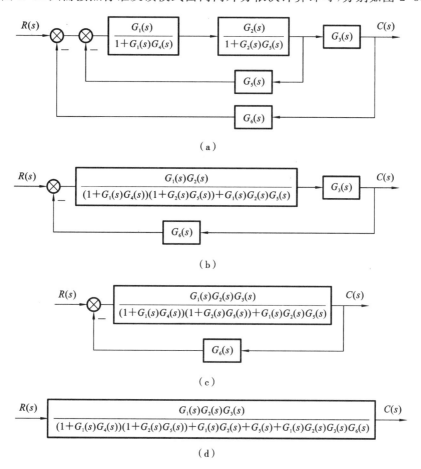

图 2-33 系统结构图拆分图（二）

【**习题 2-19**】 设机械系统如图 2-34 所示，其中 X_i 是输入位移，X_o 是输出位移。试分别给出各系统的运动方程。

解 先列写力平衡方程，再整理成标准运动方程。

$$f_1 s\{X_i(s) - X_o(s)\} - f_2 s X_o(s) = m s^2 X_o(s)$$

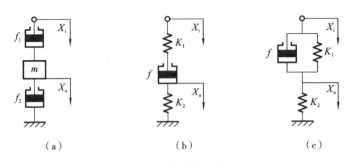

(a) (b) (c)

图 2-34 系统结构图拆分图

$$\{ms^2+(f_1+f_2)s\}X_o(s)=f_1sX_i(s)$$
$$K_1\{X_i(s)-Y(s)\}=fs\{Y(s)-X_o(s)\}$$
$$K_2X_o(s)=fs\{Y(s)-X_o(s)\}$$
$$[(K_1+K_2)fs+K_1K_2]X_o(s)=K_1fsX_i(s)$$
$$\{fs+K_1\}\{X_i(s)-X_o(s)\}=K_2X_o(s)$$
$$\{fs+K_1+K_2\}X_o(s)=\{fs+K_1\}X_i(s)$$

【习题 2-20】 图 2-35 所示为一个机电控制系统。其中,$u(t)$ 为输入电压,$x(t)$ 为输出位置;R 和 L 分别为铁芯线圈的电阻和电感,m 为物块的质量,k 为弹簧的弹性系数,f 为阻尼系数。假设放大器为理想放大器,其放大倍数为 F,假定铁芯线圈的反电动势为 $e=k_2\dfrac{\mathrm{d}x}{\mathrm{d}t}$,线圈电流 i 在质量为 m 的物体上产生的电磁力为 k_3i。

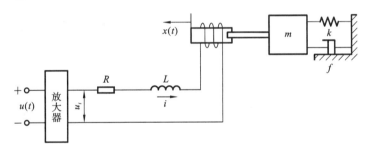

图 2-35 机电控制系统图

试求:

(1) 该系统的传递函数 $\dfrac{X(s)}{U(s)}$;

(2) 绘出系统的结构方框图。

解 (1) 根据系统原理列写方程组,即

$$\begin{cases} u_1=u(t)F \\ u_1=Ri+L\dfrac{\mathrm{d}i}{\mathrm{d}t}+e \\ e=k_2\dfrac{\mathrm{d}x}{\mathrm{d}t} \\ k_3i-kx-f\dfrac{\mathrm{d}x}{\mathrm{d}t}=m\dfrac{\mathrm{d}^2x}{\mathrm{d}t^2} \end{cases}$$

对上述方程组在零初始条件下进行拉氏变换,得

$$\begin{cases} U_1(s)=U(s)F \\ U_1(s)=RI(s)+LsI(s)+E(s) \\ E(s)=k_2sX(s) \\ k_3I(s)-kX(s)-fsX(s)=ms^2X(s) \end{cases}$$

消去中间变量整理得

$$\frac{X(s)}{U(s)}=\frac{FK_3}{mLs^3+(Lf+Rm)s^2+(kL+Rf+k_2k_3)s+Rk}$$

(2) 由(1)中方程组关系,可得系统结构方框图如图 2-36 所示。

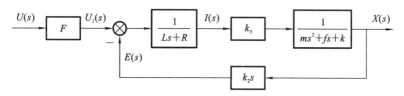

图 2-36 系统结构方框图

【习题 2-21】 设初始条件均为零,试用拉氏变换解下列微分方程,概略绘制 $x(t)$ 曲线,指出各系统的运动模态:

(1) $2\dot{x}(t)+x(t)=t$;
(2) $\ddot{x}(t)+\dot{x}(t)+x(t)=\delta(t)$;
(3) $\ddot{x}(t)+2\dot{x}(t)+x(t)=1(t)$。

解 (1) $X(s)=\dfrac{1}{2s+1}\dfrac{1}{s^2}=\dfrac{1}{s^2}-\dfrac{2}{s}+\dfrac{4}{2s+1}$

$$x(t)=t-2+2e^{-t/2}$$

系统极点对应的模态是 $e^{-t/2}$。

(2) $X(s)=\dfrac{1}{s^2+s+1}=\dfrac{1}{(s+0.5)^2+0.75}$

$$x(t)=1.1547e^{-0.5t}\sin(0.866t)$$

系统极点对应的模态是共轭复模态。

(3) $X(s)=\dfrac{1}{s^2+2s+1}\dfrac{1}{s}=\dfrac{1}{s}-\dfrac{1}{s+1}-\dfrac{1}{(s+1)^2}$

$$x(t)=1-(1+t)e^{-t}$$

系统极点对应的模态是 te^{-t},e^{-t}。

$x(t)$ 曲线图如图 2-37 所示。

【习题 2-22】 图 2-38 所示为一系统的机械部分示意图,物体(转动惯量 J_1)可视为电机的转子,通过转轴带动负载 2(转动惯量 J_2)转动。转轴转动时会有扭转变形,扭转的力矩系数(即刚度)为 k(N·m/rad)。转轴系统还存在摩擦,设黏性摩擦力矩与速度成比例,其黏性摩擦系数为 d(N·m/rad/sec)。其中 $J_1=1,J_2=0.1,k=0.091,d=0.0036$。在物体 1 上作用有力矩 T,试分别求取从 T 到 θ_1 和从 T 到 θ_2 的传递函数。

解 对 J_1,有

$$T-k(\theta_1-\theta_2)=J_1\ddot{\theta}_1 \qquad (1)$$

对 J_2,有

$$k(\theta_1-\theta_2)-d\dot{\theta}_2=J_2\ddot{\theta}_2 \qquad (2)$$

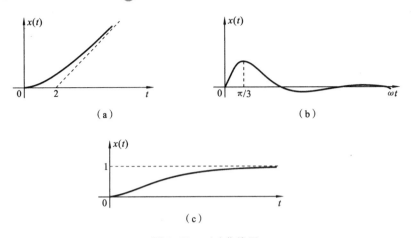

(a) (b) (c)

图 2-37 $x(t)$ 曲线图

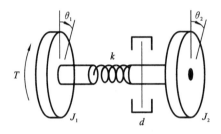

图 2-38 系统示意图

对式(1)和式(2)进行拉氏变换,可得

$$T(s)-k(\theta_1(s)-\theta_2(s))=J_1 s^2 \theta_1(s) \tag{3}$$

$$k(\theta_1(s)-\theta_2(s))-ds\theta_2(s)=J_2 s^2 \theta_2(s) \tag{4}$$

联立式(3)和式(4),并代数可得

$$\frac{\theta_1(s)}{T(s)}=\frac{J_2 s^2+ds+k}{J_1 J_2 s^4+dJ_1 s^3+k(J_1+J_2)s^2+kds}$$

$$=\frac{0.1s^2+0.0036s+0.091}{0.1s^4+0.0036s^3+0.1001s^2+0.0003276s}$$

$$\frac{\theta_2(s)}{T(s)}=\frac{k}{J_1 J_2 s^4+dJ_1 s^3+k(J_1+J_2)s^2+kds}$$

$$=\frac{0.091}{0.1s^4+0.0036s^3+0.1001s^2+0.0003276s}$$

【习题 2-23】 RC 电网络图如图 2-39 所示,绘出系统的结构图并求传递函数 $U_2(s)/U_1(s)$。

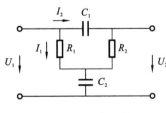

图 2-39 RC 电网络图

解 对于 RC 网络,可以采用复数阻抗法,即用复数阻抗 R、Ls、$\frac{1}{Cs}$ 分别代替相应的电阻、电感、电容元件。电流、电压也用复数形式表示,便可避开微分方程的列写,直接写出系统的代数方程求解。

列写出网络的代数方程如下:

$$U_2=R_2 I_2+(I_1+I_2)\frac{1}{C_2 s}$$

整理可得

$$U_2 = \left(R_2 + \frac{1}{C_2 s}\right)I_2 + \frac{1}{C_2 s}I_1 \qquad (1)$$

$$I_2 = (U_1 + U_2)C_1 s \qquad (2)$$

由并联电路有

$$I_1 R_1 = \left(R_2 + \frac{1}{C_2 s}\right)I_2$$

可得

$$I_1 = \left(\frac{1}{R_1 C_1 s} + \frac{R_2}{R_1}\right)I_2 = \frac{R_2 C_1 + 1}{R_1 C_1 s}I_2 \qquad (3)$$

根据以上各式可绘出该网络的结构图如图 2-40(a)所示,该图可简化为图 2-40(b)。

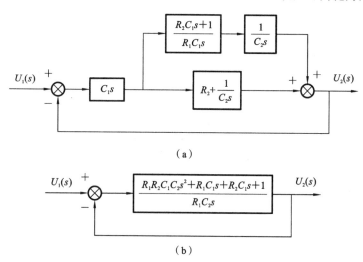

(a)

(b)

图 2-40 网络结构图

最后可求出网络的传递函数为

$$\frac{U_2(s)}{U_1(s)} = \frac{R_1 R_2 C_1 C_2 s^2 + (R_1 + R_2)C_1 s + 1}{R_1 R_2 C_1 C_2 s^2 + (R_1 C_1 + R_2 C_1 + R_1 C_2)s + 1}$$

【习题 2-24】 求如图 2-41 所示有源网络的传递函数 $U_2(s)/U_1(s)$。

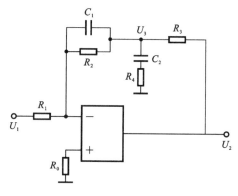

图 2-41 有源网络图

解 网络中,R_2 与 C_1 的并联阻抗为 $R_2/(R_2 C_1 + 1)$,C_2 与 R_4 的串联阻抗为

$R_4C_2s/(C_2s)$。令节点 A 的电压为 U_3，根据节点电流定律可得

$$\frac{U_3}{\frac{R_2}{R_2C_1s+1}} + \frac{U_3}{\frac{R_4C_2s+1}{C_2s}} + \frac{U_3-U_2}{R_3} = 0$$

可得

$$U_2 = \left(R_3C_1s + \frac{R_3}{R_2} + 1 + \frac{R_2C_2s}{R_4C_2s+1}\right)U_3$$

由 $\dfrac{U_1}{R_1} + \dfrac{U_3}{\dfrac{R_2}{R_2C_1s+1}} = 0$ 可得

$$-U_1 = \frac{R_1}{R_2}(R_2C_1s+1)U_3$$

由上两式相比，得

$$-\frac{U_2(s)}{U_1(s)} = \frac{R_2R_3R_4C_1C_2s^2 + [(R_2+R_3)R_4C_2 + (C_1+C_2)R_2R_3]s + R_2+R_3}{R_1(R_2C_1s+1)(R_4C_2s+1)}$$

即

$$\frac{U_2(s)}{U_1(s)} = -\frac{R_2+R_3}{R_1}\frac{\dfrac{R_2R_3R_4C_1C_2}{R_2+R_3}s^2 + \left[R_4C_2 + \dfrac{(C_1+C_2)R_2R_3}{R_2+R_3}\right]s + 1}{(R_2C_1s+1)(R_4C_2s+1)}$$

【习题 2-25】 在图 2-42 中，已知 $G(s)$ 和 $H(s)$ 两方框所对应的微分方程分别为

$$\begin{cases} 6\dfrac{dc(t)}{dt} + 10c(t) = 20e(t) \\ 20\dfrac{db(t)}{dt} + 5b(t) = 10c(t) \end{cases}$$

且初始条件均为零，试求传递函数 $C(s)/R(s)$ 和 $E(s)/R(s)$。

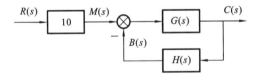

图 2-42 系统结构框图

解 因为已知初始条件均为零，所以对题目中所给的微分方程两边同时进行拉氏变换，有

$$\begin{cases} 6sC(s) + 10C(s) = 20E(s) \\ 20sB(s) + 5B(s) = 10C(s) \end{cases}$$

于是，得

$$G(s) = \frac{C(s)}{E(s)} = \frac{20}{6s+10} = \frac{10}{3s+5}$$

$$H(s) = \frac{B(s)}{C(s)} = \frac{10}{20s+5} = \frac{2}{4s+2}$$

又由图 2-42 可见

$$C(s) = \frac{G(s)}{1+G(s)H(s)}M(s) = \frac{G(s)}{1+G(s)H(s)}10R(s) = \frac{10G(s)}{1+G(s)H(s)}R(s)$$

故

$$\frac{C(s)}{R(s)}=\frac{10G(s)}{1+G(s)H(s)}$$

将 $G(s)$、$H(s)$ 代入,则有

$$\Phi(s)=\frac{C(s)}{R(s)}=\frac{10\dfrac{10}{3s+5}}{1+\dfrac{10}{3s+5}\dfrac{2}{4s+1}}=\frac{100(4s+1)}{12s^2+23s+25}$$

又

$$E(s)=M(s)-B(s)=10R(s)-H(s)C(s)$$
$$=10R(s)-H(s)[\Phi(s)R(s)]$$
$$=[10-H(s)\Phi(s)]R(s)$$

故

$$\frac{E(s)}{R(s)}=10-H(s)\Phi(s)=10-\frac{2}{4s+1}\frac{100(4s+1)}{12s^2+23s+25}$$
$$=10-\frac{200}{12s^2+23s+25}=\frac{10(12s^2+23s+5)}{12s^2+23s+25}$$

故所求 $C(s)/R(s)$ 和 $E(s)/R(s)$ 分别为

$$\frac{C(s)}{R(s)}=\frac{100(4s+1)}{12s^2+23s+25}$$
$$\frac{E(s)}{R(s)}=\frac{10(12s^2+23s+5)}{12s^2+23s+25}$$

【习题 2-26】 系统结构框图如图 2-43 所示。

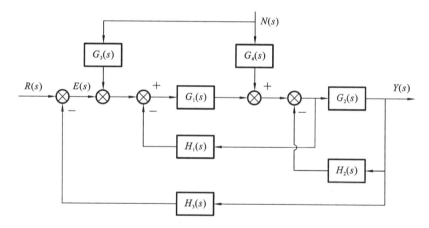

图 2-43 系统结构框图

(1) 应用结构图等效变换法,求 $Y(s)/R(s)$,$E(s)/R(s)$;
(2) 若 $G_3(s)$ 为可以设计的调节器,欲使系统的输出 $Y(s)$ 不受扰动 $N(s)$ 的影响,$G_3(s)$ 该如何选择?

解 (1) 求 $Y(s)/R(s)$。令 $N(s)=0$,可得系统结构图如图 2-44 所示。

$$\frac{Y(s)}{R(s)}=\frac{G_1(s)G_2(s)}{1+G_1(s)H_1(s)+G_2(s)H_2(s)+G_1(s)G_2(s)H_3(s)}$$

$$\frac{E(s)}{R(s)}=\frac{1+G_1(s)H_1(s)+G_2(s)H_2(s)}{1+G_1(s)H_1(s)+G_2(s)H_2(s)+G_1(s)G_2(s)H_3(s)}$$

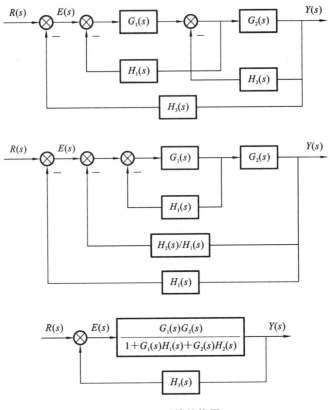

图 2-44 系统结构图

(2) 求 $\dfrac{Y(s)}{N(s)}$。令 $R(s)=0$，则有

$$\frac{Y(s)}{N(s)}=\frac{G_2(s)G_4(s)+G_1(s)G_2(s)G_3(s)}{1+G_1(s)H_1(s)+G_2(s)H_2(s)+G_1(s)G_2(s)H_3(s)}$$

欲使 $Y(s)$ 不受 $N(s)$ 影响，只需 $\dfrac{Y(s)}{N(s)}=0$，即 $G_3(s)=-\dfrac{G_4(s)}{G_1(s)}$。

【习题 2-27】 控制系统结构图如图 2-45 所示。

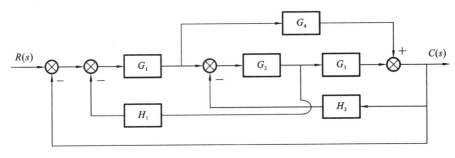

图 2-45 控制系统结构图

试绘出对应的信号流图，并用梅森增益公式求出系统的传递函数 $C(s)/R(s)$。

解 系统信号流图如图 2-46 所示。

对前向通道，有

$$P_1=G_1G_2G_3, \quad P_2=G_1G_4$$

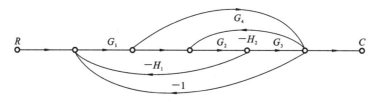

图 2-46 系统信号流图

对单向回路,有
$$L_1=-G_1G_2H_1, \quad L_2=G_1G_4H_2G_2H_1, \quad L_3=-G_2G_3H_2$$
$$L_4=-G_1G_2G_3, \quad L_5=-G_1G_4$$

特征式为
$$\Delta=1+G_1G_2H_1-G_1G_4G_2H_1H_2+G_2G_3H_2+G_1G_2G_3+G_1G_4$$
$$\Delta_1=1, \quad \Delta_2=1$$

所以
$$\frac{C(s)}{R(s)}=\frac{G_1G_2G_3+G_1G_4}{1+G_1G_2H_1-G_1G_4G_2H_1H_2+G_2G_3H_2+G_1G_2G_3+G_1G_4}$$

【习题 2-28】 试绘制图 2-47 中系统结构图对应的信号流图,并用梅森增益公式求传递函数 $\dfrac{C(s)}{R(s)}$。

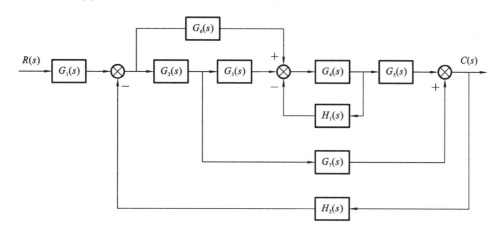

图 2-47 系统结构图

解 绘制系统信号流图,如图 2-48 所示。

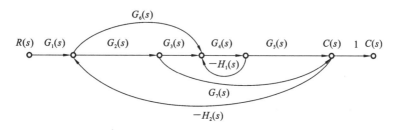

图 2-48 系统信号流图

由图 2-48 可知,有 4 条单回路,即
$$L_1=-H_1(s)G_4(s), \quad L_2=-H_2(s)G_2(s)G_3(s)G_4(s)G_5(s)$$

$$L_3 = -H_2(s)G_4(s)G_5(s)G_6(s), \quad L_4 = -H_2(s)G_2(s)G_7(s)$$

还有两条不接触回路,即

$$L_1 L_4 = H_1(s)H_2(s)G_2(s)G_4(s)G_7(s)$$

3条前向通道,即

$$P_1 = G_1(s)G_2(s)G_3(s)G_4(s)G_5(s), \quad \Delta = 1$$
$$P_2 = G_1(s)G_4(s)G_5(s)G_6(s), \quad \Delta = 1$$
$$P_2 = G_1(s)G_2(s)G_7(s), \quad \Delta = 1 + G_4(s)H_1(s)$$

$$\frac{C(s)}{R(s)} = \frac{G_1(s)G_2(s)G_3(s)G_4(s)G_5(s) + G_1(s)G_4(s)G_5(s)G_6(s) + G_1(s)G_2(s)G_7(s) + G_1(s)G_2(s)G_7(s)G_4(s)H_1(s)}{1 + H_1(s)G_4(s) + G_2(s)G_3(s)G_4(s)G_5(s)H_2(s) + H_2(s)G_3(s)G_4(s)G_5(s) + H_2(s)G_2(s)G_7(s) + H_1(s)H_2(s)G_2(s)G_4(s)G_7(s)}$$

【习题 2-29】 系统结构框图如图 2-49 所示,用梅森公式求 $C(s)/R(s)$,$C(s)/N(s)$。

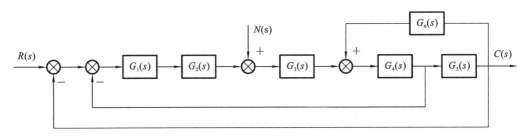

图 2-49 系统结构框图

解 (1) 有三个回路,即

$$L_1 = -G_1(s)G_2(s)G_3(s)G_4(s)G_5(s)$$
$$L_2 = -G_1(s)G_2(s)G_3(s)G_4(s)$$
$$L_3 = G_4(s)G_5(s)G_6(s)$$

$$\Delta = 1 - (L_1 + L_2 + L_3)$$
$$= 1 + G_1(s)G_2(s)G_3(s)G_4(s)G_5(s) + G_1(s)G_2(s)G_3(s)G_4(s) - G_4(s)G_5(s)G_6(s)$$

求 $\dfrac{C(s)}{R(s)}$ 时,前向通道有一条,即

$$P_1 = G_1(s)G_2(s)G_3(s)G_4(s)G_5(s), \quad \Delta_1 = 1$$

$$\frac{C(s)}{R(s)} = \frac{G_1(s)G_2(s)G_3(s)G_4(s)G_5(s)}{1 + G_1(s)G_2(s)G_3(s)G_4(s)G_5(s) + G_1(s)G_2(s)G_3(s)G_4(s) - G_4(s)G_5(s)G_6(s)}$$

求 $\dfrac{C(s)}{N(s)}$ 时,前向通道有一条时,即

$$P_1 = G_3(s)G_4(s)G_5(s), \quad \Delta_1 = 1$$

$$\frac{C(s)}{N(s)} = \frac{G_3(s)G_4(s)G_5(s)}{1 + G_1(s)G_2(s)G_3(s)G_4(s)G_5(s) + G_1(s)G_2(s)G_3(s)G_4(s) - G_4(s)G_5(s)G_6(s)}$$

【习题 2-30】 已知系统结构图如图 2-50 所示,绘制对应的信号流图,并用梅森公式求出传递函数 $C(s)/R(s)$ 和误差传递函数 $E(s)/R(s)$。

解 系统信号流图如图 2-51 所示。

求 $C(s)/R(s)$:

$$P_1 = G_1 G_2 G_3, \quad P_2 = G_3 G_4$$

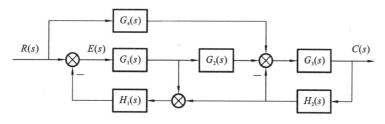

图 2-50 系统结构图

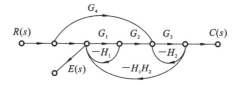

图 2-51 系统信号流图

$$L_1 = -G_1H_1, \quad L_2 = -G_3H_2, \quad L_3 = -G_1G_2G_3H_1H_2$$
$$\Delta = 1 + G_1H_1 + G_3H_2 + G_1G_2G_3H_1H_2 + G_1G_3H_1H_2$$
$$\Delta_1 = 1, \quad \Delta_2 = 1 + G_1H_1$$
$$\frac{C(s)}{R(s)} = \frac{G_1G_2G_3 + G_3G_4(1+G_1H_1)}{1+G_1H_1+G_3H_2+G_1G_2G_3H_1H_2+G_1G_3H_1H_2}$$

求 $E(s)/R(s)$：

$$P_1 = 1, \quad P_2 = -G_4G_3H_1H_2$$
$$\Delta = 1 + G_1H_1 + G_3H_2 + G_1G_2G_3H_1H_2 + G_1G_3H_1H_2$$
$$\Delta_1 = 1 + G_3H_2, \quad \Delta_2 = 1$$
$$\frac{E(s)}{R(s)} = \frac{1+G_3H_2-G_4G_3H_1H_2}{1+G_1H_1+G_3H_2+G_1G_2G_3H_1H_2+G_1G_3H_1H_2}$$

【习题 2-31】 已知系统结构图如图 2-52 所示，绘制对应的信号流图，并用梅森公式求出传递函数 $C(s)/R(s)$ 和误差传递函数 $E(s)/R(s)$。

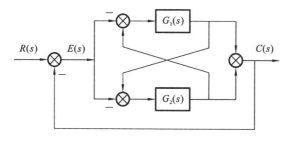

图 2-52 系统结构图

解 系统信号流图如 2-53 所示。

求 $C(s)/R(s)$：

$$P_1 = -G_1, \quad P_2 = -G_1G_2, \quad P_3 = -G_2, \quad P_4 = -G_2G_1$$
$$L_1 = G_1, \quad L_2 = G_1G_2, \quad L_3 = G_2, \quad L_4 = G_2G_1, \quad L_5 = G_1G_2$$
$$\Delta = 1 - G_1 - G_2 - 3G_1G_2$$
$$\Delta_1 = \Delta_2 = \Delta_3 = \Delta_4 = 1$$

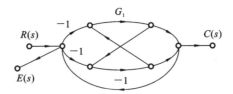

图 2-53 系统信号流图

$$\frac{C(s)}{R(s)} = \frac{-G_1 - G_2 - 2G_1G_2}{1 - G_1 - G_2 - 3G_1G_2}$$

求 $E(s)/R(s)$：

$$P_1 = 1$$
$$\Delta = 1 - G_1 - G_2 - 3G_1G_2$$
$$\Delta_1 = 1 - G_1G_2$$

$$\frac{E(s)}{R(s)} = \frac{1 - G_1G_2}{1 - G_1 - G_2 - 3G_1G_2}$$

【习题 2-32】 系统结构图如图 2-54 所示，用梅森公式求 $C(s)/R(s)$，$C(s)/N(s)$。

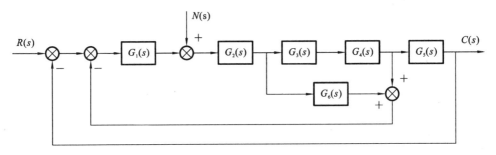

图 2-54 系统结构图

解 系统有三个回路，即

$$L_1 = -G_1(s)G_2(s)G_3(s)G_4(s)$$
$$L_2 = -G_1(s)G_2(s)G_6(s)$$
$$L_3 = -G_1(s)G_2(s)G_3(s)G_4(s)G_5(s)$$

$$\Delta = 1 + G_1(s)G_2(s)G_3(s)G_4(s) + G_1(s)G_2(s)G_6(s) + G_1(s)G_2(s)G_3(s)G_4(s)G_5(s)$$

求 $\dfrac{C(s)}{R(s)}$ 时，前向通路有一条，即

$$P_1 = G_1(s)G_2(s)G_3(s)G_4(s)G_5(s), \quad \Delta_1 = 1$$

$$\frac{C(s)}{R(s)} = \frac{G_1(s)G_2(s)G_3(s)G_4(s)G_5(s)}{1 + G_1(s)G_2(s)G_3(s)G_4(s) + G_1(s)G_2(s)G_6(s) + G_1(s)G_2(s)G_3(s)G_4(s)G_5(s)}$$

求 $\dfrac{C(s)}{N(s)}$ 时，前向通路有一条，即

$$P_1 = G_2(s)G_3(s)G_4(s)G_5(s), \quad \Delta_1 = 1$$

$$\frac{C(s)}{N(s)} = \frac{G_2(s)G_3(s)G_4(s)G_5(s)}{1 + G_1(s)G_2(s)G_3(s)G_4(s) + G_1(s)G_2(s)G_6(s) + G_1(s)G_2(s)G_3(s)G_4(s)G_5(s)}$$

3

线性系统的时域分析法

【习题 3-1】 已知系统的微分方程如下：
(1) $0.2\dot{c}(t) = 2r(t)$；
(2) $0.04\ddot{c}(t) + 0.24\dot{c}(t) + c(t) = r(t)$。

试求在零初始条件下，系统的单位脉冲响应和单位阶跃响应。

解 (1) 对(1)所示系统进行拉氏变换，得 $0.2sC(s) = 2R(s)$，即

$$C(s) = \frac{10}{s} R(s)$$

单位脉冲输入 $R(s) = 1$，可得单位脉冲响应 $C(s) = \frac{10}{s}$，经反拉氏变换得 $c(t) = 10$。

单位阶跃输入 $R(s) = \frac{1}{s}$，可得单位阶跃响应 $C(s) = \frac{10}{s^2}$，经反拉氏变换得 $c(t) = 10t$。

(2) 对(2)所示系统进行拉氏变换，得 $0.04s^2 C(s) + 0.24sC(s) + C(s) = R(s)$，即

$$C(s) = \frac{1}{0.04s^2 + 0.24s + 1} R(s) = \frac{25}{s^2 + 6s + 25} R(s)$$

为欠阻尼二阶系统，可得 $\xi = 0.6$，$\omega_n = 5$，则欠阻尼二阶系统单位脉冲响应为

$$c(t) = \frac{\omega_n}{\sqrt{1-\xi^2}} e^{-\xi \omega_n t} \sin(\omega_n \sqrt{1-\xi^2} t) = 6.25 e^{-3t} \sin(4t)$$

欠阻尼二阶系统单位阶跃响应为

$$c(t) = 1 - \frac{1}{\sqrt{1-\xi^2}} e^{-\xi \omega_n t} \sin(\omega_d t + \beta) = 1 - 1.25 e^{-3t} \sin(4t + 53.13°)$$

【习题 3-2】 设某高阶系统可用下列一阶微分方程近似描述：

$$T\dot{c}(t) + c(t) = \tau \dot{r}(t) + r(t)$$

式中：$0 < T - \tau < 1$。试证明系统的动态性能指标为

$$t_d = [0.693 - \ln T + \ln(T - \tau)]T$$
$$t_r = 2.2T$$
$$t_s = [3 + \ln(T - \tau) - \ln T]T$$

证明 零初态条件下，对系统进行拉氏变换，可得

$$(Ts + 1)C(s) = (\tau s + 1)R(s)$$

即
$$\frac{C(s)}{R(s)} = \frac{\tau s + 1}{Ts + 1}$$

单位阶跃输入 $R(s) = \frac{1}{s}$,得

$$C(s) = \frac{\tau s + 1}{s(Ts+1)} = \frac{1}{s} - \frac{T-\tau}{Ts+1}$$

经反拉氏变换得

$$c(t) = 1 - \left(1 - \frac{\tau}{T}\right)e^{-\frac{t}{T}}$$

由系统各动态指标得定义可得

$$1 - \left(1 - \frac{\tau}{T}\right)e^{-\frac{t_d}{T}} = 0.5$$

$$1 - \left(1 - \frac{\tau}{T}\right)e^{-\frac{t_{r2}}{T}} = 0.9$$

$$1 - \left(1 - \frac{\tau}{T}\right)e^{-\frac{t_{r1}}{T}} = 0.1$$

$$-\left(1 - \frac{\tau}{T}\right)e^{-\frac{t_s}{T}} = -0.05$$

分别解得

$$t_d = T[\ln 2 + \ln(T-\tau) - \ln T] \approx T[0.693 + \ln(T-\tau) - \ln T]$$

$$t_{r2} = -T\ln\left(\frac{0.1T}{T-\tau}\right)$$

$$t_{r1} = -T\ln\left(\frac{0.9T}{T-\tau}\right)$$

$$t_r = t_{r2} - t_{r1} = T\ln 9 \approx 2.2T$$

$$t_s = T[\ln(T-\tau) - \ln T - \ln 0.05] \approx T[\ln(T-\tau) - \ln T + 3]$$

【习题 3-3】 已知各单位负反馈系统的单位脉冲响应,试求闭环传递函数 $\phi(s)$。

(1) $c(t) = 0.0125e^{-1.25t}$;

(2) $c(t) = 5t + 10\sin(4t + 45°)$;

(3) $c(t) = 0.1(1 - e^{-\frac{t}{3}})$。

解 $\Phi(s) = \frac{C(s)}{R(s)}$,由于单位脉冲信号 $R(s) = 1$,则 $\Phi(s) = C(s)$,所以分别对以上各式进行拉氏变换,得

$$\Phi(s) = C(s) = \frac{0.0125}{s+1.25}$$

$$\Phi(s) = C(s) = \frac{5}{s^2} + \frac{20\sqrt{2}}{s^2+16} + \frac{5\sqrt{2}s}{s^2+16}$$

$$\Phi(s) = C(s) = \frac{0.1}{s} - \frac{0.1}{s+\frac{1}{3}} = \frac{1}{10s(3s+1)}$$

【习题 3-4】 由实验测得某二阶系统的单位阶跃响应曲线如图 3-1 所示。如果该系统为单位负反馈控制系统,试确定其开环传递函数。

解 由题意可以得知,峰值时间 $t_p=0.05$ s,调节时间 $t_s=0.15$ s,超调量 $\sigma\%=30\%$,由此可得

$$t_p = \frac{\pi}{\omega_n\sqrt{1-\xi^2}} = 0.05$$

$$t_s = \frac{3.5}{\xi\omega_n} = 0.15$$

$$\sigma\% = e^{-\frac{\xi\pi}{\sqrt{1-\xi^2}}} \times 100\% = 30\%$$

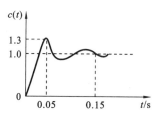

图 3-1 某二阶系统的单位
阶跃响应曲线

解得

$$\xi \approx 0.3579, \quad \omega_n \approx 67.29$$

可以写出系统闭环传递函数为

$$\Phi(s) = \frac{4528}{s^2+48s+4528}$$

由于系统为单位负反馈系统,$\Phi(s)=\dfrac{G(s)}{1+G(s)}$,可得系统开环传递函数为

$$G(s) = \frac{4528}{s^2+48s}$$

【习题 3-5】 设单位负反馈系统的开环传递函数为

$$G(s) = \frac{0.4s+1}{s(s+0.6)}$$

试求系统在单位阶跃输入下的动态性能。

解 因为系统为单位负反馈系统,所以系统闭环传递函数为

$$\Phi(s) = \frac{G(s)}{1+G(s)} = \frac{0.4s+1}{s^2+s+1}$$

可得该系统为一比例-微分控制二阶系统。该类系统模式为

$$\Phi(s) = \frac{\omega_n^2\left(\dfrac{s}{z}+1\right)}{s^2+2\xi\omega_n s+\omega_n^2}$$

以上两式对照,得

$$\omega_n=1, \quad \xi=0.5, \quad z=0.5$$

则

$$\varphi = \arctan\frac{\omega_n\sqrt{1-\xi^2}}{z-\xi\omega_n} \approx 23.41° \approx 0.4$$

$$1-\sqrt{(z-\xi\omega_n)^2+(\omega_n\sqrt{1-\xi^2})^2} \approx 2.18$$

则

$$t_r = \frac{\pi-\varphi-\beta}{\omega_n\sqrt{1-\xi^2}} \approx 1.96 \text{ s}, \quad t_p = \frac{\pi-\varphi}{\omega_n\sqrt{1-\xi^2}} \approx 3.17 \text{ s}$$

$$\sigma\% = \frac{1}{2}e^{-\frac{\xi(\pi-\varphi)}{\sqrt{1-\xi^2}}} \times 100\% \approx 17.87\%, \quad t_s \approx \frac{3+\ln\dfrac{1}{2\sqrt{1-\xi^2}}}{\xi\omega_n} \approx 6.014 \text{ s}$$

【习题 3-6】 已知二阶系统的单位阶跃响应为

$$c(t) = 10-12.5e^{-1.2t}\sin(1.6t+53.1°)$$

试求系统的超调量 $\sigma\%$、峰值时间 t_p 和调节时间 t_s。

解 标准欠阻尼二阶系统单位阶跃响应为

$$c(t) = 1 - \frac{1}{\sqrt{1-\xi^2}} e^{-\xi\omega_n t} \sin(\omega_d t + \beta)$$

对照可得系统放大系数为 10，同时

$$\frac{1}{\sqrt{1-\xi^2}} = 1.25, \quad \xi\omega_n = 1.2, \quad \omega_d = 1.6, \quad \beta = 53.1°$$

可推得

$$\xi = 0.6, \quad \omega_n = 2$$

则按公式可求得

$$\sigma\% \approx 9.5\%, \quad t_p \approx 1.96 \text{ s}, \quad t_s = 2.92 \text{ s}$$

【习题 3-7】 已知控制系统的单位阶跃响应为

$$c(t) = 1 + 0.2e^{-60t} - 1.2e^{-10t}$$

试确定系统的阻尼比 ξ 和无阻尼自振频率 ω_n。

解 拉氏变换可得

$$\Phi(s) = C(s) = \frac{1}{s} + \frac{0.2}{s+60} - \frac{1.2}{s+10}$$

单位阶跃信号 $R(s) = \frac{1}{s}$，则系统闭环传递函数为

$$\Phi(s) = \frac{C(s)}{R(s)} = \frac{600}{(s+60)(s+10)} = \frac{600}{s^2 + 70s + 600}$$

可推得

$$\xi \approx 1.43, \quad \omega_n \approx 24.5$$

【习题 3-8】 设某单位负反馈的角速度指示随动系统开环传递函数为 $G(s) = \frac{K}{s(0.1s+1)}$，则

(1) 求阻尼比 $\xi = 0.5$ 时的 K 值；

(2) 当 $K = 5$ 时，求系统动态性能指标 $\sigma\%$、t_p、t_s；

(3) 若要求系统单位阶跃响应无超调，且调节时间尽可能短，求开环增益 K 应取何值，调节时间 t_s 是多少？

解 (1) 由题意，系统闭环传函 $\Phi(s) = \frac{G(s)}{1+G(s)} = \frac{10K}{s^2 + 10s + 10K}$，可得

$$2\xi\omega_n = 10, \quad \omega_n^2 = 10K$$

当 $\xi = 0.5$ 时，$\omega_n = 10$，可得 $K = 10$。

(2) 当 $K = 5$ 时，$\omega_n \approx 7.07$，$\xi \approx 0.707$，可由公式推得

$$t_p \approx 0.628 \text{ s}, \quad t_s = 0.7 \text{ s}, \quad \sigma\% \approx 4.3\%$$

(3) 由 $\xi = 1$，可推得 $\omega_n = 5$，$K = 2.5$，此时 $t_s = 0.7 \text{ s}$。

【习题 3-9】 设控制系统结构图如图 3-2 所示。如果要求系统的最大超调量 $\sigma\% = 15\%$，上升时间 $t_r = 0.54 \text{ s}$。试确定放大系数 K_1 和反馈系数 K_f 的数值，并求出在此情况下系统的峰值时间 t_p 和调节时间 t_s（取允许误差带为稳态值的 $\pm 2\%$）。

解 由控制系统结构图，可得系统闭环传递函数为

$$\Phi(s) = \frac{G(s)}{1+G(s)} = \frac{K_1}{s^2 + (1+K_1 K_f)s + K_1}$$

由
$$\sigma\% = e^{-\frac{\xi\pi}{\sqrt{1-\xi^2}}} \times 100\% \approx 15\%, \quad t_r = \frac{\pi - \beta}{\omega_d} \approx 0.54 \text{ s}$$

可推得

$$\xi \approx 0.517, \quad \omega_n \approx 4.574$$
$$K_1 \approx 21, \quad K_f \approx 0.1776$$

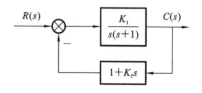

图 3-2 控制系统结构图

闭环传递函数为

$$\Phi(s) = \frac{21}{s^2 + 4.73s + 21}$$

可得

$$t_p \approx 0.8 \text{ s}, \quad t_s \approx 1.86 \text{ s}$$

【**习题 3-10**】 某单位负反馈位置随动系统的结构图如图 3-3 所示,其中 $K = 40, T = 0.1$。

（1）求系统的开环极点与闭环极点；

（2）当输入为单位阶跃函数时,求系统的自然频率 ω_n 和阻尼比 ξ。

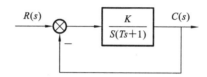

图 3-3 某单位负反馈位置随动系统的结构图

解 （1）系统开环传递函数为

$$G(s) = \frac{40}{s(0.1s + 1)}$$

闭环传递函数为

$$\Phi(s) = \frac{G(s)}{1 + G(s)} = \frac{400}{s^2 + 10s + 400}$$

所以系统开环极点为 $s_1 = 0, s_2 = -10$,闭环极点为 $s_{1,2} = -5 \pm j5\sqrt{15}$。

（2）当输入为单位阶跃函数时, $\omega_n = 20, \xi = 0.25$。

【**习题 3-11**】 已知系统结构图如图 3-4 所示。若 $r(t) = 2 \cdot 1(t)$,试求：

（1）当 $K_f = 1$ 时,系统的超调量 $\sigma\%$ 和调节时间 t_s；

（2）当 K_f 不等于零时,若使 $\sigma\% = 20\%$,试求 K_f 应为多大？并求此时的调整时间 t_s；

（3）比较上述两种情况,说明内反馈 $K_f s$ 的作用是什么。

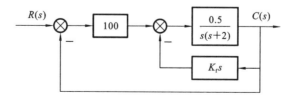

图 3-4 系统结构图

解 （1）输入 $R(s) = \dfrac{2}{s}$ 为阶跃输入,系统闭环传递函数

$$\Phi(s) = \frac{G(s)}{1+G(s)} = \frac{50}{s^2+(2+0.5K_f)s+50}$$

为二阶系统,可求得

$$\omega_n \approx 7.07, \quad \xi \approx \frac{2+0.5K_f}{14.14}$$

当 $K_f=1$ 时,$\xi \approx 0.177$,$\sigma\%=56.8\%$,$t_s \approx 2.80$ s。

(2) 要使 $\sigma\%=20\%$,即 $e^{-\frac{\xi(\pi-\varphi)}{\sqrt{1-\xi^2}}} \times 100\% = 20\%$,可推得 $\xi \approx 0.456$,此时 $K_f \approx 8.9$,$t_s \approx 1.08$ s。

(3) K_f 的存在给系统中加入了微分环节,增大阻尼比,减小超调量,提高响应速度。

【习题 3-12】 已知系统的两种控制方案如图 3-5 所示,其中,$T>0$ 不可改变。
(1) 在两种方案中,参数 K_1,K_2 和 K_3 如何影响系统的动态性能?
(2) 比较两种结构方案的特点。

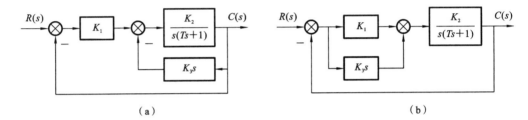

图 3-5 控制方案结构图

解 (1) 系统闭环传递函数为

$$\Phi_a(s) = \frac{k_1 k_2}{Ts^2+(1+k_2 k_3)s+k_1 k_2}$$

$$\Phi_b(s) = \frac{k_1 k_2 + k_2 k_3 s}{Ts^2+(1+k_2 k_3)s+k_1 k_2}$$

对图 3-5(a)的系统来说,系统为一典型二阶系统,有

$$\omega_n = \sqrt{\frac{k_1 k_2}{T}}, \quad \xi = \frac{1+k_2 k_3}{2\sqrt{k_1 k_2 T}}$$

$$\sigma\% = e^{-\frac{\xi\pi}{\sqrt{1-\xi^2}}} \times 100\% = e^{-\frac{\frac{1+k_2 k_3}{2\sqrt{k_1 k_2 T}}\pi}{\sqrt{1-\frac{(1+k_2 k_3)^2}{4k_1 k_2 T}}}}, \quad t_s = \frac{3.5}{\xi\omega_n} = \frac{7T}{1+k_2 k_3}$$

对图 3-5(b)的系统来说,系统为一比例-微分控制二阶系统,有

$$\Phi_b(s) = \frac{\frac{k_1 k_2}{T}\left(s+\frac{k_1}{k_3}\right)}{\frac{k_1}{k_3}\left(s^2+\frac{1+k_2 k_3}{T}s+\frac{k_1 k_2}{T}\right)}$$

可得

$$z = \frac{k_1}{k_3}, \quad \omega_n = \sqrt{\frac{k_1 k_2}{T}}, \quad \xi = \frac{1+k_2 k_3}{2\sqrt{k_1 k_2 T}}$$

$$\varphi = \arctan\frac{\omega_n\sqrt{1-\xi^2}}{z-\xi\omega_n}, \quad 1 = \sqrt{(z-\xi\omega_n)^2+(\omega_n\sqrt{1-\xi^2})^2}$$

$$\sigma\% = \frac{1}{z}e^{-\frac{\xi(\pi-\varphi)}{\sqrt{1-\xi^2}}} \times 100\%, \quad t_s \approx \frac{3+\ln\frac{1}{z\sqrt{1-\xi^2}}}{\xi\omega_n}$$

(2) 图 3-5(a)的系统在内反馈回路上添加微分环节,从而影响系统动态性能;图 3-5(b)的系统通过比例-微分环节给系统添加了零点,可加快响应速度,略微增大超调量。

【习题 3-13】 某电子心脏起搏器心律控制系统结构图如图 3-6 所示,其中模仿心脏的传递函数相当于一个纯积分环节。

(1) 若当 $\xi=0.5$ 时对应最佳响应,则起搏器增益 K 应取多大?

(2) 若期望心速为每分钟 60 次,并突然接通起搏器,1 s 后实际心速为多少?瞬时最大心速为多少?

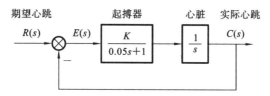

图 3-6 某电子心脏起搏器心率控制系统结构图

解 (1) 系统闭环传递函数为

$$\Phi(s) = \frac{20K}{s^2+20s+20K}$$

当 $\xi=0.5$ 时,$\omega_n=20$,由 $20K=\omega_n^2$ 可得 $K=20$。

(2) 突然接通起搏器并给定每分钟 60 次,相当于给系统一个阶跃信号 $R(t)=60$,即 $R(s)=\frac{60}{s}$,$\Phi(s)=\frac{400}{s^2+20s+400}$ 为一欠阻尼二阶系统,系统的阶跃输入响应为

$$c(t)=60\left[1-\frac{1}{\sqrt{1-\xi^2}}e^{-\xi\omega_n t}\sin(\omega_d t+\beta)\right]=60[1-1.15e^{-10t}\sin(17.32t+60°)]$$

当 $t=1$ s 时,$c(1)\approx 59.997$,由 $\sigma\%=e^{-\frac{\xi\pi}{\sqrt{1-\xi^2}}}\times 100\%\approx 16.3\%$,可得瞬时最大心率为

$$C_{max}=C_\infty(1+\sigma\%)\approx 60\times 1.163=69.78$$

【习题 3-14】 在许多化学过程中,反应槽内的温度要保持恒定,图 3-7(a)(b)分别为开环和闭环温度控制系统的结构图,两种系统正常的 K 值为 1。

(1) 若 $r(t)=1(t)$,$n(t)=0$,两种系统从响应开始到稳态温度值的 63.2% 各需多长时间?

(2) 当有阶跃扰动 $n(t)=0.1$ 时,求扰动对两种系统的温度影响。

解 (1) 在无扰动 ($n(t)=0$) 条件下,给定单位阶跃信号 $R(s)=\frac{1}{s}$,对图 3-7(a)的系统来说,单位阶跃响应为

$$c(t)=1-e^{-\frac{t}{10}}$$

当 $1-e^{-\frac{t}{10}}=0.632$ 时,$t=9.9967$ s。

对图 3-7(b)的系统来说,有

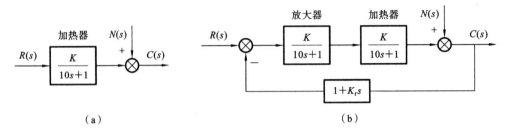

图 3-7 温度控制系统结构图

$$\Phi_b(s)=\frac{1}{100s^2+(20+k_f)s+2}=\frac{1}{2}\times\frac{0.02}{s^2+\frac{20+k_f}{100}s+0.02}$$

$$\omega_n\approx 0.141$$

$$\xi=\frac{\frac{20+k_f}{100}}{0.282}=\frac{20+k_f}{28.2},\quad c(t)=0.5\left[1-\frac{1}{\sqrt{1-\xi^2}}e^{-\xi\omega_n t}\sin(\omega_d t+\beta)\right]=0.316$$

(2) 对图 3-7(a)的系统来说,有

$$\varphi_{an}(s)=1,\quad c_{an}(t)=n(t)=0.1$$

对图 3-7(b)的系统来说,有

$$\phi_{bn}(s)=\frac{100s^2+20s+1}{100s^2+(20+k_f)s+2},\quad C_{bn}(s)=\phi_{bn}(s)n(s)$$

$$\lim_{t\to\infty}C_{bn}(t)=\lim_{s\to 0}s\Phi_{bn}(s)N(s)=0.05$$

可知在系统最终稳态时,扰动对图 3-7(a)的系统产生 0.1 的输出误差,而对图 3-7(b)的系统只有 0.05 的输出误差。

【习题 3-15】 已知系统的特征方程为 $3s^4+10s^3+5s^2+s+2=0$,试用劳斯判据判断系统的稳定性。

解 列写劳斯表如下所示:

s^4	3	5	2
s^3	10	1	
s^2	4.7	2	
s^1	-3.26		
s^0	2		

因为系统劳斯表第一列变号两次,故系统不稳定,有两个正实部根。

【习题 3-16】 已知系统的特征方程如下:

(1) $s^5+3s^3+12s^3+24s^2+32s+48=0$;

(2) $s^6+4s^5-4s^4+4s^3-7s^2-8s+10=0$;

(3) $s^5+3s^4+12s^3+20s^2+35s+25=0$。

试求系统在 s 右半平面的根数及虚根值。

解 分别列写劳斯表如下所示:

（1）

s^5	1	12	32	
s^4	3	24	48	
s^3	16/3	80/3		
s^2	12	48		
s^1	0	0		
s^0				

全零行构造辅助方程：$F(s)=s^2+4=0$，$\dfrac{\mathrm{d}F(s)}{\mathrm{d}s}=2s=0$，则最后两行改为

s^1	2	0
s^0	48	

解辅助方程得 $s_{1,2}=\pm 2\mathrm{j}$，故方程有两个纯虚根 $\pm 2\mathrm{j}$。

（2）

s^6	1	-4	-7	10
s^5	4	4	-8	
s^4	-5	-5	10	
s^3	0	0		
s^2				
s^1				
s^0				

构造辅助方程 $F(s)=-5s^4-5s^2+10=0$，$\dfrac{\mathrm{d}F(s)}{\mathrm{d}s}=-2s^3-s=0$，后四行改为

s^3	-2	-1
s^2	-2.5	10
s^1	-9	
s^0	10	

共变号2次，故系统不稳定，在右半平面有两个根，解辅助方程得 $s_{1,2}=\pm 2\mathrm{j}$，$s_{3,4}=\pm 1$，故方程有两个纯虚根 $\pm 2\mathrm{j}$，有一对符号相反的实根 ± 1。

（3）

s^5	1	12	35
s^4	3	20	25
s^3	1	5	
s^2	5	25	
s^1	0	0	
s^0			

构造辅助方程 $F(s)=s^2+5=0$，$\dfrac{\mathrm{d}F(s)}{\mathrm{d}s}=2s=0$，最后两行改为

s^1	2	0
s^0	25	

劳斯表第一列未变号，系统在右半平面无根，解辅助方程得 $s_{1,2}=\pm\sqrt{5}\mathrm{j}$，故方程有两个

纯虚根 $\pm\sqrt{5}j$。

【习题 3-17】 已知单位负反馈系统的开环传递函数为

$$G(s)=\frac{K(0.5s+1)}{s(s+1)(0.5s^2+s+1)}$$

试确定系统稳定时的 K 值范围。

解 因为系统为单位负反馈系统,故 $\Phi(s)=\dfrac{G(s)}{1+G(s)}$,系统特征方程为

$$D(s)=s(s+1)(0.5s^2+s+1)+K(0.5s+1)=0$$

即

$$s^4+3s^3+4s^2+(2+K)s+2K=0$$

列写劳斯表得

s^4	1	4	$2K$
s^3	3	$2+K$	
s^2	$\dfrac{10-K}{3}$	$2K$	
s^1	$2+K-\dfrac{18K}{10-K}$		
s^0	$2K$		

要使系统稳定,即劳斯表第一列均大于 0,可得

$$\begin{cases} \dfrac{10-K}{3}>0 \\ 2+K-\dfrac{18K}{10-K}>0 \\ 2K>0 \end{cases}$$

可求得

$$\begin{cases} K<10 \\ -5-3\sqrt{5}<K<-5+3\sqrt{5} \\ K>0 \end{cases}$$

综上,$0<K<-5+3\sqrt{5}$,也就是 $0<K<1.7082$。

【习题 3-18】 已知系统结构图如图 3-8 所示,试用劳斯判据确定使系统稳定的参数 τ 的取值范围。

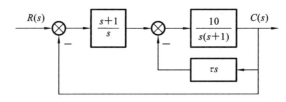

图 3-8 系统结构图

解 由系统结构图可得系统闭环传递函数为

$$\Phi(s) = \frac{10(s+1)}{s^2 + (10\tau+1)s^2 + 10s + 10}$$

可得系统特征方程 $D(s) = s^3 + (10\tau+1)s^2 + 10s + 10 = 0$，列写劳斯表得

s^3	1	10
s^2	$10\tau+1$	10
s^1	$\dfrac{100\tau}{10\tau+1}$	
s^0	10	

要使系统稳定，即劳斯表第一列均大于 0，可得

$$\begin{cases} 10\tau+1 > 0 \\ \dfrac{100\tau}{10\tau+1} > 0 \end{cases}$$

解得

$$\begin{cases} \tau > -0.1 \\ \tau > 0 \end{cases}$$

综上，$\tau > 0$ 即可保持系统稳定。

【习题 3-19】 设单位负反馈系统的开环传递函数为

$$G(s) = \frac{K(s+1)}{s(Ts+1)(2s+1)}$$

试确定使系统稳定的 K 和 T 的取值范围，并绘出稳定区域（用阴影线表示）。

解 因为系统为单位负反馈系统，所以

$$\Phi(s) = \frac{G(s)}{1+G(s)} = \frac{k(s+1)}{s(Ts+1)(2s+1)+K(s+1)} = \frac{K(s+1)}{2Ts^3 + (2+T)s^2 + (1+K)s + K}$$

则系统特征方程为
$$D(s) = 2Ts^3 + (2+T)s^2 + (1+K)s + K = 0$$

列写劳斯表得

s^3	$2T$	$1+K$
s^2	$2+T$	K
s^1	$\dfrac{(1+K)(2+T) - 2TK}{2+T}$	
s^0	K	

要使系统稳定，即劳斯表第一列均大于 0，可得

$$\begin{cases} 2T > 0 \\ 2+T > 0 \\ \dfrac{(1+K)(2+T) - 2TK}{2+T} > 0 \\ K > 0 \end{cases}$$

解得

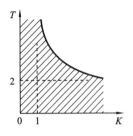

图 3-9 稳定区域示意图

$$\begin{cases} T>0 \\ T>-2 \\ (1+k)(2+T)-2TK>0 \\ K>0 \end{cases}$$

即在 $T>0$,$K>0$ 条件下,当 $K<1$ 时,$T>2+\dfrac{4}{k-1}$;当 $K>1$ 时,$T<2+\dfrac{4}{k-1}$;稳定区域示意图如图 3-9 所示。

【习题 3-20】 设单位负反馈系统的开环传递函数为
$$G(s)=\dfrac{K}{s(Ts+1)}$$
要求系统的所有特征根均位于 s 平面上垂线 $s=-2$ 的左侧区域,且阻尼比 ξ 不小于 0.5。试绘出系统的特征根在 s 平面上的分布范围(用阴影线表示),并求出 K 和 T 的取值范围。

解 要求系统所有特征根均在 $s=-2$ 左侧,且阻尼比不小于 0.5,由 $\xi=\cos\beta$ 可推知 $\beta\leqslant 60°$,可绘出系统特征根在 s 平面上的分布范围如图 3-10 所示。

因为系统为单位负反馈系统,则
$$\Phi(s)=\dfrac{G(s)}{1+G(s)}=\dfrac{K}{Ts^2+s+K}$$

要求系统极点均在 $s=-2$ 左侧,令 $s_1=s+2$,则新系统为
$$\Phi(s_1)=\dfrac{G(s)}{1+G(s)}=\dfrac{K}{T(s_1-2)^2+(s_1-2)s+K}$$

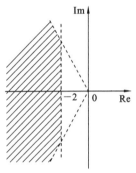

图 3-10 特征根分布范围

则新系统的特征方程为
$$D(s_1)=Ts_1^2+(1-4T)s_1+(4T+K-2)=0$$
列写劳斯表得

s_1^2	T	$4T+K-2$
s_1^1	$1-4T$	
s_1^0	$4T+K-2$	

要使系统稳定,则劳斯表第一列大于 0,即
$$\begin{cases} T>0 \\ 1-4T>0 \\ 4T+K-2>0 \end{cases}$$

同时考虑到系统原有
$$\Phi(s)=\dfrac{K}{Ts^2+s+K}=\dfrac{\dfrac{K}{T}}{s^2+\dfrac{1}{T}s+\dfrac{K}{T}},\quad \omega_n=\sqrt{\dfrac{K}{T}},\quad \xi=\dfrac{1}{2\sqrt{TK}}\geqslant 0.5$$

即
$$TK\leqslant 1$$

综上,可得 K 与 T 取值范围为

$$\begin{cases} 0.25 > T > 0 \\ 2 - 4T < K \leqslant \dfrac{1}{T} \end{cases}$$

【习题 3-21】 图 3-11 是某垂直起降飞机高度控制系统的结构图,试确定使系统稳定的 K 值范围。

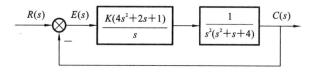

图 3-11 某垂直起降飞机高度控制系统的结构图

解 由系统结构图可得系统闭环传递函数为

$$\Phi(s) = \frac{K(4s^2 + 2s + 1)}{s^3(s^2 + s + 4) + K(4s^2 + 2s + 1)}$$

则系统特征方程为

$$D(s) = s^3(s^2 + s + 4) + K(4s^2 + 2s + 1) = s^5 + s^4 + 4s^3 + 4Ks^2 + 2Ks + K = 0$$

列写劳斯表得

s^5	1	4	$2K$
s^4	1	$4K$	K
s^3	$4 - 4K$	K	
s^2	$4K - \dfrac{K}{4-4K}$	K	
s^1	$\dfrac{16 - 47K + 32K^2}{16K - 15}$		
s^0	K		

为使系统稳定,劳斯表第一列均大于 0,可得

$$\begin{cases} 4 - 4K > 0 \\ 4K - \dfrac{K}{4-4K} > 0 \\ \dfrac{16 - 47K + 32K^2}{16K - 15} > 0 \\ K > 0 \end{cases}$$

解得

$$0.933 > K > 0.536$$

【习题 3-22】 已知单位负反馈系统的开环传递函数为

$$G(s) = \frac{K}{s(s+3)(s+5)}$$

要求系统特征根的实部不大于 -2,试确定开环增益的取值范围。

解 因为系统为单位负反馈系统,则

$$\Phi(s) = \frac{G(s)}{1 + G(s)} = \frac{K}{s^3 + 8s^2 + 15s + k}$$

系统特征方程为

$$D(s)=s^3+8s^2+15s+K=0$$

要求系统特征根实部不大于-2，令$s_1=s+2$，则

$$D(s_1)=(s_1-2)^3+8(s_1-2)^2+15(s_1-2)+K=s_1^3+2s_1^2-5s_1+(K-6)=0$$

列写劳斯表得

s_1^3	1	-5
s_1^2	2	$K-6$
s_1^1	$-\dfrac{4+K}{2}$	
s_1^0	$K-6$	

由劳斯表知，要使系统稳定，那么劳斯表第一列均大于0，则

$$\begin{cases} -\dfrac{4+K}{2}>0 \\ K-6>0 \end{cases}$$

解得$K<-4$且$K>6$，无解，故不存在能使系统特征根的实部不大于-2的K。

【习题 3-23】 已知单位负反馈系统的开环传递函数为

$$G(s)=\frac{K(s+1)}{s^3+as^2+2s+1}$$

试确定K和a的值，使系统以$2\ \text{rad/s}$的频率持续振荡。

解 因为系统为单位负反馈系统，则

$$\Phi(s)=\frac{G(s)}{1+G(s)}=\frac{K(s+1)}{s^3+as^2+(2+K)s+(K+1)}$$

系统特征方程为

$$D(s)=s^3+as^2+(2+K)s+(K+1)=0$$

要使系统以$2\ \text{rad/s}$的频率持续振荡，那么三阶系统闭环传递函数分母标准形式$D(s)=(s+s_0)(s^2+2\xi\omega_n s+\omega_n^2)$中$\xi=0$，$\omega_n=2$，则

$$D(s)=(s+s_0)(s^2+4)=s^3+s_0 s^2+4s+4s_0$$

与原$D(s)$对照得$a=s_0$，$2+K=4$，$K+1=4s_0$，解得

$$K=2,\quad a=\frac{3}{4}$$

【习题 3-24】 图 3-12 为核反应堆石墨棒位置控制系统的结构图。图 3-12 中，$R(s)$为期望辐射水平，$C(s)$为实际辐射水平。为获得期望的辐射水平，设增益4.4就是石墨棒位置和辐射水平的变换系数，传感器的传递函数为$H(s)=\dfrac{1}{Ts+1}$，其中，辐射传感器的时间常数为T s，直流增益为1，设控制器传递函数为$G_c(s)=1$。

(1) 当$T=0.1$时，求使系统稳定的功率放大器增益K的取值范围；

(2) 设$K=20$，求使系统稳定的时间常数T的取值范围。

解 (1) 由系统结构图，系统闭环传递函数为

$$\Phi(s)=\frac{2.64K(Ts+1)}{Ts^3+(6T+1)s^2+6s+2.64K}$$

当$T=0.1$时，系统闭环传函数为

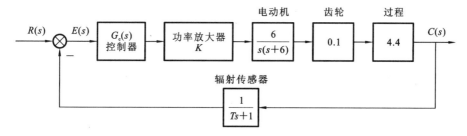

图 3-12 核反应堆石墨棒位置控制系统的结构图

$$\Phi(s) = \frac{2.64K(0.1s+1)}{0.1s^3 + 1.6s^2 + 6s + 2.64K}$$

列写劳斯表得

s^3	0.1	6
s^2	1.6	$2.64K$
s^1	$\dfrac{9.6-0.264K}{1.6}$	
s^0	$2.64K$	

要使系统稳定,那么劳斯表第一列均为零,则

$$\begin{cases} \dfrac{9.6-0.264K}{1.6} > 0 \\ 2.6K > 0 \end{cases}$$

解得 $\qquad\qquad\qquad\qquad 36.364 > K > 0$

(2) 当 $K=20$ 时,$\Phi(s) = \dfrac{52.8(Ts+1)}{Ts^3 + (6T+1)s^2 + 6s + 52.8}$,列写劳斯表得

s^3	T	6
s^2	$6T+1$	52.8
s^1	$\dfrac{6-16.8T}{6T+1}$	
s^0	52.8	

要使系统稳定,那么劳斯表第一列均为零,则

$$\begin{cases} T > 0 \\ 6T+1 > 0 \\ \dfrac{6-16.8T}{6T+1} > 0 \end{cases}$$

解得 $\qquad\qquad\qquad\qquad 0.357 > T > 0$

【习题 3-25】 图 3-13 为船舶横摇镇定系统的结构图,引入内环速度反馈的目的是增加船的阻尼。

(1) 求海浪扰动力矩对船只倾斜角的传递函数 $\dfrac{\theta(s)}{M_N(s)}$;

(2) 为保证 M_N 为单位阶跃函数时倾斜角 θ 的值不超过 0.1,且系统的阻尼比为

0.5,求 K_1, K_2, K_3 应满足的方程；

(3) 取 $K_2=1$ 时，确定满足(2)中指标的 K_1 和 K_3 值。

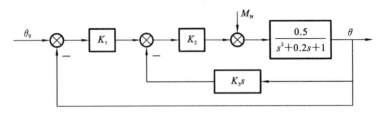

图 3-13 船舶横摇镇定系统的结构图

解 (1) $\dfrac{\theta(s)}{M_N(s)} = \dfrac{0.5}{s^2+(0.2+0.5K_2K_3)s+(1+0.5K_1K_2)}$

(2) 由(1)知 $D(s)=s^2+(0.2+0.5K_2K_3)s+(1+0.5K_1K_2)$，列写劳斯表得

$$
\begin{array}{lll}
s^2 & 1 & 1+0.5K_1K_2 \\
s^1 & 0.2+0.5K_1K_2 & \\
s^0 & 1+0.5K_1K_2 &
\end{array}
$$

为保证系统稳定，劳斯表第一列均大于零，则

$$\begin{cases} 0.2+0.5K_2K_3>0 \\ 1+0.5K_1K_2>0 \end{cases}$$

解得

$$K_2K_3>-0.4, \quad K_1K_2>-2$$

另外

$$\dfrac{\theta(s)}{M_N(s)} = \dfrac{0.5}{s^2+(0.2+0.5K_2K_3)s+(1+0.5K_1K_2)}$$

$$= \dfrac{0.5}{1+0.5K_1K_2} \cdot \dfrac{1+0.5K_1K_2}{s^2+(0.2+0.5K_2K_3)s+(1+0.5K_1K_2)}$$

该二阶系统有

$$\omega_n=\sqrt{1+0.5K_1K_2}, \quad \xi = \dfrac{0.2+0.5K_2K_3}{2\sqrt{1+0.5K_1K_2}} = 0.5$$

可推得 $0.2+0.5K_2K_3=\sqrt{1+0.5K_1K_2}$，同时要求系统在 M_N 为单位阶跃的情况下 θ 不超过 0.1，那么由终值定理得

$$\lim_{t\to 0}\theta(t) = \lim_{s\to 0} s\theta(s) = \lim_{s\to 0} s \dfrac{\theta(s)}{M_N(s)} M_N(s)$$

$$= \lim_{s\to 0} \dfrac{0.5}{s^2+(0.2+0.5K_2K_3)s+(1+0.5K_1K_2)}$$

$$= \dfrac{0.5}{1+0.5K_1K_2}$$

而此时系统超调量为 $\sigma\% = e^{-\frac{\xi\pi}{\sqrt{1-\xi^2}}} \times 100\% \approx 16.3\%$，那么在 M_N 为单位阶跃信号情况下，有

$$\theta(t)_{\max} = \theta(\infty)(1+\sigma\%) = \dfrac{0.5}{1+0.5K_1K_2} \times 1.163 = \dfrac{0.5815}{1+0.5K_1K_2} < 0.1$$

解得
$$K_1K_2 > 9.63$$

综上，K_1, K_2, K_3 应满足的方程有

$$\begin{cases} K_1K_2 > 9.63 \\ 0.2 + 0.5K_2K_3 = \sqrt{1+0.5K_1K_2} \\ K_2K_3 > -0.4 \end{cases}$$

(3) 当 $K_2=1$ 时，$K_1=9.63$，$0.2+0.5K_3=\sqrt{1+0.5K_1}$，$K_3>-0.4$。

当 $K_3>-0.4$ 时，由 $0.2+0.5K_3=\sqrt{1+0.5K_1}$，可推知 $\sqrt{1+0.5K_1}>0$。

当 $K_1>9.63$ 时，由 $0.2+0.5K_3=\sqrt{1+0.5K_1}$，可推知 $K_3>4.43$。

故 $K_2=1$ 时，满足 $\begin{cases} K_1>9.63 \\ K_3>4.43 \\ 0.2+0.5K_3=\sqrt{1+0.5K_1} \end{cases}$ 的 K_1, K_3 均可。

【习题 3-26】 已知单位负反馈系统的开环传递函数为

(1) $G(s) = \dfrac{100}{(0.1s+1)(s+5)}$；

(2) $G(s) = \dfrac{50}{s(0.1s+1)(s+5)}$；

(3) $G(s) = \dfrac{10(2s+1)}{s^2(s^2+6s+100)}$。

试求输入分别为 $r_1(t)=2t$ 和 $r_2(t)=2+2t+t^2$ 时系统的稳态误差。

解 对两输入信号分别进行拉氏变换，得

$$R_1(s) = \frac{2}{s^2}, \quad R_2(s) = \frac{2}{s} + \frac{2}{s^2} + \frac{2}{s^3}$$

同时因为系统是单位负反馈系统，则有

$$\Phi_e(s) = 1 - \Phi(s)$$

(1) 单位负反馈系统，$G(s) = \dfrac{\Phi(s)}{1+\Phi(s)} = \dfrac{100}{0.1s^2+1.5s+105}$，列写劳斯表得

s^2	0.1	105
s^1	1.5	
s^0	105	

劳斯表第一列均大于零，系统稳定，则由终值定理得

$$e_{ss1} = \lim_{s \to 0} s\Phi_e(s)r_1(s) = \lim_{s \to 0} s\left(1 - \frac{50}{0.1s^2+1.5s+105}\right)\frac{2}{s^2} = \infty$$

$$e_{ss2} = \lim_{s \to 0} s\Phi_e(s)r_2(s) = \lim_{s \to 0} s\left(1 - \frac{50}{0.1s^2+1.5s+105}\right)\left(\frac{2}{s} + \frac{2}{s^2} + \frac{2}{s^3}\right) = \infty$$

(2) $\Phi(s) = \dfrac{G(s)}{1+G(s)} = \dfrac{50}{0.1s^3+1.5s^2+5s+50}$，列写劳斯表得

s^3	0.1	5
s^2	1.5	50
s^1	$\dfrac{5}{3}$	
s^0	50	

劳斯表第一列均大于零，系统稳定，则由终值定理得

$$e_{ss1}=\lim_{s\to 0}s\Phi_e(s)r_1(s)=\lim_{s\to 0}\left(1-\frac{100}{0.1s^3+1.5s^2+5s+50}\right)\frac{2}{s^2}=\infty$$

$$e_{ss2}=\lim_{s\to 0}s\Phi_e(s)r_2(s)=\lim_{s\to 0}s\left(1-\frac{100}{0.1s^3+1.5s^2+5s+50}\right)\left(\frac{2}{s}+\frac{2}{s^2}+\frac{2}{s^3}\right)=\infty$$

(3) $\Phi(s)=\dfrac{20s+10}{s^4+6s^3+100s^2+20s+10}$，列写劳斯表得

s^4	1	100	10
s^3	6	20	
s^2	$\dfrac{290}{3}$	10	
s^1	$\dfrac{562}{29}$		
s^0	10		

劳斯表第一列均大于零，系统稳定，则由终值定理得

$$e_{ss1}=\lim_{s\to 0}s\Phi_e(s)r_1(s)=\lim_{s\to 0}s\left(1-\frac{20s+10}{s^4+6s^3+100s^2+20s+10}\right)\frac{2}{s^2}=0$$

$$e_{ss2}=\lim_{s\to 0}s\Phi_e(s)r_2(s)=\lim_{s\to 0}s\left(1-\frac{20s+10}{s^4+6s^3+100s^2+20s+10}\right)\left(\frac{2}{s}+\frac{2}{s^2}+\frac{2}{s^3}\right)=20$$

【习题3-27】 已知单位负反馈系统的开环传递函数为

(1) $G(s)=\dfrac{100}{(0.1s+1)(2s+1)}$；

(2) $G(s)=\dfrac{50}{s(s^2+4s+200)}$；

(3) $G(s)=\dfrac{10(2s+1)(4s+1)}{s^2(s^2+2s+10)}$。

试求静态位置误差系数 K_p，静态速度误差系数 K_v 和静态加速度误差系数 K_a。

解 因为系统为单位负反馈系统，故 $H(s)=1$，由定义计算：

(1) $$K_p=\lim_{s\to 0}G(s)H(s)=100$$
$$K_v=\lim_{s\to 0}sG(s)H(s)=0$$
$$K_a=\lim_{s\to 0}s^2G(s)H(s)=0$$

(2) $$K_p=\lim_{s\to 0}G(s)H(s)=\infty$$
$$K_v=\lim_{s\to 0}sG(s)H(s)=\frac{K}{4}$$
$$K_a=\lim_{s\to 0}s^2G(s)H(s)=0$$

(3)
$$K_p = \lim_{s \to 0} G(s)H(s) = \infty$$
$$K_v = \lim_{s \to 0} sG(s)H(s) = \infty$$
$$K_a = \lim_{s \to 0} s^2 G(s)H(s) = 1$$

【习题 3-28】 设单位负反馈系统的开环传递函数为 $G(s) = 1/(Ts)$。试用动态误差系数法求当输入信号分别为 $r_1(t) = t^2/2$ 和 $r_2(t) = \sin(2t)$ 时的稳态误差。

解 由于系统为单位负反馈系统,则
$$\Phi_e(s) = \frac{1}{1+G(s)} = \frac{Ts}{Ts+1} = 0 + Ts - (Ts)^2 + (Ts)^3 - (Ts)^4 + \cdots$$

故动态误差系数
$$C_0 = 0, \quad C_1 = T, \quad C_2 = -T^2, \quad C_3 = T^3, \cdots$$

$$e_{ss1}(t) = \sum_{i=0}^{\infty} C_i r^{(i)}(t) = C_0 r_1(t) + C_1 r_1^{(1)}(t) + C_2 r_1^{(2)}(t) + C_3 r_1^{(3)}(t) = Tt - T^2$$

表明稳态误差
$$e_{ss1} = \infty$$

$$\begin{aligned}
e_{ss2}(t) &= \sum_{i=0}^{\infty} C_i r^{(i)}(t) = C_0 r_1(t) + C_1 r_1^{(1)}(t) + C_2 r_1^{(2)}(t) + C_3 r_1^{(3)}(t) + \cdots \\
&= (C_0 - C_2 \omega_0^2 + C_4 \omega_0^4 - \cdots)\sin(2t) + (T2 - T^3 2^3 + T^5 2^5 - \cdots)\cos(2t) \\
&= (T^2 2^2 - T^4 2^4 + \cdots)\sin(2t) + (T2 - T^3 2^3 + T^5 2^5 - \cdots)\cos(2t) \\
&= \frac{2T}{4T^2+1}\cos(2t) + \frac{4T^2}{4T^2+1}\sin(2t)
\end{aligned}$$

【习题 3-29】 温度计的传递函数为 $\dfrac{1}{Ts+1}$,用其测量容器内的水温,1 min 才能显示出该温度的 98% 的数值。若加热容器使水温按 10 ℃/min 的温度匀速上升,问温度计的稳态指示误差有多大?

解 由题意,$G(s) = \dfrac{1}{Ts+1}$,无反馈。

当 $r(t) = 100$ 时,$R(s) = \dfrac{100}{s}$,此时
$$C(s) = R(s)G(s) = \frac{1}{Ts+1}\frac{100}{s} = \frac{100}{s} - \frac{100T}{Ts+1}$$

进行拉式反变换得
$$c(t) = 100 - 100\mathrm{e}^{-\frac{t}{T}}$$

且由题意知 $c(t) = 100 - 100\mathrm{e}^{-\frac{1}{T}} = 98$,解得
$$T = -\frac{1}{\ln 0.02}$$

当 $r(t) = 10t$ 时,$R(s) = \dfrac{10}{s^2}$,此时
$$C(s) = R(s)G(s) = \frac{1}{Ts+1}\frac{10}{s^2} = -\frac{10T}{s} + \frac{10}{s^2} + \frac{10T^2}{Ts+1}$$

进行拉氏反变换得
$$c(t) = -10T + 10t + 10T\mathrm{e}^{-\frac{t}{T}}$$

则
$$e(t)=r(t)-c(t)=10T-10Te^{-\frac{t}{T}}$$
$$e_{ss}=\lim_{t\to 0}e(t)=10T=-\frac{10}{\ln 0.02}\approx 2.556$$

【习题 3-30】 已知控制系统结构图如图 3-14 所示。其中，$G(s)=K_p=\dfrac{K}{s}$，$F(s)=\dfrac{1}{Js}$，输入 $r(t)$ 及扰动 $n_1(t)$ 和 $n_2(t)$ 均为单位阶跃函数。试求：

(1) 响应 $r(t)$ 的稳态误差；
(2) 响应 $n_1(t)$ 的稳态误差；
(3) 同时响应 $n_1(t)$ 和 $n_2(t)$ 的稳态误差。

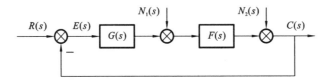

图 3-14 控制系统结构图

解 (1) 相对 $r(t)$ 来说，系统为单位负反馈系统，则
$$\Phi_e(s)=1-\Phi(s)=\frac{G(s)}{1+G(s)F(s)}=\frac{Js^2}{Js^2+K_ps+K}$$
由终值定理得
$$e_{ss}=\lim_{s\to 0}s\Phi_e(s)r(s)=\lim_{s\to 0}s\frac{Js^2}{Js^2+K_ps+K}\frac{1}{s}=0$$

(2) 相对 $n_1(t)$ 来说，系统 $\Phi_{n1}(s)=\dfrac{F(s)}{1+G(s)F(s)}=\dfrac{s^2}{Js^2+K_ps+K}$，系统 $E_{n1}(s)=0-C_{n1}(s)=-\Phi_n(s)N_1(s)$，则
$$e_{ssn1}=\lim_{s\to 0}sE_{n1}(s)=\lim_{s\to 0}-s\frac{s^2}{Js^2+K_ps+K}\frac{1}{s}=0$$

(3) 相对 $n_2(t)$ 来说，系统 $\Phi_{n2}(s)=\dfrac{1}{1+G(s)F(s)}=\dfrac{Js^2}{Js^2+K_ps+K}$，系统 $E_{n2}(s)=0-C_{n2}(s)=-\Phi_{n2}(s)N_2(s)$，则
$$e_{ssn2}=\lim_{s\to 0}sE_{n2}(s)=\lim_{s\to 0}-s\frac{Js^2}{Js^2+K_ps+K}\frac{1}{s}=0$$

相对 $n_1(t)$、$n_2(t)$ 说，则
$$e_{ssn}=e_{ssn1}+e_{ssn2}$$

【习题 3-31】 设某闭环传递函数的一般形式为
$$\Phi(s)=\frac{G(s)}{1+G(s)H(s)}=\frac{b_m s^m+b_{m-1}s^{m-1}+\cdots+b_0}{s_n+a_{n-1}s^n+\cdots a_0}$$
误差定义取 $e(t)=r(t)-c(t)$。试证明：

(1) 系统在阶跃信号输入下，稳态误差为零的充分条件是 $b_0=a_0$，$b_i=0$，$i=1,2,3,\cdots,m$；

(2) 系统在速度信号输入下，稳态误差为零的充分条件是 $b_0=a_0$，$b_1=a_1$，$b_i=0$，$i=2,3,\cdots,m$。

证明 (1) $E(s)=R(s)-C(s)=R(s)(1-\Phi(s))$, $R(s)=\dfrac{A}{s}$

$$e_{ss}=\lim_{s\to 0}sE(s)=\lim_{s\to 0}sR(s)(1-\Phi(s))=\lim_{s\to 0}A\left(1-\dfrac{b_m s^m+b_{m-1}s^{m-1}+\cdots+b_0}{s^n+a_{n-1}s^{n-1}+\cdots+a_0}\right)$$

要使 $e_{ss}=0$，即

$$\lim_{s\to 0}A\left(1-\dfrac{b_m s^m+b_{m-1}s^{m-1}+\cdots+b_0}{s^n+a_{n-1}s^{n-1}+\cdots+a_0}\right)=0$$

只需 $a_0=b_0$，命题得证。

(2) $E(s)=R(s)-C(s)=R(s)(1-\Phi(s))$, $R(s)=\dfrac{A}{s^2}$

$$e_{ss}=\lim_{s\to 0}sE(s)=\lim_{s\to 0}sR(s)(1-\Phi(s))$$

$$=\lim_{s\to 0}\dfrac{A}{s}\left(1-\dfrac{b_m s^m+b_{m-1}s^{m-1}+\cdots+b_0}{s^n+a_{n-1}s^{n-1}+\cdots+a_0}\right)$$

当 $a_0=b_0, a_1=b_1, b_i=0, i=2,3,\cdots,m$ 时，有

$$e_{ss}=\lim_{s\to 0}sE(s)=\lim_{s\to 0}sR(s)(1-\Phi(s))$$

$$=\lim_{s\to 0}\dfrac{A}{s}\left(1-\dfrac{a_1 s+a_0}{s^n+a_{n-1}s^{n-1}+\cdots+a_0}\right)$$

$$=\lim_{s\to 0}\dfrac{A}{s}\left(1-\dfrac{s^n+a_{n-1}s^{n-1}+\cdots+a_2 s^2}{s^n+a_{n-1}s^{n-1}+\cdots+a_0}\right)$$

命题得证。

【习题 3-32】 设单位负反馈系统的开环传递函数为

$$G(s)=\dfrac{K}{s(Ts+1)(s+1)}, \quad K>0, T>0$$

(1) 试确定使系统稳定的 K 和 T 的取值范围，并在 K-T 坐标系中绘出该区域；
(2) 计算在输入 $r(t)=t\cdot 1(t)$ 作用下系统的稳态误差。

解 (1) 因为系统为单位负反馈系统，所以

$$\Phi(s)=\dfrac{G(s)}{1+G(s)}=\dfrac{K}{Ts^3+(1+T)s^2+s+K}$$

系统特征方程为

$$D(s)=Ts^3+(1+T)s^2+s+K=0$$

列写劳斯表得

s^3	T	1
s^2	$1+T$	K
s^1	$\dfrac{1+T-KT}{1+T}$	
s^0	K	

为使系统稳定，劳斯表第一列应大于零，可得

$$\begin{cases} T>0 \\ 1+T>0 \\ \dfrac{1+T-KT}{1+T}>0 \\ K>0 \end{cases}$$

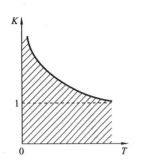

图 3-15 使系统稳定的 K 值
范围示意图

解得

$$\begin{cases} T>0 \\ 1+\dfrac{1}{T}>K \\ K>0 \end{cases}$$

使系统稳定的 K 值范围示意图如图 3-15 所示。

(2) 当输入 $r(t)=t\cdot 1(t)$ 时，$R(s)=\dfrac{1}{s^2}$。单位负反馈系统为

$$\Phi_e(s)=1-\Phi(s)=\dfrac{1}{1+G(s)}=\dfrac{Ts^3+(1+T)s^2+s}{Ts^3+(1+T)s^2+s+K}$$

此时，有

$$e_{ss}=\lim_{s\to 0}s\Phi_e(s)R(s)=\lim_{s\to 0}s\dfrac{Ts^3+(1+T)s^2+s}{Ts^3+(1+T)s^2+s+K}\dfrac{1}{s^2}=\dfrac{1}{K}$$

【习题 3-33】 设控制系统结构图如图 3-16 所示，已知 $r(t)=n(t)=1(t)$，试求：

(1) 当 $K=40$ 时，系统的稳态误差；
(2) 当 $K=20$ 时，系统的稳态误差；
(3) 在扰动作用点之前的前向通道中引入积分环节对结果有何影响？在扰动作用点之后呢？

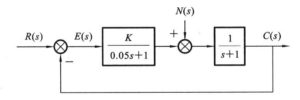

图 3-16 控制系统结构图

解 (1) 由结构图可知，系统为单位负反馈系统，系统闭环传递函数为

$$\Phi(s)=\dfrac{G(s)}{1+G(s)}=\dfrac{K}{0.05s^2+1.05s^2+1+K}$$

$$\Phi_n(s)=\dfrac{0.05s+1}{0.05s^2+1.05s^2+s+K}$$

为保证系统稳定，由劳斯判据得

$$K>-1$$

由已知得 $R(s)=N(s)=\dfrac{1}{s}$，则

$$C(s)=R(s)\Phi(s)=\dfrac{K}{0.05s^2+1.05s+(1+K)}\dfrac{1}{s}$$

$$C_n(s)=N(s)\Phi_n(s)=\dfrac{0.05s+1}{0.05s^2+1.05s+(1+K)}\dfrac{1}{s}$$

则

$$C(s)=C_r(s)+C_n(s)=\dfrac{0.05s+1+K}{0.05s^2+1.05s+(1+K)}\dfrac{1}{s}$$

由系统结构图有

$$E(s)=R(s)-C(s)=\frac{0.05s+1}{0.05s^2+1.05s+(1+K)}$$

稳态误差为

$$e_{ss}\lim_{s\to 0}sE(s)=0$$

（2）求解方法和结果同(1)。

（3）扰动作用点前引入积分环节，则

$$\Phi(s)=\frac{K}{0.05s^2+1.05s^2+1+K}$$

$$\Phi_n(s)=\frac{s(0.05s+1)}{0.05s^2+1.05s^2+s+K}$$

由劳斯判据保证系统稳定得

$$K<21$$

$$C(s)=C_r(s)+C_n(s)=\Phi(s)C(s)+\Phi_n(s)N(s)=\frac{s(0.05s+1)+K}{0.05s^3+1.05s+s+K}\frac{1}{s}$$

$$E(s)=R(s)-C(s)=\frac{0.05s^2+s}{0.05s^3+1.05s^2+s+K}$$

$$e_{ss}\lim_{s\to 0}sE(s)=0$$

扰动作用点后引入积分环节，则

$$\Phi(s)=\frac{K}{0.05s^3+1.05s+s+K}$$

$$\Phi_n(s)=\frac{0.05s+1}{0.05s^3+1.05s^2+s+K}$$

$$C(s)=C_r(s)+C_n(s)=\Phi(s)R(s)+\Phi_n(s)N(s)=\frac{0.05s+1+K}{0.05s^3+1.05s+s+K}\frac{1}{s}$$

$$E(s)=R(s)-C(s)=\frac{0.05s^3+1.05s^2+0.95s-1}{0.05s^3+1.05s^2+s+K}\frac{1}{s}$$

$$e_{ss}=\lim_{s\to 0}sE(s)=-\frac{1}{K}$$

所以扰动作用点前加入积分环节后，$K>21$ 时系统将不稳定，其余无影响。

扰动作用点后加入积分环节，$K>21$ 时系统将不稳定，$K<21$ 时附加稳态误差 $-\frac{1}{K}$。

【习题 3-34】 已知单位负反馈系统的闭环传递函数为

$$\Phi(s)=\frac{5s+200}{0.01s^3+0.502s^2+6s+200}$$

设输入 $r(t)=5+20t+10t^2$，求其动态误差表达式。

解 $r'(t)=20+20t$, $r''(t)=20$, $r'''(t)=0$

$$\Phi_e(s)=1-\Phi(s)=\frac{0.01s^3+0.502s^2+s}{0.01s^3+0.502s^2+6s+200}$$

$$C_0=\Phi_e(s), \quad C_1=\Phi_e'(s), \quad C_2=\frac{1}{2}\Phi_e''(s)$$

$$C_0=0, \quad C_1=0.005, \quad C_2=0.00256$$

$$e_{ss}(t) = \sum_{i=0}^{\infty} C_i r^{(i)}(t) = C_0 r(t) + C_1 r'(t) + C_2 r''(t) + \cdots$$
$$= 0.1 + 0.1t + 0.0472$$
$$= 0.1472 + 0.1t$$

【习题 3-35】 控制系统结构图如图 3-17 所示。其中 $K_1 > 0, K_2 > 0, \beta \geq 0$。试分析：

(1) β 值变化(增大)对系统稳定性的影响；

(2) β 值变化(增大)对动态性能($\sigma\%, t_s$)的影响；

(3) β 值变化(增大)对 $r(t) = at$ 作用下稳态误差的影响。

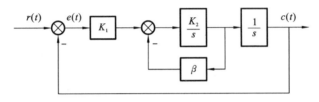

图 3-17 控制系统结构图

解 (1) 由控制系统结构图可得系统闭环传递函数为

$$\Phi(s) = \frac{k_1 k_2}{s^2 + k_2 \beta s + k_1 k_2}$$

由劳斯判据得

s^2	1	$k_1 k_2$
s^1	$k_2 \beta$	
s^0	$k_1 k_2$	

由已知 $K_1 > 0, K_2 > 0, \beta \geq 0$ 可知当 β 增大时系统会持续保持稳定。

(2) $\omega_n = \sqrt{k_1 k_2}, \quad \xi = \frac{k_2 \beta}{2\sqrt{k_1 k_2}}$

超调量为

$$\sigma\% = e^{-\frac{\xi \pi}{\sqrt{1-\xi^2}}} \times 100\% = e^{-\sqrt{\frac{k_2 \pi^2 \beta^2}{4k_1 - k_2^2 \beta^2}}}$$

调节时间为

$$t_s \approx \frac{3.5}{\xi \omega_n} = \frac{7}{k_2 \beta}$$

可得超调量和调节时间均随 β 增大而减小。

(3) $r(t) = at$，则 $R(s) = \frac{a}{s^2}$，对单位负反馈系统来说，有

$$\Phi_e(s) = 1 - \Phi(s) = \frac{s^2 + k_2 \beta s}{s^2 + k_2 \beta s + k_1 k_2}$$

稳态误差

$$e_{ss} = \lim_{s \to 0} s \Phi_e(s) R(s) = \lim_{s \to 0} s \frac{s^2 + k_2 \beta s}{s^2 + k_2 \beta s + k_1 k_2} \frac{a}{s^2} = \frac{a\beta}{k}$$

故稳态误差随 β 值增大而增大。

【习题 3-36】 已知系统结构图如图 3-18 所示。

(1) 确定使系统稳定的参数 K 的值；

(2) 为使系统特征根全部位于 s 平面 $s=-1$ 的左侧，K 应取何值？

(3) 当 $r(t)=2t+2$ 时，若要求系统稳态误差 $e_{ss} \leqslant 0.25$，K 应取何值？

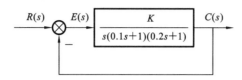

图 3-18 系统结构图

解 (1) 系统为单位负反馈系统，则

$$\Phi(s) = \frac{G(s)}{1+G(s)} = \frac{K}{0.02s^3 + 0.3s^2 + s + K}$$

列写劳斯表得

s^3	0.02	1
s^2	0.3	K
s^1	$\dfrac{0.3-0.02K}{0.3}$	
s^0	K	

为使系统稳定，劳斯表第一列均大于零，则有

$$\begin{cases} \dfrac{0.3-0.02K}{0.3} > 0 \\ K > 0 \end{cases}$$

解得 $\qquad 0 < K < 15$

(2) 要使系统特征根全部位于 $s=-1$ 左侧，取 $s_1 = s+1$，则系统特征方程变为

$$D(s_1) = 0.02(s_1-1)^3 + 0.3(s_1-1)^2 + s_1 - 1 + K$$
$$= 0.02s_1^3 + 0.24s_1^2 + 0.46s_1 + K - 0.72$$

列写劳斯表得

s^3	0.02	0.46
s^2	0.24	$K-0.72$
s^1	$\dfrac{0.1248-0.02K}{0.24}$	
s^0	$K-0.72$	

劳斯表第一列均大于零，则有

$$\begin{cases} \dfrac{0.1248-0.02K}{0.24} > 0 \\ K - 0.72 > 0 \end{cases}$$

解得

$$6.24 > K > 0.72$$

(3) 当 $r(t) = 2t + 2$ 时，$R(s) = \dfrac{2}{s^2} + \dfrac{2}{s}$，单位负反馈系统为

$$\Phi_e(s) = 1 - \Phi(s) = \frac{1}{1+G(s)} = \frac{0.02s^3 + 0.3s^2 + s}{0.02s^3 + 0.3s^2 + s + K}$$

$$e_{ss} = \lim_{s \to 0} s\Phi_e(s)R(s) = \lim_{s \to 0} s \frac{0.02s^3 + 0.3s^2 + s}{0.02s^3 + 0.3s^2 + s + K}\left(\frac{2}{s^2} + \frac{2}{s}\right) = \frac{2}{K} \leqslant 0.25$$

解得

$$15 > K \geqslant 8$$

【习题 3-37】 已知某控制系统结构图如图 3-19(a)所示，其单位阶跃响应示意图如图 3-19(b)所示，系统的稳态位置误差 $e_{ss} = 0$，试确定 K、v 和 T 的值。

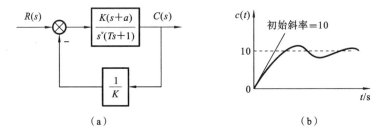

图 3-19 某控制系统结构图和单位阶跃响应示意图

解 由系统结构图得系统闭环传递函数为

$$\Phi(s) = \frac{K(s+a)}{Ts^{v+1} + s^v + s + a}$$

单位阶跃输入为 $R(s) = \dfrac{1}{s}$，由终值定理得

$$C(\infty) = \lim_{s \to 0} sC(s) = \lim_{s \to 0} s\Phi(s)R(s) = \frac{K(s+a)}{Ts^{v+1} + s^v + s + a} = K = 10$$

根据图 3-19(a)，可求出系统的闭环传递函数为

$$\Phi(s) = \frac{C(s)}{R(s)} = \frac{K(s+a)}{Ts^{v+1} + s^v + s + a}$$

由给定条件，系统在单位阶跃信号作用下的稳态误差为零（位置），故有

$$v \geqslant 1$$

输入信号为 $R(s) = \dfrac{1}{s}$，所以有

$$C(s) = \frac{K(s+a)}{Ts^{v+1} + s^v + s + a} \cdot \frac{1}{s}$$

根据图 3-19(b)有

$$C(\infty) = L_{s \to 0} sC(s) = k = 1$$

单位脉冲响应 $h(t) = L^{-1}[\Phi(s)]$，综合图 3-19(b)中初始斜率为 10，应用拉氏变换初值定理，有

$$L_{t \to 0} h(t) = L_{s \to \infty} s\Phi(s) = L_{s \to \infty} \frac{ks^2 + kas}{Ts^{v+1} + s^v + s + a}$$

$$L_{s \to \infty} \frac{ks^2}{Ts^{v+1}} = L_{t \to 0} \left[\frac{dc(t)}{dt}\right] = 10$$

要满足上式,必须 $v=1$,且
$$\frac{K}{T}=10 \rightarrow T=1$$

【习题 3-38】 已知系统结构图如图 3-20 所示。

(1) 若期望系统如图 3-20(a)所示的全部闭环极点位于垂线 $s=-2$ 的左侧,且 $\xi \geqslant 0.5$,试求满足条件的 K 和 T 的取值范围,并在 s 平面内绘出相应的区域;

(2) 改进系统如图 3-20(b)所示,若要使其响应 $r(t)=t$ 的 $r_{ss}=0$,求此时的 K 值。

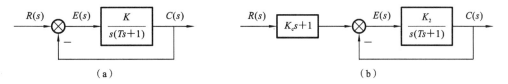

图 3-20 系统结构图

解 (1) 解答见题 3-20。

(2) 根据题意可求出
$$\Phi(s)=\frac{K(K_c s+1)}{Ts^s+s+K}$$

当 $R(s)=\dfrac{1}{s^2}$ 时,由系统结构图可得
$$E(s)=R(s)(K_c s+1)-C(s)=\frac{K_c s+1}{s^2}-\frac{K(K_c s+1)}{Ts^s+s+K}\frac{1}{s^2}$$
$$e_{ss}(\infty)=\lim_{s \to 0}sE(s)=\lim_{s \to 0}\left(\frac{K_c s+1}{s^2}-\frac{K(K_c s+1)}{Ts^s+s+K}\frac{1}{s^2}\right)=\frac{1}{K}$$

所以不存在这样的 K 值。

【习题 3-39】 宇航员机动控制系统结构图如图 3-21 所示。其中控制器可以用增益 K_2 来表示,宇航员及其装备的总转动惯量 $I=25 \text{ N}\cdot\text{m}\cdot\text{s}^2/\text{rad}$。

(1) 当输入为斜坡信号 $r(t)=t$ 时,试确定 K_3 的取值,使系统稳态误差 $e_{ss} \leqslant 0.01 \text{ m}$;

(2) 采用(1)中的 K_3 值,试确定 K_1,K_2 的取值,使系统超调量 $\sigma\%$ 限制在 10% 以内。

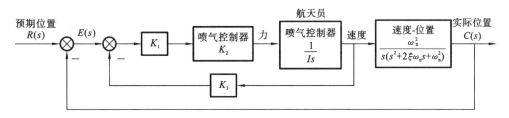

图 3-21 宇航员机动控制系统结构图

解 (1) 根据题意可求得
$$\Phi(s)=\frac{K_1 K_2}{Is^2+K_1 K_2 K_3 s+K_1 K_2}$$

对单位负反馈系统,有

$$\Phi_e(s) = 1 - \Phi(s) = \frac{Is^2 + K_1 K_2 K_3 s}{Is^3 + K_1 K_2 K_3 s + K_1 K_2}$$

$$e_{ss}(\infty) = \lim_{s \to 0} s\Phi_e(s)R(s) = \lim_{s \to 0} \frac{Is^2 + K_1 K_2 K_3 s}{Is^2 + K_1 K_2 K_3 s + K_1 K_2} \cdot \frac{1}{s^2} = K_3 \leqslant 0.01$$

故 $K_3 \leqslant 0.01$ 即可。

(2) 由(1)知

$$\xi = \frac{\frac{K_1 K_2 K_3}{I}}{2\sqrt{\frac{K_1 K_2}{I}}} = \frac{1}{2}\sqrt{\frac{K_1 K_2}{I}} K_3$$

$$\sigma\% = e^{-\frac{\xi\pi}{\sqrt{1-\xi^2}}} \times 100\% = e^{-\frac{\sqrt{K_1 K_2} K_3 \pi}{\sqrt{4I - K_1 K_2 K_3^2}}} < 10\%$$

即

$$\frac{\sqrt{K_1 K_2} K_3 \pi}{\sqrt{4I - K_1 K_2 K_3^2}} > 2.3$$

$$K_1 K_2 K_3^2 > 34.94$$

【习题 3-40】 大型天线伺服系统结构图如图 3-22 所示,其中, $\xi = 0.707$, $\omega_n = 15$, $T = 0.15$。

(1) 当干扰 $n(t) = 10 \cdot 1(t)$,输入 $r(t) = 0$ 时,为保证系统的稳态误差小于 0.01, 试确定 K_a 的值。

(2) 当系统开环工作($K_a = 0$),且输入 $r(t) = 0$ 时,确定由干扰 $n(t) = 10 \cdot 1(t)$ 引起的系统响应的稳态值。

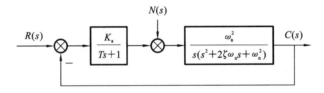

图 3-22 大型天线伺服系统结构图

解 (1)
$$\Phi_n(s) = \frac{\omega_n^2(Ts+1)}{s(Ts+1)(s^2+2\xi\omega_n s+\omega_n^2)+K_a\omega_n^2}$$

$$E_n(s) = 0 - C_n(s) = -n(s)\Phi_n(s)$$

由劳斯判据得

$$K_a > 0$$

$$e_{ssn}(\infty) = \lim_{s \to 0} sE_n(s) = \lim_{s \to 0} -sN(s)\Phi_n(s) = -\frac{10}{K_a} > -0.01$$

解得

$$K_a > 1000$$

(2) 当 $K_a = 0$ 时,系统无反馈,且

$$G(s) = \frac{\omega_n^2}{s(s^2+2\xi\omega_n s+\omega_n^2)}, \quad N(s) = \frac{10}{s}$$

由终值定理得

$$C_n(\infty)=\lim_{s\to 0}C_n(s)=\lim_{s\to 0}s\frac{\omega_n^2}{s(s^2+2\xi\omega_n s+\omega_n^2)}\frac{10}{s}=\infty$$

【习题 3-41】 某系统方框图如图 3-23 所示。试求当 $a=0$ 时系统的参数 ξ 以及 ω_n。如果要求 $\xi=0.7$，试计算相应的 a 值。

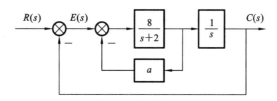

图 3-23 某系统方框图

解 由图 3-23 可得系统的传递函数为

$$G(s)=\frac{8}{s+2+8a}\frac{1}{s}=\frac{8}{s(s+2+8a)}$$

系统的闭环传递函数为

$$\frac{C(s)}{R(s)}=\frac{G(s)}{1+G(s)}=\frac{8}{s^2+(2+8a)s+8}$$

对照比较标准二阶的闭环传递函数可得

$$\omega_n^2=8,\quad 2\xi\omega_n=2+8a$$

当 $a=0$ 时，可得

$$\omega_n=\sqrt{8}\approx 2.828,\quad \xi=\frac{2+8a}{2\omega_n}\approx 0.354$$

若要求 $\xi=0.7$，可得

$$a=\frac{\xi\omega_n-1}{4}\approx 0.245$$

【习题 3-42】 设一单位负反馈系统的开环传递函数为

$$G(s)=\frac{K}{s(s+2)}$$

要求系统的单位阶跃响应的峰值时间 t_p 不超过 2 s，系统的超调量 σ_p 不大于 5%。

（1）试通过计算用数据来回答能否选择到合适的 K 值，使这两个性能指标同时得到满足？

（2）在 s 平面上绘出能同时满足这两个性能指标的闭环系统的极点所应处的区域；

（3）如果放松对 t 的限制，在超调量 5% 的约束下，t_p 最小能做到多少？试给出此时的 K 值。

解 （1） $$G(s)=\frac{K}{s(s+2)}$$

对应单位负反馈二阶开环标准型有

$$\begin{cases}2\xi\omega_n=2\\ \omega_n^2=K\end{cases}\Rightarrow \omega_n=\frac{1}{\xi}$$

$$\begin{cases} t_p = \dfrac{\pi}{\omega_n \sqrt{1-\xi^2}} \leqslant 2 \\ \sigma_p = e^{-\dfrac{\xi\pi}{\sqrt{1-\xi^2}}} \leqslant 5\% \end{cases} \Rightarrow \begin{cases} \xi \geqslant 0.69 \\ \omega_n \sqrt{1-\xi^2} = \dfrac{\sqrt{1-\xi^2}}{\xi} \geqslant 1.57 \end{cases} \Rightarrow \begin{cases} \xi \geqslant 0.69 \\ \xi \leqslant 0.54 \end{cases}$$

无解。故不存在使两个性能指标同时满足的 K。

(2) $\qquad s_{1,2} = -\xi\omega \pm j\omega_n \sqrt{1-\xi^2}$

由(1)可得

$$\omega_n \sqrt{1-\xi^2} \geqslant 1.57$$

且 $\qquad \xi \geqslant 0.69$

即 $\qquad \theta = \arccos\xi \leqslant 46.37°$

故满足条件的区域如图 3-24 所示。

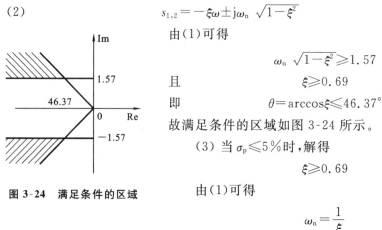

图 3-24 满足条件的区域

(3) 当 $\sigma_p \leqslant 5\%$ 时,解得

$$\xi \geqslant 0.69$$

由(1)可得

$$\omega_n = \dfrac{1}{\xi}$$

故 $\qquad t_p = \dfrac{\pi}{\omega_n \sqrt{1-\xi^2}} = \dfrac{\pi\xi}{\sqrt{1-\xi^2}} \geqslant 2.9957$

即 $\qquad t_{p\min} = 2.9957$

此时 $\qquad K = \omega_n^2 = \dfrac{1}{\xi^2} = 2.1$

【习题 3-43】 某控制系统结构图如图 3-25 所示,试选择参数 K_1 和 K_2,使得系统同时满足下列性能指标:

(1) 在单位斜坡输入信号作用下的稳态误差 $e_{ss} \leqslant 0.35$;

(2) 闭环系统的阻尼比 $\xi \geqslant 0.5$;

(3) 单位阶跃响应的调节时间 $t_s = 2$ s$(\Delta = 5\%)$。

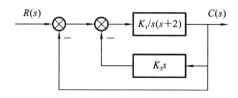

图 3-25 某控制系统结构图

解 $\quad G(s) = \dfrac{\dfrac{K_1}{s(s+2)}}{1 + \dfrac{K_1}{s(s+2)}K_2 s} = \dfrac{K_1}{s^2 + (2+K_1 K_2)s} = \dfrac{\dfrac{K_1}{2+K_1 K_2}}{s\left(\dfrac{s}{2+K_1 K_2}+1\right)}$

对应的二阶标准型有

$$\begin{cases} 2\xi\omega_n = 2 + K_1 K_2 \\ \omega_n^2 = K_1 \end{cases}$$

系统为 I 型,开环增益为

$$K = \frac{K_1}{2+K_1K_2}$$

故单位斜坡下输入下稳态误差

$$e_{ss} = \frac{1}{K} = \frac{2+K_1K_2}{K_1}$$

$t_s = \frac{3.5}{\xi\omega_n} = 2$，取 $\xi = 0.5$，可得 $\omega_n = 3.5$ rad/s，此时可解得

$$K_1 = 9, \quad K_2 = \frac{1}{9}$$

故此时 $e_{ss} = \frac{2+K_1K_2}{K_1} = \frac{3}{9} = 0.33 \leqslant 0.35$，满足要求。

综上，可选取

$$K_1 = 9, \quad K_2 = \frac{1}{9}$$

【习题 3-44】 系统结构图如图 3-26 所示。

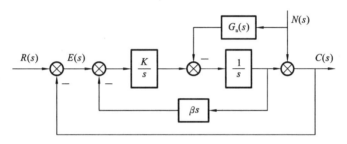

图 3-26 系统结构图

(1) 写出闭环传递函数 $\Phi(s) = \frac{C(s)}{R(s)}$ 的表达式；

(2) 要使系统满足条件 $\xi = 0.707, \omega_n = 2$，试确定相应的参数 K 和 β；

(3) 求此时系统的动态性能指标 $\sigma\%, t_s$（取 $\Delta = 0.05$），t_p, t_d。

解 (1) 当 $R(s) \to C(s)$ 时，令

$$N(s) = 0, \quad L_1 = -\frac{\beta K}{s}, \quad L_2 = -\frac{K}{s^2}$$

$$\Delta = 1 - L_1 - L_2 = \frac{s^2 + \beta K s + K}{s^2}$$

前向通路

$$P_1 = \frac{K}{s^2}, \quad \Delta_1 = 1$$

$$\Phi(s) = \frac{C(s)}{R(s)} = \frac{K}{s^2 + \beta K s + K}$$

(2) 因为

$$\xi = 0.707, \quad \omega_n = 2, \quad K = \omega_n^2, \quad \beta K = 2\xi\omega_n$$

所以

$$K = 4, \quad \beta = 0.707$$

(3)

$$\sigma\% = e^{-\pi\xi/\sqrt{1-\xi^2}} \times 100\% = 4.3\%$$

$$t_s = \frac{3.5}{\xi\omega_n} = 2.48, \quad \omega_d = \omega_n\sqrt{1-\xi^2} = 1.41$$

$$t_p = \frac{\pi}{\omega_d} = 2.33, \quad t_d = \frac{1+0.7\xi}{\omega_n} = 0.75$$

【习题 3-44】 复合控制系统结构图如图 3-27 所示,其中 $G_1(s) = \frac{K_1}{T_1 s + 1}$, $G_2(s) = \frac{K_2}{T_2 s + 1}$, $G_3(s) = \frac{K_3}{T_3 s + 1}$, $F(s)$ 为扰动信号。

(1) 求 $\frac{C(s)}{F(s)}$;

(2) 要求系统在 $R(s) = 0$, $F(s) = \frac{1}{s}$ 作用下的稳态误差为零,试确定顺馈通道的传递函数 $G_N(s)$。

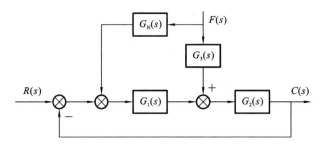

图 3-27 复合控制系统结构图

解 (1) $R(s) = 0$,绘制系统结构图如图 3-28 所示。

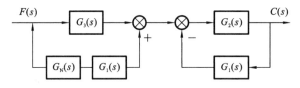

图 3-28 系统结构图

$$\frac{C(s)}{F(s)} = [G_3(s) + G_N(s)G_1(s)]\frac{G_2(s)}{1 + G_2(s)G_1(s)}$$

$$= \frac{G_2(s)G_3(s) + G_1(s)G_2(s)G_N(s)}{1 + G_2(s)G_1(s)}$$

(2) $R(s) = 0$, $F(s) = \frac{1}{s}$,要使稳态误差为零,应使系统

$$e_{ss} = \lim_{s \to 0} s \frac{C(s)}{F(s)} \frac{1}{s} = \lim_{s \to 0} \frac{C(s)}{F(s)} = 0$$

有

$$G_2(s)G_3(s) + G_1(s)G_2(s)G_N(s) = 0$$

因此

$$G_N(s) = \frac{k_3}{k_1 k_2}(T_1 s + 1)$$

【习题 3-45】 设控制系统结构图如图 3-29 所示,要求:

(1) 当扰动 $n(t) = 1(t)$ 时,稳态误差为零;

(2) 当 $r(t)=2(t)$ 时,稳态误差不大于 0.2。

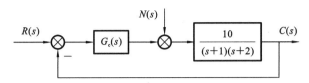

图 3-29 控制系统结构图

试在下列三种控制器结构形式中,选择一种能同时满足上述要求的 $G_c(s)$,并确定 $G_c(s)$ 中参数的取值范围:

(a) $G_c(s)=\dfrac{k(\tau s+1)}{(Ts+1)}$; (b) $G_c(s)=\dfrac{k}{s}$; (c) $G_c(s)=\dfrac{k(\tau s+1)}{s}$。

解 (1) 当 $n(t)=1(t)$ 时,有

$$\frac{E(s)}{R(s)}=\frac{\dfrac{-10}{(s+1)(s+2)}}{1+\dfrac{10G_c(s)}{(s+1)(s+2)}}=\frac{-10}{(s+1)(s+2)+10G_c(s)}$$

当系统稳定时,有

$$e_{ss}(\infty)=\lim_{s\to 0}s\frac{1}{s}\frac{-10}{(s+1)(s+2)+10G_c(s)}=\frac{-10}{2+10G_c(s)}=0$$

所以可得 $G_c(0)=\infty$,(a) 项不符合。

(2) 当 $r(t)=2(t)$ 时,有

$$\frac{E(s)}{R(s)}=\frac{1}{1+\dfrac{10G_c(s)}{(s+1)(s+2)}}=\frac{(s+1)(s+2)}{(s+1)(s+2)+10G_c(s)}$$

(3) 若将 (b) 项, $G_c(s)=\dfrac{k}{s}$ 代入,则

$$e_{ss}(\infty)=\lim_{s\to 0}s\frac{2}{s^2}\frac{(s+1)(s+2)}{(s+1)(s+2)+10\dfrac{k}{s}}$$

$$=\lim_{s\to 0}\frac{2}{s}\frac{(s+1)(s+2)}{(s+1)(s+2)+10\dfrac{k}{s}}$$

$$=\frac{2}{5k}\leqslant 0.2\Rightarrow k\geqslant 2$$

若将 (c) 项, $G_c(s)=\dfrac{k(\tau s+1)}{s}$ 代入,则

$$e_{ss}(\infty)=\lim_{s\to 0}s\frac{2}{s^2}\frac{(s+1)(s+2)}{(s+1)(s+2)+10\dfrac{k(\tau s+1)}{s}}$$

$$=\lim_{s\to 0}\frac{2}{s}\frac{(s+1)(s+2)}{(s+1)(s+2)+10\dfrac{k(\tau s+1)}{s}}$$

$$=\frac{2}{5k}\leqslant 0.2\Rightarrow k\geqslant 2$$

接下来考察 (b) 项和 (c) 项的稳定性,若 (b) 满足 $D(s)=s^3+3s^2+2s+10k=0$,则

s^3	1	2
s^2	3	$10k$
s^1	$2-\dfrac{10}{3}k$	
s^0	$10k$	

所以
$$\begin{cases} 2-\dfrac{10}{3}k>0 \\ 10k>0 \end{cases}$$

解得
$$0<k<\dfrac{3}{5}$$

与 $k\geqslant 2$ 矛盾。

同理,若(c)满足 $D(s)=s^3+3s^2+(2+10k\tau)s+10k=0$,则列写劳斯表得

s^3	1	$2+10k\tau$
s^2	3	$10k$
s^1	$2+10k\tau-\dfrac{10}{3}k$	
s^0	$10k$	

所以
$$\begin{cases} 2+10k\tau-\dfrac{10}{3}k>0 \\ 10k>0 \end{cases}$$

该情况下,经过合理选择 τ 可以满足条件,所以选(c)控制形式。

【习题 3-46】 已知控制系统的结构图如图 3-30 所示。

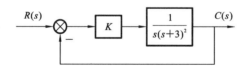

图 3-30 控制系统的结构图

试求同时满足下列两个条件的 K 值:

(1) 当 $r(t)=t$ 时,稳态误差 $e_{ss}\leqslant 2.25$;

(2) 阶跃响应无超调。

解 (1) $\quad G(s)=\dfrac{K}{s(s+3)^2}, \quad r(t)=t, \quad R(s)=\dfrac{1}{s^2}$

$$K_v=\lim_{s\to 0}sG(s)=\lim_{s\to 0}s\dfrac{K}{s(s+3)^2}=\dfrac{K}{9}$$

$$e_{ssv}=\dfrac{1}{K_v}=\dfrac{9}{K}\leqslant 2.25$$

故 $\quad K\geqslant 4$

(2) 根据题意,要求闭环极点均为负实数(稳定),取满足该条件的最大 K_m 值,有重极点,即

$$s(s+3)^2+K_m=(s+a)^2(s+b), \quad a>0, b>0$$
$$2a+b=6, 2ab+a^2=9$$

解得
$$a=1, \quad b=4$$
$$K_m=a^2b=4, \quad K\leqslant 4$$

又由(1)知 $K\geqslant 4$,故 $K=4$。

【习题 3-47】 控制系统的结构图如图 3-31 所示。

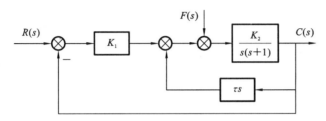

图 3-31 控制系统的结构图

要求:

(1) 在 $f(t)=0, r(t)$ 为单位阶跃信号作用下,系统的超调量 $\sigma_p=16.3\%$,过渡时间 $t_s=0.8$ s(按照 $\Delta=2\%$ 计算);

(2) 在 $f(t)$ 为单位阶跃信号作用时,由 $f(t)$ 引起的稳态误差 $|e_{ss}|=0.1$。

试确定 K_1, K_2, τ 的值。

解 (1) 在 $f(t)=0$ 时,有

开环:
$$G(s)=\frac{K_1 K_2}{1+\frac{K_2}{s(s+1)}\tau s}=\frac{K_1 K_2}{s(s+1+K_2\tau)}$$

闭环:
$$G(s)=\frac{K_1 K_2}{s^2+(1+K_2\tau)s+K_1 K_2}$$

$$\begin{cases}\sigma_p=16.3\%\\t_s=0.8(\Delta=0.02)\end{cases} \Rightarrow \begin{cases}\sigma_p=e^{-\frac{\xi\pi}{\sqrt{1-\xi^2}}}\times 100\%\\t_s=\frac{4.4}{\xi\omega_n}\end{cases}$$

所以
$$\begin{cases}\xi=0.5\\\omega_n=11\end{cases}$$

因此有
$$\begin{cases}K_1 K_2=121\\1+K_2\tau=11\end{cases}$$

(2) $f(t)$ 为 $1(t)$ 时,令 $R(s)=0$,得

$$\frac{C(s)}{F(s)}=\frac{\frac{K_2}{s(s+1)}}{1+\frac{K_2}{s(s+1)}(\tau s+K_1)}=\frac{K_2}{s^2+(1+K_2\tau)s+K_1 K_2}$$

$$|e_{ss}|=0.1=\lim_{s\to 0}\frac{K_2}{s^2+(1+K_2\tau)s+K_1 K_2}=\frac{1}{K_1}=0.1$$

$$K_1 = 10, \quad K_2 = 10, \quad \tau = 0.9$$

【习题 3-48】 某系统由典型环节组成,是单位负反馈二阶系统,它对单位阶跃输入的响应曲线如图 3-32 所示,试求该系统的开环传递函数及其参数。

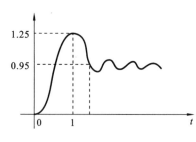

图 3-32 某系统对单位阶跃输入的响应曲线

解 二阶系统的闭环传递函数为

$$\Phi(s) = \frac{k\omega_n^2}{s^2 + 2\xi\omega_n s + \omega_n^2}$$

其开环传递函数为

$$G(s) = \frac{k\omega_n^2}{s^2 + 2\xi\omega_n s}$$

由图 3-32 知

$$k = 0.95$$

$$\sigma\% = e^{-\frac{\xi\pi}{\sqrt{1-\xi^2}}} \times 100\%$$

$$= \frac{1.25 - 0.95}{0.95} \times 100\% = 31.6\%$$

解得

$$\xi = 0.344$$

$$t_p = \frac{\pi}{\omega_n \sqrt{1-\xi^2}} = 1 \text{ s} \Rightarrow \omega_n = \frac{\pi}{\sqrt{1-\xi^2}} = 3.35$$

进而得知

$$G(s) = \frac{0.95 \times 11.22}{s^2 + 2.3s} = \frac{10.66}{s^2 + 2.3s}$$

【习题 3-49】 已知 $r(t) = t \cdot 1(t), n(t) = 1(t), e(\tau) = r(\tau) - c(\tau)$。

(1) 试求如图 3-33(a)所示系统的稳态误差;

(2) 若把图 3-33(a)的系统改为图 3-33(b)中的形式,说明稳态误差有何变化;

(3) 比较(1)(2)的结果,说明积分环节和作用点的影响;

(4) 说明两图中 K_1、K_2 对稳态误差的影响。

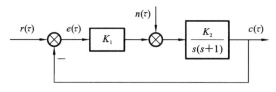

(a) 干扰作用点在积分环节前

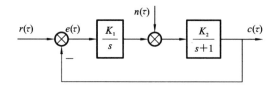

(b) 干扰作用点在积分环节后

图 3-33 系统结构图

解 假定图 3-33 中(a)(b)所示系统的参数满足稳定条件。

(1) 对于图 3-33(a)所示的系统,传递函数 $E(s)/R(s)$ 为

$$\frac{E(s)}{N(s)} = \frac{s(s+1)}{s(s+1)+K_1 K_2}$$

在 $r(t)=t \cdot 1(t)$ 作用下，稳态误差为

$$e_{\mathrm{ssn}} = -\lim_{s \to 0} s \frac{s(s+1)}{s(s+1)+K_1 K_2} \frac{1}{s^2} = \frac{1}{K_1 K_2}$$

传递函数 $E(s)/N(s)$ 为

$$\frac{E(s)}{N(s)} = -\frac{K_2}{s(s+1)+K_1 K_2}$$

在 $n(t)=1(t)$ 作用下，稳态误差为

$$e_{\mathrm{ssn}} = -\lim_{s \to 0} s \frac{K_2}{s(s+1)+K_1 K_2} \frac{1}{s} = -\frac{1}{K_1}$$

（2）对于图 3-33(b) 所示的系统，在输入 $r(t)=t \cdot 1(t)$ 作用下的稳态误差 e_{ssr} 与图 3-33(a) 所示系统的相同，但传递函数 $E(s)/N(s)$ 为

$$\frac{E(s)}{N(s)} = -\frac{K_2 s}{s(s+1)+K_1 K_2}$$

在 $n(t)=1(t)$ 作用下，稳态误差为

$$e_{\mathrm{ssn}} = -\lim_{s \to 0} s \frac{K_2 s}{s(s+1)+K_1 K_2} \frac{1}{s} = 0$$

（3）若在误差与干扰作用点之间放置一个积分环节，则可以消除阶跃干扰引起的误差。

（4）对于图 3-33(a) 所示的系统，增大 K_1、K_2 可以减小稳态误差 e_{ssr}，而 K_2 与稳态误差 e_{ssn} 无关，增大 K_1 可以减小 e_{ssn}；对于图 3-33(b) 所示的系统，增大 K_1、K_2 可以减小稳态误差 e_{ssr}，但 K_1、K_2 与稳态误差 e_{ssn} 无关。

【**习题 3-50**】 控制系统的结构图如图 3-34 所示。

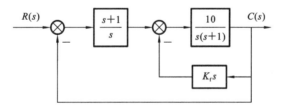

图 3-34 控制系统的结构图

（1）分析说明内反馈 $K_f s$ 的存在对系统稳定性的影响；

（2）计算静态位置误差系数、静态速度误差系数、静态加速度误差系数，并说明内反馈 $K_f s$ 的存在对系统稳态误差的影响。

解 由图 3-34 可知，开环系统的传递函数为

$$G(s) = \frac{10(s+1)}{s^2(s+10K_f+1)}$$

故该系统为 II 型系统。

（1）稳定性分析。

闭环系统特征方程为

$$s^3 + (10K_f+1)s^2 + 10s + 10 = 0$$

列写劳斯表得

s^3	1	10
s^2	$10K_f+1$	10
s^1	$\dfrac{100K_f}{10K_f+1}$	0
s	10	

由劳斯判据可知：当 $K_f=0$ 时，劳斯表中出现了全零行，其辅助方程为 $s^2+10=0$，系统有一对纯虚根 $\pm j\sqrt{10}$，此时系统不是渐近稳定的；当 $K_f>0$ 时，系统必是渐近稳定的。因此，内反馈的引入增强了系统的稳定性。

（2）稳态误差分析。

静态位置误差系数为

$$K_p=\lim_{s\to 0}G(s)=\infty$$

静态速度误差系数为

$$K_v=\lim_{s\to 0}sG(s)=\infty$$

静态加速度误差系数为

$$K_a=\lim_{s\to 0}s^2G(s)=\frac{10}{10K_f+1}$$

以上分析表明，内反馈的引入，不改变系统的型别，但会减少 K_a，从而加大系统的稳态误差。

【习题 3-51】 已知系统的结构图如图 3-35 所示。

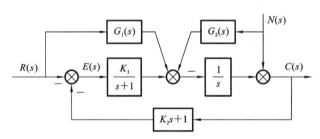

图 3-35 系统的结构图

（1）要使系统闭环极点配置在 $-5\pm j5$ 处，求相应的 K_1,K_2 值；
（2）设计 $G_1(s)$，使之在 $r(t)$ 单独作用下无稳态误差；
（3）设计 $G_2(s)$，使之在 $n(t)$ 单独作用下无稳态误差。

解 （1） $\Phi_e(s)=\dfrac{1-\dfrac{K_2s+1}{s}G_1(s)}{1+\dfrac{K_1(K_2s+1)}{s(s+1)}}=\dfrac{(s+1)[s-(K_2s+1)G_1(s)]}{s^2+(K_1K_2+1)s+K_1}$

令 $D(s)=s^2+(K_1K_2+1)s+K_1=(s+5+j5)(s+5-j5)=s^2+10s+50$

比较系数得

$$K_1=50,\quad K_2=\frac{9}{50}$$

（2）根据题意令 $\Phi_e(s)=0$，得

$$G_1(s) = \frac{s}{K_2 s + 1}$$

(3) 根据题意，$n(t)$ 单独作用下的稳态误差为

$$\Phi_{en}(s) = \frac{-(K_2 s + 1) + \frac{(K_2 s + 1)}{s} G_2(s)}{1 + \frac{K_1(K_2 s + 1)}{s(s+1)}} = \frac{(s+1)(K_2 s + 1)[-s + G_2(s)]}{s^2 + (K_1 K_2 + 1)s + K_1}$$

令 $\Phi_{en}(s) = 0$，得

$$G_2(s) = s$$

【习题 3-52】 如图 3-36 所示系统，已知当输入信号 $r(t) = 5 \cdot 1(t)$，扰动信号 $n(t) = 0.24\sin\left(0.71t + \frac{\pi}{4}\right)$ 时，输出 $c(t)$ 瞬时最大值为 2.8，稳态值恒为 2.0。

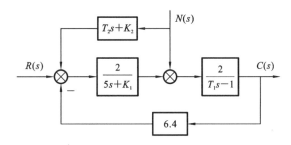

图 3-36 系统结构图

(1) 求系统的结构参数 K_1, K_2, T_1, T_2；

(2) 求阶跃输入信号作用下系统的时域指标：超调量 $\sigma\%$、峰值时间 T_p、调节时间 T_s；

(3) 若 $r(t) = 5\sin(\omega t)$，试确定 ω 为何值时稳态输出 $c(t)$ 的幅值最大，并求出此最大幅值。

解 (1) 只有 $r(t)$ 作用时，有

$$\Phi_r(s) = \frac{\frac{4}{(5s+K_1)(T_1 s - 1)}}{1 + \frac{4 \times 6.4}{(5s+K_1)(T_1 s - 1)}} = \frac{4}{(5s+K_1)(T_1 s - 1) + 25.6}$$

$$C_r(s) = R(s)\Phi_r(s)$$

$$C(\infty) = \lim_{s \to 0} sC(s) = \lim_{s \to 0} s \cdot \frac{5}{s} \cdot \frac{4}{(5s+K_1)(T_1 s - 1) + 25.6}$$

$$= \lim_{s \to 0} \frac{20}{(5s+K_1)(T_1 s - 1) + 25.6}$$

$$= \frac{20}{-K_1 + 25.6} = 2$$

解得

$$K_1 = 15.6$$

$$\Phi_r(s) = \frac{4}{5T_1 s^2 + (15.6T_1 - 5)s + 10} = \frac{\frac{4}{5T_1}}{s^2 + \frac{15.6T_1 - 5}{5T_1}s + \frac{2}{T_1}}$$

$$C_{\max}(t) = 2.8 \Rightarrow \sigma\% = 40\%$$

$$\xi = 0.28$$

$$\omega_n = \sqrt{\frac{2}{T_1}}$$

$$2\xi\omega_n = \frac{15.6T_1 - 5}{5T_1}$$

$$T_1 = 0.50 \text{ 或 } 0.25(舍)$$

因为扰动为正弦信号且输出稳态值为 2.0，所以扰动信号函数为

$$\Phi_n(s) = 0$$

由图 3-36 可知

$$N(s) + N(s)\frac{(T_2 s + K_2) \cdot 2}{5s + K_1} = 0$$

$$T_2 = -2.5, \quad K_2 = -7.8$$

综上得

$$K_1 = 15.6, \quad K_2 = -7.8, \quad T_1 = 0.5, \quad T_2 = -2.5$$

(2) $$\xi = 0.28, \quad \omega_n = 2$$

$$\sigma\% = 40\%, \quad t_p = 1.636 \text{ s}, \quad t_s = \frac{4.4}{\xi\omega_n} = 7.87 \text{ s}, \quad t_s = \frac{3.5}{\xi\omega_n} = 6.25 \text{ s}$$

(3) $$\Phi_r(s) = \frac{1.6}{s^2 + 1.12s + 4}$$

$$|\Phi(j\omega)| = \frac{1.6}{\sqrt{(4-\omega^2)^2 + (1.12\omega)^2}} = \frac{1.6}{\sqrt{\omega^4 - 6.53359\omega^2 + 16}}$$

令 $x = \omega^2$，得

$$f(x) = x^2 - 6.5359x + 16$$

$$f'(x) = 2x - 6.539 = 0$$

解得

$$x = 3.26795$$

$$\omega = \sqrt{3.26795} = 1.81$$

当 $\omega = 1.81$ 时，稳态输出幅值最大，即

$$C(t)_{max} = \frac{5 \times 1.6}{\sqrt{1.81^4 - 6.53369 \cdot 1.8^2 + 16}} = 3.4$$

4 线性系统的根轨迹

【习题 4-1】 已知负反馈系统的开环传递函数为
$$G(s)H(s)=\frac{k}{(s+1)(s+2)(s+4)}$$
试证明点 $s=-1+\mathrm{j}\sqrt{3}$ 在根轨迹上,并求出相应的根轨迹增益 k 和开环增益 K。

证明 将 $s=-1+\mathrm{j}\sqrt{3}$ 代入系统特征方程 $\frac{k}{(s+1)(s+2)(s+4)}=-1$,得
$$k=12$$
在区间 $[0,+\infty)$ 内,故 $s=-1+\mathrm{j}\sqrt{3}$ 在该系统根轨迹上,所以根轨迹增益 $k=12$,开环增益 $K=1.5$。

【习题 4-2】 设单位负反馈控制系统的开环传递函数为
$$G(s)=\frac{K(3s+1)}{s(2s+1)}$$
试用解析法绘出 K 从零变化到无穷时闭环系统的根轨迹图。

解 单位负反馈系统,$G(s)H(s)=\frac{K(3s+1)}{s(2s+1)}=\frac{k\left(s+\frac{1}{3}\right)}{s(s+0.5)}=-1$,其中 $k=\frac{3K}{2}$。

根据题意,绘制 $180°$ 根轨迹图。开环极点 $p_1=0$,$p_2=-0.5$。开环零点 $z_1=-\frac{1}{3}$。系统根轨迹图如图 4-1 所示。

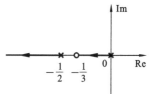

图 4-1 系统根轨迹图

【习题 4-3】 已知开环零点、极点分布图如图 4-2 所示,试绘制出相应的 $180°$ 根轨迹图。

解 $180°$ 根轨迹图如图 4-3 所示。

【习题 4-4】 已知单位负反馈系统的开环传递函数如下:

(1) $G(s)=\dfrac{K}{s(0.2s+1)(0.5s+1)}$;

(2) $G(s)=\dfrac{K(s+1)}{s(2s+1)}$;

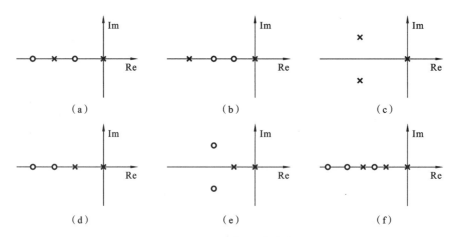

图 4-2 开环零点、极点分布图

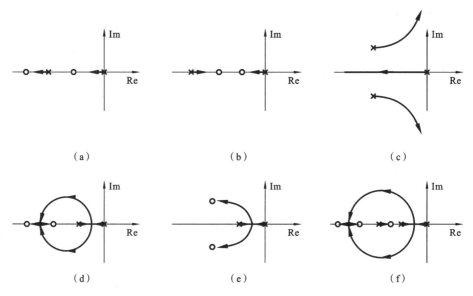

图 4-3 180°根轨迹图

(3) $G(s) = \dfrac{k(s+5)}{s(s+2)(s+3)}$。

试绘制参数变化时闭环系统的概略根轨迹图(要求明确根轨迹与实轴的分离点)。

解 根据题意,可得单位负反馈系统的根轨迹方程,从而可以绘制180°根轨迹图。

(1) 起点:开环极点 $p_1=0, p_2=-5, p_3=-2$。

终点:无穷远处的无限零点,三条轨迹。

实轴上根轨迹为 $[-2,0], (-\infty,-5]$。

三条轨迹;分离角为90°,分离点为 $\dfrac{-7+\sqrt{29}}{2} \approx -0.8$。

渐近线 $\varphi_a = \pm \dfrac{\pi}{3}, \pi; \sigma_a = \dfrac{0-2-5}{3} = -\dfrac{7}{3}$。

根轨图如图 4-4(a)所示。

(2) 起点:开环极点 $p_1=0, p_2=-0.5$。

终点:开环零点 $z_1=-1$ 以及无穷远处的无限零点,两条轨迹。

实轴上根轨迹为 $[-0.5,0],(-\infty,-1]$。

分离角为90°,分离点 $-1\pm\dfrac{\sqrt{2}}{2}$。

根轨迹如图 4-4(b)所示。

(3) 起点:开环极点 $p_1=0,p_2=-2,p_3=-3$。

终点:开环零点 $z_1=-5$ 以及无穷远处的无限零点,三条轨迹。

实轴上根轨迹为 $[-2,0],(-5,-3]$。

分离角为90°,分离点 -0.886。

渐近线:$\varphi_a=\dfrac{\pi}{2},\sigma_a=0$。

根轨迹如图 4-4(c)所示。

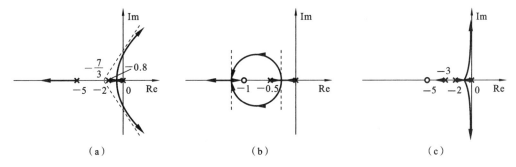

图 4-4 系统根轨迹图

【习题 4-5】 已知单位负反馈系统的开环传递函数如下:

(1) $G(s)=\dfrac{k(s+2)}{s^2+2s+5}$;

(2) $G(s)=\dfrac{k(s+20)}{s(s+10+\mathrm{j}10)(s+10-\mathrm{j}10)}$。

绘制闭环系统的概略根轨迹图(要求明确根轨迹的起始角)。

解 根据题意,可得单位负反馈系统的根轨迹方程,从而可以绘制180°根轨迹图。

(1) 起点:开环极点 $p_{1,2}=-1\pm 2\mathrm{j}$。

终点:开环零点 $z_1=-2$ 以及无穷远处的无限零点,两条轨迹。

实轴上根轨迹为 $(-\infty,-2]$。

分离角为90°,分离点为 -4.36。

起始角:$\theta_{p_1}=180°+\varphi_{p_2 p_1}-\theta_{z_1 p_1}=153.43°,\theta_{p_2}=-153.43°$。

根轨迹如图 4-5(a)所示。

(2) 起点:开环极点 $p_{1,2}=-10\pm 10\mathrm{j},p_3=0$。终点:开环零点 $z_1=-20$ 以及无穷远处的无限零点,三条轨迹。

渐近线:$\varphi_a=\dfrac{(2K+1)\pi}{3-1}=\pm\dfrac{\pi}{2}$, $\sigma_a=\dfrac{-10-\mathrm{j}10-10+\mathrm{j}10+20}{3-1}=0$。

实轴上根轨迹为 $[-20,0]$。

起始角 $\theta_{p_1}=180°+\varphi_{p_2 p_1}+\varphi_{p_3 p_1}-\theta_{z_1 p_1}=0°$。

系统根轨迹如图 4-5(b)所示。

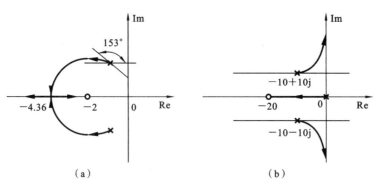

图 4-5 系统根轨迹图

【习题 4-6】 已知单位负反馈系统的开环传递函数如下：

(1) 确定 $G(s)=\dfrac{k}{s(s+1)(s+10)}$ 产生纯虚根时的开环增益 K；

(2) 确定 $G(s)=\dfrac{k(s+z)}{s^2(s+10)(s+10)}$ 产生纯虚根为 $\pm j$ 的 z 值和 k 值；

(3) 绘制 $G(s)=\dfrac{k}{s(s+1)(s+3.5)(s^2+6s+13)}$ 的概略根轨迹图，明确与实轴的交点、起始角和与虚轴的交点。

解 (1) 将 $s=j\omega$ 代入 $G(s)H(s)=-1$，得
$$k=11\omega^2+(\omega^3-10\omega)j$$
可推得
$$\omega=\pm\sqrt{10},\quad k=110,\quad K=\dfrac{k}{10}=11$$

(2) 将 $s=j$ 代入特征方程得
$$\begin{cases}1-200+kz=0\\-30+k=0\end{cases}$$
推得
$$k=30,\quad z=6.63$$

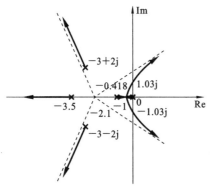

图 4-6 系统根轨迹图

(3) 根据题意，可得单位负反馈系统的根轨迹方程，从而可以绘制180°根轨迹图。

起点：开环极点 $p_1=0$，$p_2=-1$，$p_3=-3.5$，$p_{4,5}=-3\pm2j$。

终点：无开环零点，终于无穷远处的无限零点，五条轨迹。

渐近线：$\varphi_a=\dfrac{\pi}{5},\dfrac{3\pi}{5},\dfrac{5\pi}{5},\dfrac{7\pi}{5},\dfrac{9\pi}{5}$；$\sigma_a=-2.1$。

起始角为 $\theta_{p_1}=93°$。

分离点为 -0.418，分离角为 $90°$。

与虚轴交点为 $\pm1.03j$。系统根轨迹图如图 4-6 所示。

【习题 4-7】 设单位负反馈系统的开环传递函数为
$$G(s)=\dfrac{k(s+2)}{s(s+1)}$$

试从数学上证明复数根轨迹部分是以$(-2,j0)$为圆心,以$\sqrt{2}$为半径的一个圆。

证明 根轨迹本质上是方程$G(s)H(s)=-1$以k为参量的一组解,那么由$\frac{k(s+2)}{s(s+1)}=-1$可得

$$s^2+(1+k)s+2k=0$$

此为一元二次方程,由求根公式得

$$s=\frac{-1-k\pm\sqrt{(1+k)^2-8k}}{2}$$

$$=\frac{-1-k\pm\sqrt{k^2-6k+1}}{2}$$

$$=-\frac{1+k}{2}\pm j\frac{\sqrt{-k^2+6k-1}}{2}$$

当$k^2-6k+1<0$时,根存在复数部分,s为根轨迹上根的坐标,有

$$\left(\frac{1+k}{2}-(-2)\right)^2+\left(\frac{\sqrt{-k^2+6k-1}}{2}\right)^2=(\sqrt{2})^2$$

所以该根轨迹复数部分为一个以$(-2,j0)$为圆心,以$\sqrt{2}$为半径的圆,命题得证。

【**习题 4-8**】 设某负反馈系统的开环传递函数为

$$G(s)H(s)=\frac{a(s+1)}{s^2(s+10)}$$

试绘制该系统当a从零变化到无穷时的概略根轨迹图。

解 根据题意可得单位负反馈系统的根轨迹方程,从而可以绘制$180°$根轨迹图。

起点:开环极点$p_{1,2}=0$,$p_3=-10$。

终点:开环零点$z_1=-1$以及无穷远处的无限零点,三条轨迹。

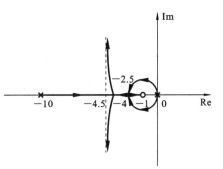

图 4-7 系统根轨迹图

渐近线:$\varphi_a=90°$,$\sigma_a=-4.5$。

分离角为$90°$,分离点:$0,-4,-2.5$。

系统根轨迹图如图 4-7 所示。

【**习题 4-9**】 已知单位负反馈系统的开环传递函数为

$$G(s)=\frac{k}{s(s+4)(s^2+4s+20)}$$

试绘制该系统的概略根轨迹图。

解 根据题意可得单位负反馈系统的根轨迹方程,从而可以绘制$180°$根轨迹图。

起点:开环极点$p_1=0$,$p_2=-4$,$p_{3,4}=-2\pm 4j$。

终点:无开环零点,终于无穷远处的无限零点,四条轨迹。

渐近线:$\varphi_a=\frac{\pi}{4},\frac{3\pi}{4},\frac{5\pi}{4},\frac{7\pi}{4}$;$\sigma_a=-2$。

实轴上根轨迹为$[-4,0]$。

起始角:$\theta_{p_3}=90°$,$\theta_{p_4}=-90°$。

分离角为$90°$,分离点:$-2,-2\pm 2.45j$。

系统根轨迹图如图 4-8 所示。

【习题 4-10】 已知单位负反馈系统的开环传递函数为

$$G(s)=\frac{k(s+2)}{(s^2+4s+9)^2}$$

试绘制当参数 k 为变量时该系统的概略根轨迹图。

解 根据题意可得单位负反馈系统的根轨迹方程,从而可以绘制180°根轨迹图。

起点:开环极点 $p_{1,2,3,4}=-2\pm\sqrt{5}\mathrm{j}$。

终点:开环零点 $z_1=-2$ 以及无穷远处的无限零点,四条轨迹。

实轴上根轨迹为 $(-\infty,-2]$。

渐近线: $\varphi_\mathrm{a}=\frac{\pi}{3},\frac{3\pi}{3},\frac{5\pi}{3};\sigma_\mathrm{a}=-2$。

分离角为90°,分离点为 -3.24。

与虚轴交点为

$$D(s)=(s^2+4s+9)^2+k(s+2)=s^4+8s^3+34s^2+(72+K)s+(81+2K)$$

在劳斯表出现全零行时, $k=96$,与虚轴交点为 $\pm 4.58\mathrm{j}$。

系统根轨迹图如图 4-9 所示。

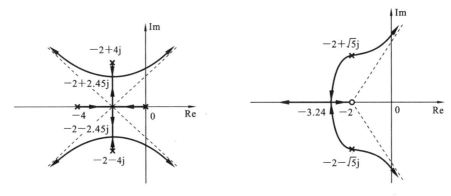

图 4-8 系统根轨迹图　　　图 4-9 系统根轨迹图

【习题 4-11】 已知某负反馈系统的开环传递函数为

$$G(s)=\frac{K}{s(s+1)(0.25s+1)}$$

(1) 绘制系统当参数 K 为变量时的根轨迹图;

(2) 为使系统的阶跃响应呈现衰减振荡形式,试确定 K 的取值范围。

解 根据题意可得单位负反馈系统的根轨迹方程,从而可以绘制180°根轨迹图。

(1) 起点:开环极点 $p_1=0,p_2=-1,p_3=-4$。

终点:无开环零点,终于无穷远处的无限零点,三条轨迹。

渐近线: $\varphi_\mathrm{a}=\frac{\pi}{3},\frac{3\pi}{3},\frac{5\pi}{3};\sigma_\mathrm{a}=-\frac{5}{3}$。

分离角为90°,分离点为 -0.465。

与虚轴交点为 $\pm 2\mathrm{j}$。

系统根轨迹图如图 4-10 所示。

(2) 要使系统的阶跃响应呈现衰减振荡形式,则应使系统主导极点为一对共轭极点且实部小于 0。

当 $s=0.465$ 时，$K=0.22$；当 $s=2j$ 时，$K=5$。

综上，根据根轨迹图，要使系统的阶跃响应呈现衰减振荡形式，则 $0.22<K<5$。

【习题 4-12】 应用根轨迹法确定如图 4-11 所示的系统在阶跃信号作用下无超调响应的 K 值范围。

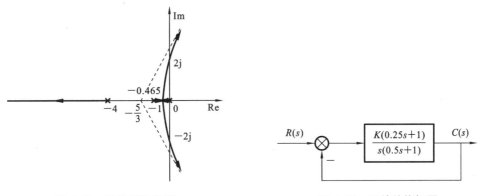

图 4-10 系统根轨迹图　　　　　　图 4-11 系统结构框图

解　$G(s)H(s)=\dfrac{K(0.25s+1)}{s(0.5s+1)}$，根据题意可得单位反馈系统的根轨迹方程，从而可以绘制 180° 根轨迹图。

起点：开环极点 $p_1=0, p_2=-2$。

终点：开环零点 $z_1=-4$ 以及无穷远处的无限零点，两条轨迹。

分离角为 90°，分离点：$-1.17, -6.83$。

系统根轨迹图如图 4-12 所示。

要使系统在阶跃信号作用下无超调，即要使系统极点均处于负实轴上，则当 $s=-1.17$ 时，$K=0.686$；当 $s=-6.83$ 时，$K=23.3$。综上，根据系统根轨迹图，要满足条件要求，则 $K<0.686$ 或 $K>23.3$。

【习题 4-13】 已知单位负反馈系统的开环传递函数为

$$G(s)=\dfrac{K}{s(0.01s+1)(0.2s+1)}$$

(1) 绘制系统的概略根轨迹图；
(2) 确定临界稳定时的开环增益 K；
(3) 确定与系统阻尼比 $\xi=0.5$ 相应的开环增益 K。

解　根据题意可得单位负反馈系统的根轨迹方程，从而可以绘制 180° 根轨迹图。

(1) 起点：开环极点 $p_1=0, p_2=-100, p_3=-50$。

终点：无开环零点，终于无穷远处的无限零点，三条轨迹。

渐近线：$\varphi_a=\dfrac{\pi}{3}, \dfrac{3\pi}{3}, \dfrac{5\pi}{3}$；$\sigma_a=-50$。

实轴上根轨迹：$(-\infty, -100]$，$[-50, 0]$。

分离角为 90°，分离点为 -21.1。

系统根轨迹图如图 4-13 所示。

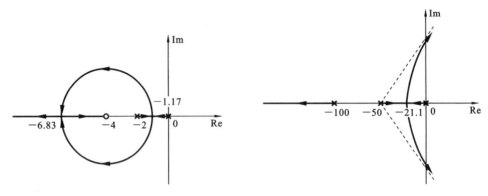

图 4-12 系统根轨迹图　　　　　图 4-13 系统根轨迹图

（2）系统临界稳定时即为根轨迹在虚轴上的情况，将 $s=j\omega$ 代入 $G(s)=-1$，解得 $\omega=\pm 70.7$，此时 $K=150$。

（3）根轨迹实际为闭环极点轨迹，以系统阻尼比 $\xi=0.5$ 推得 $\beta=60°$，故在根轨迹图中以两条 $\beta=60°$ 直线交于根轨迹即得此时极点，如图 4-14 所示。

设所求两根为 $s=-a\pm j\sqrt{3}a$，代入 $G(s)=-1$，解得 $a=\dfrac{50}{3}$，此时 $K=25.93$。

【习题 4-14】 已知单位负反馈系统的传递函数为
$$G(s)=\frac{k}{s^2(s+2)(s+5)}$$

（1）绘制系统的概略根轨迹图，并判断闭环系统的稳定性；

（2）若 $H(s)=2s+1$，试判断 $H(s)$ 改变后的系统稳定性，研究 $H(s)$ 改变所产生的效应。

解 根据题意可得单位负反馈系统的根轨迹方程，从而可以绘制 $180°$ 根轨迹图。

（1）起点：开环极点 $p_{1,2}=0, p_3=-2, p_4=-5$。

终点：无开环零点，终于无穷远处的无限零点，四条轨迹。

实轴上根轨迹为 $[-5,-2]$。

渐近线：$\varphi_a=\dfrac{\pi}{4},\dfrac{3\pi}{4},\dfrac{5\pi}{4},\dfrac{7\pi}{4}$；$\sigma_a=-\dfrac{7}{4}$。

分离角为 $90°$，分离点为 -4。

与虚轴交点为 0。

系统根轨迹图如图 4-15 所示。

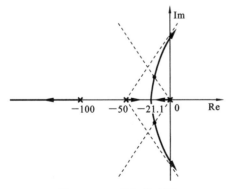

图 4-14 系统根轨迹图

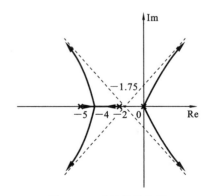

图 4-15 系统根轨迹图

由图 4-15 可知该系统恒有虚轴右侧的极点，系统不稳定。

(2) 当 $H(s)=2s+1$ 时，$G(s)H(s)=\dfrac{k(2s+1)}{s^2(s+2)(s+5)}=-1$，添加了复实零点，系统根轨迹发生了变化。

起点：开环极点 $p_{1,2}=0, p_3=-2, p_4=-5$。

终点：开环零点 $z_1=-0.5$，以及终于无穷远处的无限零点，四条轨迹。

实轴上根轨迹：$[-2,-0.5]$，$(-\infty,-5]$。

渐近线：$\varphi_a=\dfrac{\pi}{3},\dfrac{3\pi}{3},\dfrac{5\pi}{3}$；$\sigma_a=-2.17$。

与虚轴交点为 $0, s=\pm 2.57\mathrm{j}$。

系统根轨迹图如图 4-16 所示。

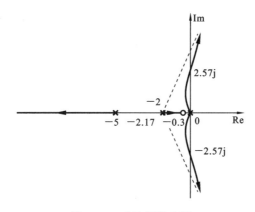

图 4-16 系统根轨迹图

将 $s=2.57\mathrm{j}$ 代入 $\dfrac{k(2s+1)}{s^2(s+2)(s+5)}=-1$，解得 $k=23.1$。

由此可得：在 $H(s)$ 作用下，系统在 $0<k<23.1$ 时，可以保持稳定。

【习题 4-15】 绘制下列多项式方程当 k 为参变量时的根轨迹：

(1) $s^3+2s^2+3s+ks+2k=0$；

(2) $s^3+3s^2+(k+2)s+10k=0$。

解 (1) 式(1)可化为
$$\dfrac{k(s+2)}{s^3+2s^2+3s}=-1$$

起点：开环极点 $p_1=0, p_{2,3}=-1\pm\sqrt{2}\mathrm{j}$。

终点：开环零点 $z_1=-2$ 以及终于无穷远处的无限零点，三条轨迹。

实轴上根轨迹为 $[-2,0]$。

渐近线：$\varphi_a=\pm\dfrac{\pi}{2}$，$\sigma_a=0$。

初始角：$\theta_{p_2}=180°+54.37°-90°-125.3°=19.5°$，$\theta_{p_3}=-19.5°$。

与虚轴交点为 0。

系统根轨迹如图 4-17(a)所示。

(2) 式(2)可化为
$$\dfrac{k(s+10)}{s(s+2)(s+1)}=-1$$

起点:开环极点 $p_1=0, p_2=-1, p_3=-2$。

终点:开环零点 $z_1=-10$ 以及终于无穷远处的无限零点,三条轨迹。

实轴上根轨迹:$[-10,-2]$,$(-1,0]$。

渐近线:$\varphi_a=\pm\dfrac{\pi}{2}$,$\sigma_a=\dfrac{7}{2}$。

分离角为90°,分离点为-0.449。

与虚轴交点为$\pm 1.69j$。

系统根轨迹如图 4-17(b)所示。

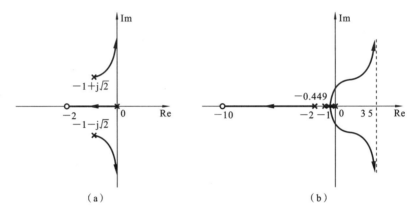

图 4-17 系统根轨迹图

【习题 4-16】 已知单位负反馈系统的开环传递函数如下:

(1) $G(s)=\dfrac{20}{(s+4)(s+b)}$;

(2) $G(s)=\dfrac{30(s+b)}{s(s+10)}$。

试绘出 b 从零变化到无穷的根轨迹图。

解 (1) $\dfrac{20}{(s+4)(s+b)}=-1$ 可化为 $\dfrac{b(s+4)}{s^2+4s+20}=-1$,根据180°规则绘制系统根轨迹图。

起点:开环极点 $p_{1,2}=-2\pm 4j$。

终点:开环零点 $z_1=-4$ 以及无穷远处的无限零点,两条轨迹。

实轴上根轨迹为$(-\infty,-4]$。

分离角为90°,分离点为-8.47。

起始角:$\theta_{p_1}=180°+\arctan 2-90°=153°$,$\theta_{p_2}=-153°$。

系统根轨迹图如图 4-18(a)所示。

(2) $\dfrac{30(s+b)}{s(s+10)}=-1$ 可化为 $\dfrac{30b}{s^2+40s}=-1$。$k=30b$,则 b 从零变化到无穷等同于 k 从零变化到无穷,根据180°规则绘制根轨迹。

起点:开环极点 $p_1=0, p_2=-40$。

终点:无开环零点,终于无穷远处的无限零点,两条轨迹。

实轴上根轨迹为$[-40,0]$。

渐近线：$\varphi_a = \pm \dfrac{\pi}{2}, \sigma_a = -20$。

分离角为 90°，分离点为 -20。

系统根轨迹图如图 4-18(b) 所示。

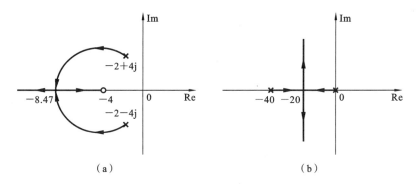

图 4-18 系统根轨迹图

【**习题 4-17**】 设某控制系统结构图如图 4-19 所示。试绘制 $K_t = 0, 0 < K_t < 1$ 和 $K_t > 1$ 的概略根轨迹和单位阶跃响应曲线。若取 $K_t = 0.5$，试求出 $K = 10$ 时的闭环零点、极点，并估算系统的动态性能。

解 特征方程为
$$G(s)H(s) = \dfrac{K(K_t s + 1)}{s(s+1)} = -1$$

当 $K_t = 0$ 时，$G(s)H(s) = \dfrac{K}{s(s+1)} = -1$，绘制 180°根轨迹。

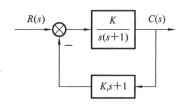

图 4-19 某控制系统结构图

起点：开环极点 $p_1 = 0, p_2 = -1$。

终点：无开环零点，终于无穷远处的无限零点，两条根轨迹。

渐近线：$\varphi_a = \dfrac{\pi}{2}, \sigma_a = -\dfrac{1}{2}$。

实轴上根轨迹为 $[-1, 0]$。

分离角为 90°，分离点为 $-\dfrac{1}{2}$。

系统根轨迹图如图 4-20(a) 所示。

当 $s = -\dfrac{1}{2}$ 时，$K = 0.25$。故当 $0 < K < 0.25$ 时，系统处于过阻尼状态，单位阶跃响应如图 4-20(e) 所示。

当 $K > 0.25$ 时，系统处于欠阻尼状态，单位阶跃响应如图 4-20(d) 所示。

当 $0 < K_t < 1$ 时，$G(s)H(s) = \dfrac{K(K_t s + 1)}{s(s+1)} = -1$，绘制 180°根轨迹。

起点：开环极点 $p_1 = 0, p_2 = -1$。

终点：开环零点 $z_1 = -\dfrac{1}{K_t} < -1$ 以及无穷远处的无限零点，两条根轨迹。

分离角为 90°，分离点为 $\dfrac{-1 \pm \sqrt{1 - K_t}}{K_t}$。

系统根轨迹图如图 4-20(b)所示。

当 $s = \dfrac{-1+\sqrt{1-K_t}}{K_t}$ 时,$K = \dfrac{2-K_t-2\sqrt{1-K_t}}{K_t^2}$。

当 $s = \dfrac{-1-\sqrt{1-K_t}}{K_t}$ 时,$K = \dfrac{2-K_t+2\sqrt{1-K_t}}{K_t^2}$。

故当 $0 < K < \dfrac{2-K_t-2\sqrt{1-K_t}}{K_t^2}$ 或 $K > \dfrac{2-K_t+2\sqrt{1-K_t}}{K_t^2}$ 时,系统处于过阻尼状态,单位阶跃响应如图 4-20(e)所示。

当 $\dfrac{2-K_t-2\sqrt{1-K_t}}{K_t^2} < K < \dfrac{2-K_t+2\sqrt{1-K_t}}{K_t^2}$ 时,系统处于欠阻尼状态,单位阶跃响应如图 4-20(d)所示。

当 $K_t > 1$ 时,$G(s)H(s) = \dfrac{K(K_t s+1)}{s(s+1)} = -1$,绘制 180° 根轨迹。

起点:开环极点 $p_1 = 0, p_2 = -1$。

终点:开环零点 $z_1 = -\dfrac{1}{K_t} > -1$ 以及无穷远处的无限零点,两条根轨迹。

系统根轨迹图如图 4-20(c)所示。

系统始终处于过阻尼状态,单位阶跃响应如图 4-20(e)所示。

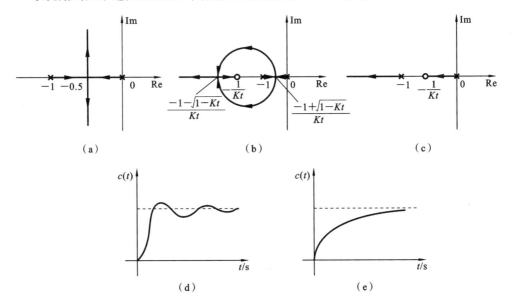

图 4-20 系统根轨迹图及阶跃响应示意图

当 $K_t = 0.5, K = 10$ 时,系统闭环极点为 $-3 \pm j$,无闭环零点。

$$\omega_n = 3$$
$$\xi = 0.95$$
$$t_s \approx \dfrac{3.5}{\xi \omega_n} \approx 1.17 \text{ s}$$
$$\sigma\% = e^{-\dfrac{\xi \pi}{\sqrt{1-\xi^2}}} \times 100\% = 0$$

【习题 4-18】 设单位负反馈系统的开环传递函数为

$$G(s) = \frac{k(s+1)}{s^2(s+2)(s+4)}$$

试分别绘出正反馈系统和负反馈系统的根轨迹图,并指出它们的稳定情况有何不同。

解 (1) 正反馈系统,绘 0° 根轨迹。

起点:开环极点 $p_{1,2}=0, p_3=-2, p_4=-4$。

终点:开环零点 $z_1=-1$,无穷远处的无限零点,共四条根轨迹。

实轴上根轨迹为 $[-\infty, -4], [-2, -1]$。

渐近线为 $\varphi_a = 0, \dfrac{2\pi}{3}, \dfrac{4\pi}{3}$;$\sigma_a = -\dfrac{5}{3}$。

分离角为 90°,分离点为 -3.1。

系统根轨迹图如图 4-21(a) 所示。

(2) 负反馈系统,绘 180° 根轨迹。

起点、终点与(1)相同。

渐近线为 $\varphi_a = \dfrac{\pi}{3}, \dfrac{3\pi}{3}, \dfrac{5\pi}{3}$;$\sigma_a = -\dfrac{5}{3}$。

实轴上根轨迹为 $[-2, -1], (-\infty, -4]$。

与虚轴交点为 $0, \pm 1.4\text{j}$。

系统根轨迹图如图 4-21(b) 所示。

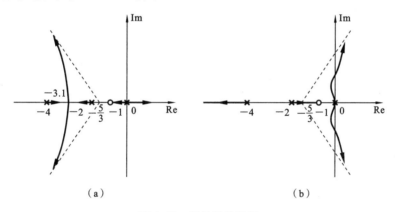

图 4-21 系统根轨迹图

由图 4-21 可知,负反馈系统还有稳定的可能性,正反馈系统必存在虚轴右侧极点,不可能稳定。

【习题 4-19】 设系统结构图如图 4-22 所示。试绘制闭环系统的根轨迹,并分析 k 值变化对系统在阶跃扰动作用下的响应 $c(t)$ 的影响。

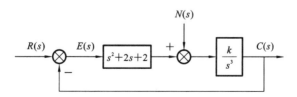

图 4-22 系统结构图

解 根轨迹方程 $G(s)H(s)=\dfrac{k(s^2+2s+2)}{s^3}=-1$,绘180°根轨迹。

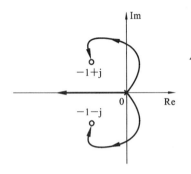

图 4-23 系统根轨迹图

起点:开环极点 $p_{1,2,3}=0$。

终点:开环零点 $z_{1,2}=-1\pm j$,无穷远处的无限零点,共三条根轨迹。

与虚轴交点为 $0,\pm 1.42j$。

分离角为 $\dfrac{\pi}{3}$,分离点为 0。

终止角为 $\pm 135°$。

系统根轨迹图如图 4-23 所示。

当 $s=\pm 1.42j$ 时,$k=1$,故当 $0<k<1$ 时,系统不稳定,阶跃扰动会直接使系统崩溃;当 $k<1$ 时,系统处于欠阻尼稳定状态,系统会振荡稳定。此时

$$\Phi_n(s)=\dfrac{k}{s^3+ks^2+2ks+2k},\quad n(s)=\dfrac{A}{S},\quad C_n(s)=\lim_{s\to 0}s\Phi_n(s)n(s)=0.5A$$

故阶跃扰动下系统稳定后会产生一半的扰动阶跃量输出误差。

K 增大,使 ξ 增大,系统稳定性变好,当 $K\to\infty$ 时,$\xi\to 0.707$,$c(t)$ 振荡性减小,快速性得以改善。

【**习题 4-20**】 设单位负反馈系统的闭环传递函数为

$$\Phi(s)=\dfrac{as}{s^2+as+16},\quad a>0$$

(1) 绘制以 a 为参变量的闭环系统的根轨迹;

(2) 判断 $(-\sqrt{3},j)$ 点是否在根轨迹上;

(3) 由根轨迹求使闭环系统阻尼比 $\xi=0.5$ 的 a 值。

解 (1) 单位负反馈系统,闭环传递函数为 $\Phi(s)=\dfrac{as}{s^2+as+16}$,故系统开环传递函数为 $G(s)=\dfrac{as}{s^2+16}$,按照180°规则绘制根轨迹。

起点:开环极点 $p_{1,2}=\pm 4j$。

终点:开环零点 $z_1=0$ 以及无穷远处的无限零点,两条根轨迹。

起始角为 $\theta_{p_1}=180°$。

分离角为90°,分离点为 -4。

系统根轨迹图如图 4-24 所示。

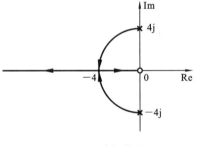

图 4-24 系统根轨迹图

(2) 将 $-\sqrt{3}+j$ 代入 $G(s)=\dfrac{as}{s^2+16}=-1$,解得

$$a=\dfrac{2\sqrt{3}j-2}{j-\sqrt{3}}$$

不在正整数范围内,故该点不在根轨迹上。

(3) 当阻尼比 $\xi=0.5$ 时,解题思路同题 4-13(3),设 $s=-k-\sqrt{3}kj$,将此 s 代入

$G(s) = \dfrac{as}{s^2+16} = -1$,解得 $k=2, a=4$。

【习题 4-21】 已知系统的结构图如图 4-25 所示。

(1) 绘出系统的根轨迹图,并确定使闭环系统稳定的 K 值范围;

(2) 若已知闭环系统的一个极点为 $s_1 = -1$,试确定闭环传递函数。

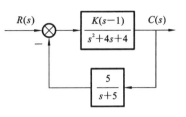

图 4-25 系统的结构图

解 (1) 根轨迹方程为

$$G(s)H(s) = \dfrac{5K(s-1)}{(s+5)(s^2+4s+4)} = -1$$

绘制 $180°$ 根轨迹。

起点:开环极点 $p_1 = -5, p_{2,3} = -2$。

终点:开环零点 $z_1 = 1$ 以及无穷远处的无限零点,共三条根轨迹。

实轴上的根轨迹为 $[-5, -2], [-2, 1]$。

根轨迹渐近线为 $\varphi_a = \pm \dfrac{\pi}{2}$, $\sigma_a = \dfrac{-2-2-5-1}{2} = -5$。

根轨迹的分离点坐标满足 $\dfrac{2}{d+2} + \dfrac{1}{d+5} = \dfrac{1}{d-1}$。

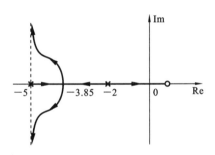

图 4-26 系统根轨迹图

解得 $d_1 = -3.85, d_2 = -2.85$(舍去)。

分离角为 $90°$。

系统根轨迹图如图 4-26 所示。

当 $s = 0$ 时,$K = 4$,故使系统稳定的 K 值范围为 $0 < K < 4$。

(2) $s_1 = -1$ 代入 $G(s)H(s) = \dfrac{5K(s-1)}{(s+5)(s^2+4s+4)} = -1$,得 $K = 0.4$,此时系统闭环传递函数为

$$\Phi(s) = \dfrac{0.4(s^2+4s-5)}{s^3+9s^2+26s+18}$$

【习题 4-22】 设单位负反馈系统开环传递函数为

$$G(s) = \dfrac{k(s+1)}{s(s-1)}$$

(1) 绘出系统以 k 为参变量的根轨迹;

(2) 系统是否对所有的 k 都稳定?若不,求出系统稳定时 k 的取值范围,并求出引起系统持续振荡的 k 的临界值及振荡频率。

解 (1) 根据题意得单位负反馈系统的根轨迹方程,从而可以绘制 $180°$ 根轨迹。

起点:开环极点 $p_1 = 0, p_2 = 1$。

终点:开环零点 $z_1 = -1$ 以及无穷远处的无限零点,共两条根轨迹。

分离角为 $90°$,分离点为 $0.414, -2.41$。

与虚轴交点为 $\pm j$。

系统根轨迹图如图 4-27 所示。

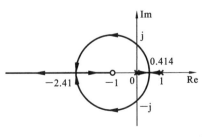

图 4-27 系统根轨迹图

(2) 将 $s=\pm j$ 代入 $G(s)=\dfrac{k(s+1)}{s(s-1)}=-1$，得 $k=1$，故当 $k>1$ 时系统稳定，当 $k=1$ 时系统处于临界稳定状态，可持续振荡。

此时系统闭环传递函数为 $\Phi(s)=\dfrac{s+1}{s^2+1}$，$\omega_n=1$。

【习题 4-23】 设单位负反馈系统的开环传递函数为

$$G(s)=\dfrac{k(1-s)}{s(s+2)}$$

试绘制其根轨迹图，并求出使系统产生重实根和纯虚根的 k 值。

解 系统为单位负反馈系统，且

$$G(s)=\dfrac{k(1-s)}{s(s+2)}=-1$$

化为标准形式为

$$\dfrac{k(s-1)}{s(s+2)}=1$$

故应绘制 $0°$ 根轨迹；

起点：开环极点 $p_1=0,p_2=-2$。

终点：开环零点 $z_1=1$ 以及无穷远处的无限零点，共两条轨迹。

实轴上的根轨迹为 $[-2,0]$，$[-1,\infty)$。

分离角为 $90°$，分离点为 $-0.732,2.73$。

与虚轴交点为 $\pm 1.41j$。

系统根轨迹图如图 4-28 所示。

分别将 $s=1.41j,s=-0.732,s=2.73$ 代入 $\dfrac{k(s-1)}{s(s+2)}=1$，解得 $k=2$ 或 0.536 或 7.46。

所以当 $k=2$ 时系统产生纯虚根；当 $k=0.536$ 或 7.46 时系统产生重实根。

【习题 4-24】 某单位反馈系统结构图如图 4-29 所示，试分别绘出控制器传递函数 $G_c(s)$ 为

(1) $G_{c1}(s)=k$；

(2) $G_{c2}(s)=k(s+3)$；

(3) $G_{c3}(s)=k(s+1)$

时系统的根轨迹，并讨论比例-微分控制器 $G_c(s)=k(s+z_c)$ 中，零点 $-z_c$ 的取值对系统稳定性的影响。

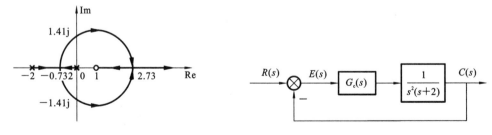

图 4-28 系统根轨迹图　　图 4-29 某单位反馈系统结构图

解 (1) $G(s)=\dfrac{k}{s^2(s+2)}=-1$，绘制 $180°$ 根轨迹。

起点：开环极点 $p_{1,2}=0, p_3=-2$。
终点：无开环零点，终止于无穷远处，共三条轨迹。
渐近线为 $\varphi_a=\dfrac{\pi}{3}, \pi, \dfrac{5\pi}{3}; \sigma_a=-\dfrac{2}{3}$。
分离点为 0，分离角为 90°。
与虚轴交点为 0。
系统根轨迹图如图 4-30(a) 所示。

(2) $G(s)=\dfrac{k(s+3)}{s^2(s+2)}=-1$，绘制 180° 根轨迹。

起点：开环极点 $p_{1,2}=0, p_3=-2$。
终点：开环零点 $z_1=-3$ 以及无穷远处的无限零点，共三条根轨迹。
渐近线为 $\varphi_a=\dfrac{\pi}{2}, \sigma_a=-\dfrac{1}{2}$。
分离点为 0，分离角为 90°。
与虚轴交点为 0。
系统根轨迹图如图 4-30(b) 所示。

(3) $G(s)=\dfrac{k(s+1)}{s^2(s+2)}=-1$，绘制 180° 根轨迹。

起点：开环极点 $p_{1,2}=0, p_3=-2$。
终点：开环零点 $z_1=-1$ 以及无穷远处的无限零点，共三条根轨迹。
渐近线为 $\varphi_a=\dfrac{\pi}{2}, \sigma_a=-\dfrac{1}{2}$。
分离点为 0，分离角为 90°。
与虚轴交点为 0。
系统根轨迹图如图 4-30(c) 所示。

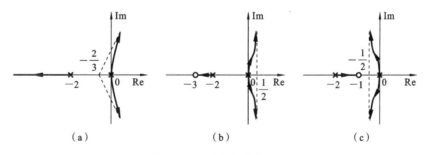

图 4-30 系统根轨迹图

当 $-2<z_c<0$ 时，可以将系统渐近线移至虚轴左侧，使原本不稳定的系统稳定。

【习题 4-25】 某单位负反馈系统的开环传递函数为
$$G(s)=\dfrac{K}{(0.5s+1)^4}$$
试根据系统的根轨迹分析其稳定性，并估算 $\sigma\%=16.3\%$ 时的 K 值。

解 根据单位负反馈系统，绘制 180° 根轨迹。
起点：开环极点 $p_{1,2,3,4}=-2$。
终点：无开环零点，终止于无穷远处，共四条根轨迹。

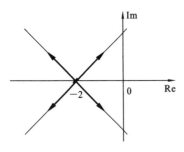

图 4-31 系统根轨迹图

渐近线为 $\varphi_a = \dfrac{\pi}{4}, \dfrac{3\pi}{4}, \dfrac{5\pi}{4}, \dfrac{7\pi}{4}$; $\sigma_a = -2$。

系统根轨迹图如图 4-31 所示。

以贴近虚轴的两个极点作为主导极点，由 $\sigma\% = 16.3\%$ 可推得阻尼比 $\xi = 0.5$，设 $s = -a + \sqrt{3}aj$，同时 a 必须满足 $-a - (-2) = \sqrt{3}a$，可推得 $a = \sqrt{3} - 1$，此时 $K = 0.646$。

【习题 4-26】 已知某反馈系统的开环传递函数为

$$G(s)H(s) = \dfrac{k}{(s^2 + 2s + 2)(s^2 + 2s + 5)} = -1, \quad k > 0$$

但反馈极性未知，试确定使闭环系统稳定的根轨迹增益 k 的范围。

解 （1）当系统为负反馈的情况下，绘制 180° 根轨迹。

系统开环极点 $p_{1,2} = -1 \pm j$，$p_{3,4} = -1 \pm 2j$，终止于无穷远处，共四条根轨迹。

渐近线为 $\varphi_a = \dfrac{\pi}{4}, \dfrac{3\pi}{4}, \dfrac{5\pi}{4}, \dfrac{7\pi}{4}$; $\sigma_a = -1$。

起始角为 $p_{1,2} = -1 \pm j$，$\theta_{p_1} = 90°$，$\theta_{p_2} = -90°$。

$p_{3,4} = -1 \pm 2j$，$\theta_{p_3} = 270°$，$\theta_{p_4} = -270°$。

分离点为 $-1 \pm 1.58j$。

系统闭环特征方程为

$$D(s) = (s^2 + 2s + 2)(s^2 + 2s + 5) + K = s^4 + 4s^3 + 11s^2 + 14s + 10 + K = 0$$

列劳斯表得

s^4	1	11	$10 + K$
s^3	4	14	0
s^2	7.5	$10 + K$	
s^1	$\dfrac{65 - 4K}{7.5}$	0	
s^0	K		

当 $K = 16.25$ 时，劳斯表 s^1 行元素全为 0。

由辅助方程 $A(s) = 7.5s^2 + 10s + 16.25 = 0$，解得与虚轴交点为 $\pm 1.87j$。

系统根轨迹图如图 4-32(a) 所示。

当 $s = \pm 1.87j$ 时，$k = 16.5$，故系统稳定的 k 的范围为 $0 < k < 16.5$。

（2）在系统为正反馈情况下，绘制 0° 根轨迹。

渐近线为 $\varphi_a = 0, \dfrac{\pi}{2}, \pi, \dfrac{3\pi}{2}$; $\sigma_a = -1$。

起始角为 $\theta_{p_1} = 90°$，$\theta_{p_2} = -90°$，$\theta_{p_3} = 270°$，$\theta_{p_4} = -270°$；求得分离点为 -1。

系统根轨迹图如图 4-32(b) 所示。

根据根轨迹，当 $s = 0$ 时，$k = 10$，故系统稳定的 k 的范围为 $0 < k < 10$。

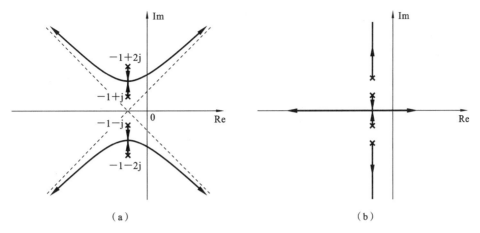

图 4-32 系统根轨迹图

【习题 4-27】 已知负反馈系统的开环传递函数为

$$G(s)H(s)=\frac{k}{s(s+a)}$$

求以 k 和 a 为参变量的根轨迹簇。当 $k=4$ 时,绘出以 a 为参变量的根轨迹。

解 当以 k 为参变量时,根轨迹方程为 $\frac{k}{s(s+a)}=-1$,绘制180°根轨迹。

当 $a>0$ 时,系统开环极点为 $p_1=0$,$p_2=-a$;无开环零点,两条根轨迹。

渐近线为 $\varphi_a=\frac{\pi}{2}$,$\sigma_a=-\frac{a}{2}$。

分离角为90°,分离点为 $-\frac{a}{2}$。

绘制系统根轨迹图如图 4-33(a)所示。

当 $a=0$ 时,系统开环极点 $p_{1,2}=0$;无开环零点,两条根轨迹。

渐近线为 $\varphi_a=\frac{\pi}{2}$,$\sigma_a=0$。

分离点为 0,分离角为90°。

系统根轨迹图如图 4-33(b)所示。

当 $a<0$ 时,系统开环极点 $p_1=0$,$p_2=-a$;无开环零点,两条根轨迹。

渐近线为 $\varphi_a=\frac{\pi}{2}$,$\sigma_a=-\frac{a}{2}$。

分离角为90°,分离点为 $-\frac{a}{2}$。

系统根轨迹图如图 4-33(c)所示。

当以 a 为参变量时,有

$$G(s)H(s)=\frac{k}{s(s+a)}=-1$$

可推得 $\frac{as}{s^2+k}=-1$,绘制180°根轨迹。

当 $k<0$ 时,系统开环极点为 $p_{1,2}=\pm\sqrt{-k}$,开环零点为 $z_1=0$ 以及无穷远处,两条根轨迹。

系统根轨迹图如图 4-33(d)所示。

当 $k=0$ 时,系统开环极点为 $p_1=0$,无开环零点,一条根轨迹。

系统根轨迹图如图 4-33(e)所示。

当 $k>0$ 时,系统开环极点为 $p_{1,2}=\pm\sqrt{k}\mathrm{j}$,开环零点为 $z_1=0$,两条根轨迹。

起始角为 $\theta_{p_1}=180°$。

分离角为 $90°$,分离点为 $s=-\sqrt{k}$。

系统根轨迹图如图 4-33(f)所示。

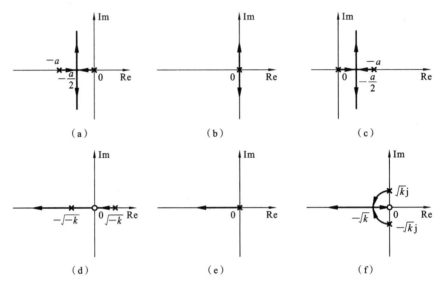

图 4-33 系统根轨迹图

当 $k=4$ 时,以 a 为参变量的根轨迹如图 4-33(f)所示,将图 4-33(f)中所有 $\sqrt{k}$ 替换为 2 即可。

【习题 4-28】 设单位负反馈系统的开环传递函数为

$$G(s)=\frac{k}{s(s+4)(s+6)}$$

试判断闭环极点 $s_{1,2}=-1.2\pm\mathrm{j}2.08$ 是否是系统的闭环主导极点。若是,试估算闭环系统的主要动态性能指标。

解 将 $s_{1,2}=-1.2\pm\mathrm{j}2.08$ 代入 $G(s)=\frac{k}{s(s+4)(s+6)}=-1$,解得 $k=43.82$。

此时解得 $s_3=-7.6<5\times(-1.2)$,所以 $s_{1,2}=-1.2\pm\mathrm{j}2.08$ 是系统的闭环主导极点,可得

$$\omega_n\approx 2.4, \quad \beta\approx\frac{\pi}{3}, \quad \xi\approx 0.5$$

此时

$$t_s=\frac{3.5}{\xi\omega_n}\approx 2.92\ \mathrm{s}, \quad \sigma\%\approx 16.3\%$$

【习题 4-29】 某激光操作控制系统用于外科手术时在人体内钻孔,其系统结构图如图 4-34 所示。手术要求激光操作系统必须有高度精确的位置和速度响应,因此直流电动机的参数选为:激磁时间常数 $T_1=0.1$ s,电动机和载荷组合的机电时间常数 $T_2=0.2$ s。要求调整放大器增益 K_a,使系统在斜坡输入 $r(t)=Rt(R=1\ \mathrm{mm/s})$ 时,系统稳

态误差 $e_{ss} \leqslant 0.1$ mm。

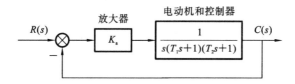

图 4-34 系统结构框图

解 $G(s) = \dfrac{K_a}{s(0.1s+1)(0.2s+1)} = -1$，绘制180°根轨迹。

系统开环极点为 $p_1 = 0, p_2 = -10, p_3 = -5$，无开环零点，三条根轨迹。

渐近线为 $\varphi_a = \dfrac{\pi}{3}, \dfrac{3\pi}{3}, \dfrac{5\pi}{3}; \sigma_a = -5$。

分离角为90°，分离点为 -2.11。

与虚轴交点为 $7.07j$。

系统根轨迹图如图 4-35 所示。

当 $s = -7.07$ s 时，$K_a = 15$，故为保证系统稳定，$0 < K_a < 15$。

在此前提下，有

$$\Phi_e(s) = \dfrac{1}{1+G(s)} = \dfrac{s(0.1s+1)(0.2s+1)}{s(0.1s+1)(0.2s+1)+K_a}$$

$$e_{ss} = \lim_{s \to 0} s \dfrac{s(0.1s+1)(0.2s+1)}{s(0.1s+1)(0.2s+1)+K_a} \dfrac{1}{s^2} = \dfrac{1}{K_a} \leqslant 0.1$$

综上，$15 > K_a > 10$。

【习题 4-30】 如图 4-36 所示的控制系统，闭环极点为 $-2 \pm \sqrt{10}j$。(1) 试确定增益 K 和速度反馈系数 T；(2) 对求出的 T 值绘出根轨迹，确定使系统稳定的 K 值范围。

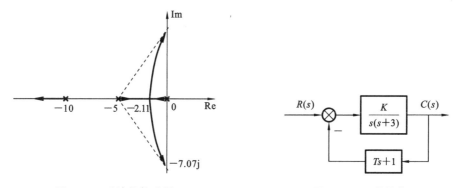

图 4-35 系统根轨迹图　　　图 4-36 系统结构图

解 (1) 根据控制系统结构图，可求得系统闭环传递函数。

闭环极点为 $s_{1,2} = -2 \pm \sqrt{10}j$，有

$$(s-s_1)(s-s_2) = s^2 + (3+KT)s + K$$

因此
$$K = 14, \quad T = \dfrac{1}{14}$$

(2) $G(s) = \dfrac{K(s/14+1)}{s(s+3)} = \dfrac{K/14(s+14)}{s(s+3)}$，负反馈，绘制180°根轨迹。

开环传递函数零极点为 $z_1=-14, p_1=0, p_2=-3$。

实轴上的根轨迹为 $(-\infty,-14),(-3,0)$。

分离点为 $s_1=-1.6$,交点为 $s_2=-26.4$。

系统根轨迹图如图 4-37 所示,$K>0$ 时系统始终稳定。

【习题 4-31】 设系统结构图如图 4-38 所示。

(1) 若 $K_1=2$,证明当 $0\leqslant k\leqslant\infty$ 时,闭环系统的根轨迹的曲线部分为圆;

(2) 若 $K_1=2$,系统阻尼比 ξ 是否会小于 0.707? 为什么?

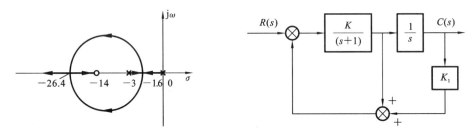

图 4-37 系统根轨迹图   图 4-38 系统结构图

解 (1) 将系统结构图化简后,可得系统的特征方程为

$$\frac{K(s+2)}{s(s+1)}=-1$$

设 $s=v+jw$,代入相角条件 $\angle(s+2)-\angle s-\angle(s+1)=-180°$,即

$$\angle(v+jw+2)-\angle(v+jw)-\angle(v+jw+1)=-180° \Rightarrow (v+2)^2+w^2=2$$

因此,闭环系统的根轨迹的曲线部分为圆。

(2) 闭环系统的根轨迹曲线部分是以 $(-2,0)$ 为圆心,半径为 $\sqrt{2}$ 的圆,结合特征参数间的关系可得

$$-\frac{\sqrt{2}}{2}\leqslant\sin\beta\leqslant\frac{\sqrt{2}}{2}$$

由于 $\sin\beta=\sqrt{1-\xi^2}$,故 ξ 不会小于 0.707。

【习题 4-32】 设某负反馈系统的开环传递函数为 $G(s)H(s)=\dfrac{K(s+1)}{s^2(0.1s+1)}$,绘制该系统的根轨迹图。

解 开环传递函数为 $G(s)H(s)=\dfrac{10K(s+1)}{s^2(s+10)}$,由题目内容可绘制 180°根轨迹。

开环传递函数零点与极点:$p_1=0, p_2=0, p_3=-10, z_1=-1$。

实轴上的根轨迹:$(-10,-1),0$。

渐近线与实轴的交点为 $\sigma_a=\dfrac{-10+1}{2}=-4.5$。

渐近线与实轴正方向的夹角为 $\pm\dfrac{\pi}{2}$。

分离点与交点为

$$\frac{\mathrm{d}}{\mathrm{d}s}\left(\frac{s^2(s+10)}{s+1}\right)=\frac{s(2s^2+13s+20)}{(s+1)^2}=0 \Rightarrow 2s^2+13s+20=0$$

所以 $\qquad\qquad s_1=-2.5, \quad s_2=-4$

系统根轨迹图如图 4-39 所示。

【习题 4-33】 已知单位负反馈系统的开环传递函数为

$$G(s)=\frac{k(s+1.5)}{s^2-3s+4.5}$$

(1) 绘制该系统的根轨迹(需给出必要的步骤)。
(2) 指明使闭环系统稳定的 k 的取值范围。
(3) 计算使闭环系统为临界阻尼时的值,记为 k_b。
(4) 当 $k=k_b$ 且系统输入为单位阶跃信号时,计算系统的稳态输出值及稳态误差值。

解 (1) $G(s)=\dfrac{k(s+1.5)}{s^2-3s+4.5}=\dfrac{k(s+1.5)}{(s-1.5+1.5\mathrm{j})(s-1.5-1.5\mathrm{j})}$

根据系统为单位负反馈,可绘制系统 180°根轨迹,系统根轨迹图如图 4-40 所示。

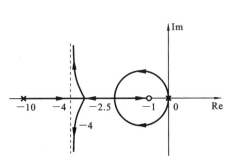

图 4-39 系统根轨迹图

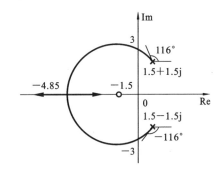

图 4-40 系统根轨迹图

零点为 $z_1=-1.5$,极点为 $p_1=1.5+1.5\mathrm{j}$,$p_2=1.5-1.5\mathrm{j}$。

渐近线为 $\varphi_a=\dfrac{180°}{1}=180°$。

起始角为 $\theta_1=180°+\arctan\dfrac{1.5}{3}-90°=116°$。

$$\frac{1}{d-1.5+1.5\mathrm{j}}+\frac{1}{d-1.5-1.5\mathrm{j}}=\frac{1}{d+1.5}$$

解得 $d=-4.85$

闭环特征方程为

$$s^2+(k-3)s+1.5k+4.5=0$$

列劳斯表得

s^2	1	$1.5k+4.5$
s^1	$k-3$	
s	$1.5k+4.5$	

所以

$$\begin{cases} k-3>0 \\ 1.5k+4.5>0 \end{cases}$$

解得 $k>3$

系统稳定。与虚轴交点为
$$\omega^2 = 1.5k + 4.5$$
解得
$$\omega = \pm 3$$

（2）闭环系统稳定的 k 的取值范围为 $k > 3$。

（3）闭环系统为临界阻尼时，$\xi = 1$，即点 $(-4.85, j0)$，有
$$D(s) = s^2 + (k-3)s + (1.5k + 4.5)\big|_{s=-4.85} = 0$$
解得
$$k_b = 12.7$$
$$r(t) = 1(t), \quad k = k_b$$

系统稳态输出为
$$C(\infty) = \lim_{s \to 0} sC(s) = \lim_{s \to 0} s\Phi(s)R(s) = \lim_{s \to 0} \frac{1}{s} \frac{G(s)}{1+G(s)}$$
$$= \lim_{s \to 0} \frac{k(s+1.5)}{s^2 - 3s + 4.5 + k(s+1.5)}$$
$$= \frac{1.5k}{4.5 + 1.5k} = 0.81$$

$$e_{ss} = \lim_{s \to 0} sE(s) = \lim_{s \to 0} s\Phi_e(s)R(s) = \lim_{s \to 0} \frac{1}{s} \frac{1}{1+G(s)}$$
$$= \lim_{s \to 0} \frac{s^2 - 3s + 4.5}{s^2 - 3s + 4.5 + k(s+1.5)}$$
$$= \frac{4.5}{4.5 + 1.5k} = 0.19$$

【习题 4-34】 已知系统结构图如图 4-41 所示。被控对象 $G(s) = \dfrac{1}{s(s+1)(s+5)}$，$G_c(s) = k(1 + T_D s)$，控制器采用 PD 控制器。

图 4-41 系统结构图

当 $T_D = 0.1$ 时，试绘制系统随 $k(k > 0)$ 变化的闭环根轨迹，并求出闭环稳态的 K 的范围。

解 由于 $T_D = 0.1$，代入 $G(s)$ 可知
$$G(s) = \frac{0.1k(s+10)}{s(s+1)(s+5)} = \frac{k^*(s+10)}{s(s+1)(s+5)}, \quad k^* = 0.1k$$

$n = 3, m = 1, p_1 = 0, p_2 = -1, p_3 = -5, z_1 = -10$ 有三条根轨迹，起于开环极点，一条终止于开环零点，另外两条终于无穷远处。

实轴上根轨迹范围为 $(-10, -5)$ 和 $(-1, 0)$。

渐近线与实轴交点为 $\sigma_a = 2$，交角为 $\varphi_a = \pm \dfrac{\pi}{2}$。

分离点：$\dfrac{1}{d} + \dfrac{1}{d+1} + \dfrac{1}{d+5} = \dfrac{1}{d+10}$，$d \approx -0.48$。

与虚轴交点 $D(s) = s^3 + 6s^2 + (5 + k^*)s + 10k^* = 0, D(j\omega) = 0$。

因为
$$k^* = 7.5 \Rightarrow k = 10k^* = 75$$

所以使系统稳定的 k 的取值范围为
$$0<k<75$$
系统根轨迹图如图 4-42 所示。

【习题 4-35】 设负反馈系统的传递函数为
$$G(s)=\frac{K}{s(s+1)(s+3)}, \quad H(s)=s+2$$

(1) 绘制系统根轨迹图；
(2) 当 $\xi=0.5$ 时，求闭环的一对主导极点值，并求 K 值和另一个实极点。

解 (1) 开环传递函数为
$$G(s)H(s)=\frac{K(s+2)}{s(s+1)(s+3)}$$

开环传递函数零点与极点：$p_1=0, p_2=-1, p_3=-3, z_1=-2$。
实轴上的根轨迹：$(-3,-2),(-1,0)$。
渐近线与实轴交点：$\sigma_a=\dfrac{-2}{2}=-1$。
渐近线与实轴的交角：$\varphi_a=\dfrac{\pm(2k+1)\pi}{2}=\pm 90°$。
分离点与交点满足
$$\frac{1}{d}+\frac{1}{d+1}+\frac{1}{d+3}=\frac{1}{d+2}$$

故 $d_1=-0.534, \quad d_2=d_3=-2.233\pm 0.793\mathrm{j}(\text{舍})$

系统根轨迹图如图 4-43 所示。

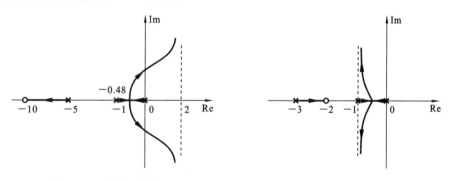

图 4-42 系统根轨迹图　　　　图 4-43 系统根轨迹图

(2) 阻尼角 $\beta=\arccos\xi=\arccos 0.5=60°$，绘出阻尼线，与根轨迹交于两点，设为 $s_{1,2}=-a\pm\mathrm{j}\sqrt{3}a$（其中 a 为实数，$a>0$），将 $s_1=-a\pm\mathrm{j}\sqrt{3}a$ 代入相角条件
$$\angle(s_1+2)-\angle s_1-\angle(s_1+1)-\angle(s_1+3)=-\pi$$

化简得
$$(4+6\sqrt{3})a^3+(12-6\sqrt{3})a^2+2a-6=0$$

解得 $a=0.653$ 或 $a=-0.382\pm\mathrm{j}0.702(\text{舍})$

故闭环的一对主导极点值为
$$s_{1,2}=-0.65\pm\mathrm{j}1.13$$

幅值条件为

$$K = \frac{|s_1||s_1+1||s_1+3|}{|s_1+2|} = 2.28$$

设另一实极点为 b,由系统的闭环特征方程

$$s(s+1)(s+3) + 2.28(s+2) = (s+0.65+j1.13)(s+0.65-j1.13)(s-b)$$

解得 $b = -2.7$,故另一实极点为 -2.7。

【习题 4-36】 已知系统的闭环特征方程 $\frac{1}{16}s^4 + \frac{1}{2}s^3 + s^2 + 2Ks + K = 0$。

(1) 绘制以 K 为参变量的根轨迹图。

(2) 判断系统稳定时 K 的取值范围。

解 (1) 化简得

$$s^4 + 8s^3 + 16s^2 = -16K(2s+1)$$

参数 K 的根轨迹方程为

$$\frac{32K(s+0.5)}{s^2(s+4)^2} = -1$$

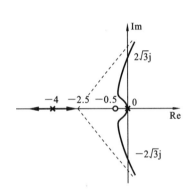

图 4-44 系统根轨迹图

分支数:4 条根轨迹。

起点:$p_1 = p_2 = 0, p_3 = p_4 = -4$。

终点:$z_1 = -0.5$。

实轴上的根轨迹:$(-\infty, -0.5]$。

分离点:$D'(s) = 0 \Rightarrow s_1 = -4, s_2 = 0$。

与实轴交点:将 $s = j\omega$ 代入 $D(s) = 0$ 中,解得 $\omega = 2\sqrt{3}\,\text{rad/s}, K = 3$。

渐近线:$\varphi_a = \frac{\pi}{3}, \pi, \frac{5\pi}{3}, \sigma_a = -2.5$。

系统根轨迹图如图 4-44 所示。

(2) 当 $K \in (0, 3)$ 时,根轨迹位于 s 左半平面,系统稳定。

【习题 4-37】 单位负反馈条件下的开环传递函数为

$$G(s) = \frac{k(1-0.5s)}{s(0.2s+1)}$$

(1) 绘制根轨迹,并求出使得根轨迹稳定的 K 的范围。

(2) 求使得闭环特征值全部为负实数的 K 的范围。

解 根据题意,得系统的根轨迹方程为

$$G(s) = \frac{2.5k(s-2)}{s(s+5)} = 1$$

可见,需要绘制零度根轨迹。利用零度根轨迹规则按下面步骤绘制系统根轨迹。

极点:$P_1 = 0, P_2 = -5$。

零点:$z_1 = 2$。

实轴上根轨迹为 $(-5, 0), (2, +\infty)$。

分离点:$\frac{1}{d} + \frac{1}{d+5} = \frac{1}{d-2} \Rightarrow d = 2 \pm \sqrt{14}$。

系统根轨迹图如图 4-45 所示。

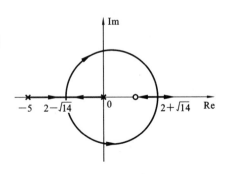

图 4-45 系统根轨迹图

令 $1+G(j\omega)=0$,可得 $K=2,\omega=\sqrt{10}$,可知当 $0<K<2$ 时,系统稳定。

极点全为负即为根轨迹在负实轴的情况,用幅值条件求

$$K=\dfrac{\sum\limits_{i=1}^{n}|s-P_i|}{\sum\limits_{i=1}^{m}|s-z_i|}\bigg|_{s=2-\sqrt{14}}=1.5$$

即当 $0<K<1.5$ 时,极点全为负。

【习题 4-38】 控制系统的结构图如图 4-46 所示,图中参数 K_β 为速度反馈系数。试绘制以 K_β 为参量的根轨迹,并确定系统临界阻尼时的 K_β 值。

解 系统特征方程为

$$s^2+2s+10+10K_\beta s=0$$

根轨迹方程:$\dfrac{Ks}{s^2+2s+10}=-1 \Rightarrow K=10K_\beta$。

起始于 $p_{1,2}=-1\pm j3$,终止于 $z_1=0$ 和无穷远点。

实轴上的根轨迹为 $(-\infty,0)$。

与实轴的交点 $s^2+10=0 \Rightarrow \sigma_x=-\sqrt{10},K_x=2\sqrt{10}-2$。

根轨迹起始角为 $\theta_{p_1}=-161.6°,\theta_{p_2}=161.6°$。

根轨迹与虚轴无交点,如图 4-47 所示。

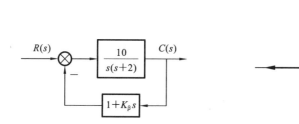

图 4-46 控制系统的结构图　　图 4-47 系统根轨迹图

系统临界阻尼时,$K_x=2\sqrt{10}-2$,即 $K_\beta=0.4324$。

【习题 4-39】 已知单位负反馈系统的传递函数为 $G(s)=\dfrac{K(s+1)}{s(s-1)(s^2+4s+16)}$,绘制系统根轨迹,并确定 K 为何值时系统稳定。

解 根据单位负反馈系统的传递函数为 $G(s)=\dfrac{K(s+1)}{s(s-1)(s^2+4s+16)}=-1$,绘制 $180°$ 根轨迹。

根轨迹起于开环极点:$p_1=0,p_2=1,p_{3,4}=-2\pm2\sqrt{3}j$,共 4 条根轨迹。

根轨迹终于开环零点:$z_1=-1$ 和无穷远处零点。

实轴上的根轨迹:$(-\infty,-1),(0,1)$。

渐近线有 3 条,与实轴交点为 $\sigma_a=\dfrac{\sum\limits_{i=1}^{n}p_i-\sum\limits_{j=1}^{m}z_j}{n-m}=-\dfrac{2}{3}$。

交角:$\varphi_a=\dfrac{(2k+1)\pi}{n-m}=\pm\dfrac{\pi}{3},\pi$。

分离点满足

$$\frac{1}{d+1} = \frac{1}{d-1} + \frac{1}{d} + \frac{1}{d+2+2\sqrt{3}\mathrm{j}} + \frac{1}{d+2-2\sqrt{3}\mathrm{j}}$$

解得分离点为 $d_1 = 0.4$,交点为 $d_2 = -2.2$。

初始角为

$$\theta_{p_1} = 180° + \left(180° - \arctan\frac{2\sqrt{3}}{1}\right) - \left(90° + 180° - \arctan\frac{2\sqrt{3}}{2} + 180° - \arctan\frac{2\sqrt{3}}{2}\right)$$
$$= -54.8°$$

同理,$\theta_{p_2} = 54.8°$。

与虚轴的交点及 K 的取值求解方法如下。

方法一 $\quad D(s) = s^4 + 3s^3 + 12s^2 + (K-16)s + K = 0$

令 $s = \mathrm{j}\omega$,代入 $D(s)$ 中,得

$$\omega^4 - 3\omega^3\mathrm{j} - 12\omega^2 + (K-16)\omega\mathrm{j} + K = 0$$

$\mathrm{Re}[D(\mathrm{j}\omega)] = \omega^4 - 12\omega^2 + K = 0, \quad \omega^2 = 6.56$ 或 $\omega^2 = 2.24$ 或 $\omega = 0$

$\mathrm{Im}[D(\mathrm{j}\omega)] = -3\omega^3 + (K-16)\omega = 0, \quad K = 35.68$ 或 $K = 23.33$

由题知

$\omega = 0$(舍去),$\quad \omega_1 = 2.56, \quad \omega_2 = -2.56, \quad \omega_3 = 1.56, \quad \omega_4 = -1.56$

所以 K 的取值范围为 $(23.33, 35.68)$。

方法二 $\quad D(s) = s^4 + 3s^3 + 12s^2 + (K-16)s + K = 0$

列劳斯表得

s^4	1	12	K
s^3	3	$K-16$	
s^2	$\dfrac{36-(K-16)}{3}$	K	
s^1	$\dfrac{(K-16)[36-(K-16)]/3 - 3K}{[36-(K-16)]/3}$		
s^0	K		

所以

$$\begin{cases} \dfrac{36-(K-16)}{3} > 0 \\ (K-16)\dfrac{36-(K-16)}{3} - 3K > 0 \\ K > 0 \end{cases} \Rightarrow 23.32 < K < 35.68$$

当 $K = 35.68$ 时,辅助方程 $\dfrac{36-(K-16)}{3}s^2 + K = 0$,即 $5.44\omega^2 = 35.68$,解得 $\omega_{1,2} = \pm 2.56$。

当 $K = 23.32$ 时,辅助方程 $\dfrac{36-(K-16)}{3}s^2 + K = 0$,即 $9.56\omega^2 = 23.32$,解得 $\omega_{3,4} = \pm 1.56$。

所以 K 的取值范围为 $(23.32, 35.68)$,系统稳定。

系统根轨迹图如图 4-48 所示。

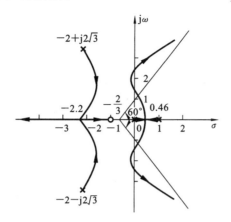

图 4-48 系统根轨迹图

【习题 4-40】 某具有局部反馈的系统结构图如图 4-49 所示。

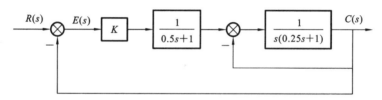

图 4-49 某具有局部反馈的系统结构图

(1) 绘出当 K 从 0 到 $+\infty$ 变化时闭环系统的根轨迹。
(2) 用根轨迹法确定,使系统具有阻尼比 $\xi = 0.5$(对一对复数闭环极点而言)时 K 的取值以及闭环极点的取值。
(3) 用根轨迹法确定,系统在单位阶跃信号作用下,稳态控制精度的允许值。

解 (1) 系统开环传递函数为

$$G(s) = K \frac{1}{0.5s+1} \frac{1}{s(0.25s+1)+1} = \frac{8K}{(s+2)^3}$$

根据题意,根轨迹共三条。
起始于开环传递函数极点:$p_1 = p_2 = p_3 = -2$,终于无穷远点。
渐近线为

$$\begin{cases} \sigma_a = \dfrac{3 \times (-2)}{3} = -2 \\ \varphi_a = \dfrac{(2k+1)\pi}{3} = \pm 60°, 180° \end{cases}$$

起始角 θ_p:由相角条件 $-3\theta_p = (2k+1)\pi$ 得 $\theta_p = \pm 60°, 180°$。
与虚轴交点 $D(s) = (s+2)^3 + 8K = s^3 + 6s^2 + 12s + 8(1+k) = 0$。

令

$$\begin{cases} \text{Im}[D(j\omega)] = -\omega^3 + 12\omega = 0 \\ \text{Re}[D(j\omega)] = -6\omega^2 + 8(1+K) = 0 \end{cases}$$

得

$$\begin{cases} K = 8 \\ \omega = \pm\sqrt{12} \end{cases}$$

系统根轨迹图如图 4-50 所示。

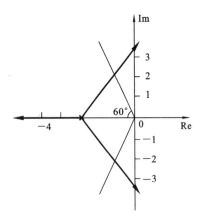

图 4-50 系统根轨迹图

(2) 在根轨迹上绘出 $\xi=0.5(\beta=60°)$ 的直线，定出对应的闭环极点 $\lambda_{1,2}=-1\pm j\sqrt{3}$，由根的和法则定出相应的另一极点 $\lambda_3=3\times(-2)-(-1-1)=-4$，则对应闭环多项式 $D(s)=(x+1-j\sqrt{3})(x+1+j\sqrt{3})(s+4)=s^3+6s^2+12s+16$。

令
$$D(s)=(s+2)^2+8K=s^3+6s^2+12s+8(1+K)$$
得 $K=1$

(3) 依题意 $e_{ss}=\dfrac{1}{K_v}=\dfrac{1}{K}$，$K$ 值增加对减小稳态误差有利，但必须在系统稳定的前提下才有意义，根据(1)中的计算结果，使系统稳定的 K 值范围为 $0<K<8$，故 $e_{ss}>\dfrac{1}{8}$。

【习题 4-41】 系统结构图如图 4-51 所示。
(1) 绘出 $0<T<+\infty$ 的参量根轨迹；
(2) 分别确定临界稳定和临界阻尼的 T 值；
(3) 当系统稳定时，确定在单位阶跃输入下的稳态误差。

解 (1) 由系统结构图得系统特征方程为
$$1+\dfrac{s-3}{(s+1)(1-Ts)}=0$$

等效开环传递函数为
$$G(s)H(s)=\dfrac{T}{2}\dfrac{s(s+1)}{s-1}=1$$

绘 0° 根轨迹。

零点：$z_1=0$，$z_2=-1$；极点：$p_1=1$，两支根轨迹起于 1 和无穷远，止于 0 和 -1，实轴根轨迹为 $(1,\infty)$，$(-1,0)$。

系统根轨迹图如图 4-52 所示，分离点与交点为 $T=\dfrac{2(s-1)}{s(s+1)}$，令 $\dfrac{dT}{ds}=0$，可得 $s_{1,2}=1\pm\sqrt{2}$。

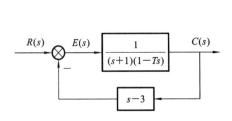

图 4-51 系统结构图

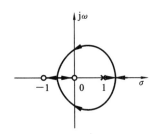

图 4-52 系统根轨迹图

(2) 特征方程为
$$1+\dfrac{T}{2}\dfrac{s(s+1)}{1-s}=0$$

所以
$$Ts^2+(T-2)s+2=0$$

将 $j\omega$ 代入特征方程,令实部和虚部等于 0,可得
$$\omega=\sqrt{\frac{2}{T}}, \quad T=2$$

即为系统稳定时的 T 值。求临界阻尼时的 T 值,则有
$$Ts^2+(T-2)s+2=0 \Rightarrow s^2+\frac{T-2}{T}s+\frac{2}{T}=0$$

$$\omega_n=\sqrt{\frac{2}{T}}, \quad 2\xi\omega_n=\frac{T-2}{T}, \quad \xi=\frac{T-2}{T}\frac{1}{2\omega_n}$$

在临界阻尼时,有 $\xi=1$,则
$$2\omega_n=\frac{T-2}{T} \Rightarrow 2\sqrt{\frac{2}{T}}=\frac{T-2}{T}$$

可得
$$T=6+4\sqrt{2}$$

(3) $\Phi_e(s)=\dfrac{E(s)}{R(s)}=\dfrac{1}{1+\dfrac{s-3}{(s+1)(1-Ts)}}=\dfrac{-Ts^2+(1-T)s+1}{-Ts^2-(T-2)s-2}$

$$e_{ss}=\lim_{s\to 0}sE(s)=\lim_{s\to 0}s\Phi_e(s)R(s)=-0.5$$

【习题 4-42】 设反馈系统的开环传递函数为
$$G(s)H(s)=\frac{K(s+1)}{s^2(0.1s+1)}$$

试绘制系统根轨迹图。

解 系统的开环传递函数为
$$G(s)H(s)=\frac{K(s+1)}{s^2(0.1s+1)}=\frac{10K(s+1)}{s^2(s+10)}$$

令 $k=10K$,有
$$G(s)H(s)=\frac{k(s+1)}{s^2(s+10)}$$

系统为负反馈系统且开环传递函数为标准形式,绘制 180° 根轨迹。

开环极点数目:$n=3, p_1=p_2=0, p_3=-10$。

开环零点数目:$m=1, z=-1$。

实轴上的根轨迹分布为 $[-10,-1]$。

渐近线条数:$n-m=2$。渐近线与实轴的交点 $\sigma_a=-4.5$。

渐近线与实轴的夹角为 $\varphi_a=\pm 90°$。

分离点为
$$\sum_{i=1}^n\frac{1}{d-p_i}=\frac{(2l+1)\pi}{2}=\pm 90°$$

$$\frac{2}{d}+\frac{1}{d+10}=\frac{1}{d+1}$$

解得
$$d_1=-4, \quad d_2=-2.5$$

根据以上计算的根轨迹参数,绘制系统根轨迹图,如图 4-53 所示。

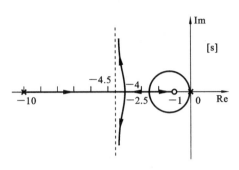

图 4-53 系统根轨迹图

线性系统的频域分析法

【习题 5-1】 试求图 5-1 所示 RC 网络的频率特性。

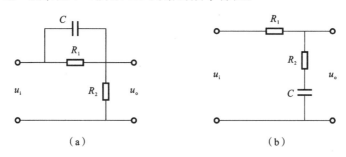

图 5-1 RC 网络示意图

解 （1） $G(j\omega)=\dfrac{u_o}{u_i}=\dfrac{R_2}{\left(R_1 /\!/ \dfrac{1}{j\omega C}\right)+R_2}=\dfrac{R_2}{\left[\dfrac{\dfrac{R_1}{j\omega C}}{R_1+\dfrac{1}{j\omega C}}\right]+R_2}=\dfrac{(1+jR_1\omega C)R_2}{R_1+R_2+jR_1R_2\omega C}$

（2） $G(j\omega)=\dfrac{u_o}{u_i}=\dfrac{R_2+\dfrac{1}{j\omega C}}{R_1+R_2+\dfrac{1}{j\omega C}}=\dfrac{1+jR_2\omega C}{j\omega C(R_1+R_2)+1}$

【习题 5-2】 设单位反馈系统开环传递函数为

$$G(s)=\dfrac{K}{s(Ts+1)}$$

当输入 $r(t)=\sin(10t)$ 时，闭环系统的稳态输出为 $c(t)=\sin(10t-90°)$，试计算参数 K 和 T 的值。

解 系统闭环传递函数为

$$\varphi(s)=\dfrac{G(s)}{G(s)+1}=\dfrac{K}{Ts^2+s+K}$$

令 $s=j\omega$，故

$$\varphi(j\omega)=\dfrac{K}{(K-T\omega^2)+j\omega}$$

有 $\quad A(\omega)=|\varphi(j\omega)|=\dfrac{K}{\sqrt{(K-T\omega^2)^2+\omega^2}}$

$$\varphi(\omega) = -\arctan\frac{\omega}{K - T\omega^2}$$

已知输入为 $r(t) = \sin(10t)$,输出 $c(t) = \sin(10t - 90°)$,则

$$A(\omega) = 1, \quad \varphi(\omega) = -90°, \quad \omega = 10$$

故解得
$$K = 10, \quad T = 0.1$$

【**习题 5-3**】 某控制系统结构图如图 5-2 所示,试确定在输入信号

$$r(t) = \sin(t + 30°) - 2\cos(2t - 45°)$$

作用下系统的稳态输出和稳态误差。

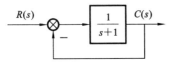

图 5-2 某控制系统结构图

解 闭环传递函数为

$$\varphi(s) = \frac{G(s)}{G(s) + 1} = \frac{1}{s + 2}$$

令 $s = j\omega$,有

$$\varphi(j\omega) = \frac{1}{j\omega + 2}$$

则输入信号

$$r(s) = r_1(s) - r_2(s), \quad r_1(s) = \sin(t + 30°), \quad \omega_1 = 1$$
$$r_2(s) = 2\cos(2t - 45°), \quad \omega_2 = 2$$

$$\varphi(j) = \frac{2 - j}{5} = \frac{\sqrt{5}}{5} \angle -26.6°$$

$$\varphi(j2) = \frac{1 - j}{4} = \frac{\sqrt{2}}{4} \angle -45°$$

故

$$c_{ss} = \frac{\sqrt{5}}{5}\sin(t + 3.4°) - \frac{\sqrt{2}}{2}\sin(2t)$$

又有

$$\varphi_e(s) = 1 - \varphi(s) = \frac{s + 1}{s + 2}, \quad \varphi_e(j\omega) = \frac{j\omega + 1}{j\omega + 2}$$

$$\varphi_e(j) = \frac{3 + j}{5} = \frac{\sqrt{10}}{5} \angle 18.4°, \quad \varphi_e(j2) = \frac{3 + j}{4} = \frac{\sqrt{10}}{4} \angle 18.4°$$

故

$$e_{ss} = \frac{\sqrt{10}}{5}\sin(t + 48.4°) - \frac{\sqrt{10}}{2}\cos(2t - 26.6°)$$

【**习题 5-4**】 若系统的单位阶跃响应为

$$c(t) = 1 - 1.8e^{-4t} + 0.8e^{-9t}$$

试确定系统的频率特性。

解 对 $c(t) = 1 - 1.8e^{-4t} + 0.8e^{-9t}$ 进行拉氏变换,有

$$c(s) = \frac{1}{s} - \frac{1.8}{s + 4} + \frac{0.8}{s + 9} = \frac{36}{s(s + 4)(s + 9)}$$

单位阶跃响应 $R(s) = \frac{1}{s}$,则

$$\varphi(s) = \frac{C(s)}{R(s)} = \frac{36}{(s + 4)(s + 9)}$$

令 $s = j\omega$,则
$$\varphi(j\omega) = \frac{36}{(j\omega+4)(j\omega+9)}$$

【习题 5-5】 典型二阶系统的开环传递函数为
$$G(s) = \frac{\omega_n^2}{s(s+2\xi\omega_n)}$$

当取 $r(t) = 2\sin t$ 时,系统的稳态输出为
$$c_{ss}(t) = 2\sin(t-45°)$$

试确定系统参数 ω_n 和 ξ。

解 闭环传递函数为
$$\varphi(s) = \frac{G(s)}{G(s)+1} = \frac{\omega_n^2}{s^2+2\xi\omega_n s+\omega_n^2}$$
$$\varphi_e(s) = \frac{1}{G(s)+1} = \frac{s^2+2\xi\omega_n s}{s^2+2\xi\omega_n s+\omega_n^2}$$

输入函数为 $r(t) = 2\sin t$ 时,$\omega=1$,$\varphi_e(j) = 1\angle -45°$,则
$$\frac{\omega_n^2}{\sqrt{(\omega_n^2-1)^2+4\xi^2\omega_n^2}} = 1$$
$$-\arctan\frac{2\xi\omega_n}{\omega_n^2-1} = -45°$$

解得 $\omega_n = 1.85$, $\xi = 0.65$

【习题 5-6】 已知系统开环传递函数为
$$G(s) = \frac{K(-T_2 s+1)}{s(T_1 s+1)}, \quad K, T_1, T_2 > 0$$

当 $\omega=1$ 时,$\angle G(j\omega) = -180°$,$|G(j\omega)| = 0.5$。当输入为单位速度信号时,系统的稳态误差为 0.1。试写出 $G(j\omega)$ 的表达式。

解 输入信号为单位速度信号
$$R(s) = \frac{1}{s^2}$$

系统为 I 型系统,故速度误差为
$$e_{ss} = 0.1 = \frac{1}{K}, \quad K = 10$$

列写方程得
$$\angle G(j) = -90° - \arctan T_1 - \arctan T_2 = -180°$$
$$|G(j)| = \frac{K\sqrt{1+T_2^2}}{\sqrt{1+T_1^2}} = 0.5$$

解得 $T_1 = 20$, $T_2 = \frac{1}{20}$

$$G(s) = \frac{10\left(-\frac{1}{20}s+1\right)}{s(20s+1)}$$

$$G(j\omega) = \frac{10\left(-\frac{1}{20}j\omega+1\right)}{j\omega(20j\omega+1)}$$

【习题 5-7】 已知系统开环传递函数为

(1) $G(s)H(s)=\dfrac{K(2s+1)}{s^2(3s+1)}$;(2) $G(s)H(s)=\dfrac{K(3s+1)}{s^2(2s+1)}$。

试绘制两系统的概略开环幅相曲线,并进行比较。

解 (1) 系统的开环频率特性为

$$G(s)H(s)=\frac{K(2s+1)}{s^2(3s+1)}, \quad G(\mathrm{j}\omega)H(\mathrm{j}\omega)=\frac{K(2\mathrm{j}\omega+1)}{-\omega^2(3\mathrm{j}\omega+1)}$$

系统的开环幅相曲线,起点为

$$G(\mathrm{j}0_+)H(\mathrm{j}0_+)=\infty\angle-180°$$

终点为

$$G(\mathrm{j}\infty)H(\mathrm{j}\infty)=0\angle-180°$$

绘制得出开环幅相曲线,如图 5-3 所示。

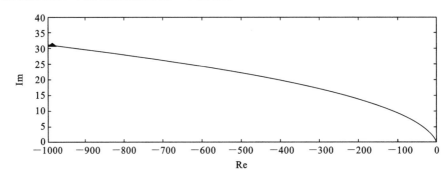

图 5-3 开环幅相曲线

(2) 系统的开环频率特性为

$$G(s)H(s)=\frac{K(3s+1)}{s^2(2s+1)}, \quad G(\mathrm{j}\omega)H(\mathrm{j}\omega)=\frac{K(3\mathrm{j}\omega+1)}{-\omega^2(2\mathrm{j}\omega+1)}$$

开环幅相曲线的起点为

$$G(\mathrm{j}0_+)H(\mathrm{j}0_+)=\infty\angle-180°$$

终点为

$$G(\mathrm{j}\infty)H(\mathrm{j}\infty)=0\angle-180°$$

绘制得出开环幅相曲线,如图 5-4 所示。

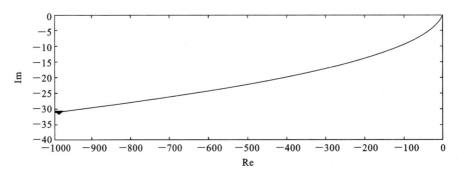

图 5-4 开环幅相曲线

【习题 5-8】 已知系统开环传递函数为

$$G(s)=\frac{1}{s^\nu(s+1)(s+2)}$$

试分别绘制 $\nu=1,2,3,4$ 时的概略开环幅相曲线。

解 系统的开环频率特性为

$$G(j\omega)H(j\omega) = \frac{1}{(j\omega)^\nu(1+j\omega)(2+j\omega)}$$

当 $\nu=1$ 时,有

$$G(j\omega)H(j\omega) = \frac{1}{(j\omega)(1+j\omega)(2+j\omega)} = \frac{3}{-(1+\omega^2)(4+\omega^2)} - j\frac{(2-\omega^2)}{\omega(1+\omega^2)(4+\omega^2)}$$

系统的开环幅相曲线,起点为 $G(j0_+)H(j0_+) = \infty\angle-90°$,终点为 $G(j\infty)H(j\infty) = 0\angle 90°$。

计算与实轴的交点:令 $\text{Im}[G(j\omega_x)H(j\omega_x)] = 0$,即 $\omega_x = \sqrt{2}$,则

$$G(j\omega_x)H(j\omega_x) = \text{Re}[G(j\omega_x)] = -\frac{1}{6}$$

曲线与负实轴交于点 $\left(-\frac{1}{6}, 0\right)$,频率为 ω_x。

当 $\nu=2$ 时,有

$$G(j\omega)H(j\omega) = \frac{1}{(j\omega)^2(1+j\omega)(2+j\omega)} = \frac{2-\omega^2}{-\omega^2(1+\omega^2)(4+\omega^2)} + j\frac{3}{\omega(1+\omega^2)(4+\omega^2)}$$

系统的开环幅相曲线,起点为 $G(j0_+)H(j0_+) = \infty\angle-180°$,终点为 $G(j\infty)H(j\infty) = 0\angle-360°$。

计算与虚轴的交点:令 $\text{Re}[G(j\omega_y)H(j\omega_y)] = 0$,即 $\omega_y = \sqrt{2}$,则

$$G(j\omega_y)H(j\omega_y) = \text{Im}[G(j\omega_y)H(j\omega_y)] = \frac{\sqrt{2}}{12}$$

曲线与正虚轴交于点 $\left(0, \frac{\sqrt{2}}{12}\right)$,频率为 ω_y。

当 $\nu=3$ 时,有

$$G(j\omega)H(j\omega) = \frac{1}{(j\omega)^2(1+j\omega)(2+j\omega)} = \frac{3}{\omega^2(1+\omega^2)(4+\omega^2)} + j\frac{2-\omega^2}{\omega^2(1+\omega^2)(4+\omega^2)}$$

系统的开环幅相曲线,起点为 $G(j0_+)H(j0_+) = \infty\angle-270°$,终点为 $G(j\infty)H(j\infty) = 0\angle-450°$。

计算与虚轴的交点:令 $\text{Im}[G(j\omega_x)H(j\omega_x)] = 0$,即 $\omega_x = \sqrt{2}$,则

$$G(j\omega_x)H(j\omega_x) = \text{Re}[G(j\omega_x)H(j\omega_x)] = \frac{1}{12}$$

曲线与正实轴交于点 $\left(\frac{1}{12}, 0\right)$,频率为 ω_x。

当 $\nu=4$ 时,有

$$G(j\omega)H(j\omega) = \frac{1}{(j\omega)^4(1+j\omega)(2+j\omega)} = \frac{2-\omega^2}{\omega^4(1+\omega^2)(4+\omega^2)} - j\frac{3}{\omega^3(1+\omega^2)(4+\omega^2)}$$

系统的开环幅相曲线,起点为 $G(j0_+)H(j0_+) = \infty\angle-360°$,终点为 $G(j\infty)H(j\infty) = 0\angle-540°$。

计算与实轴的交点:令 $\text{Re}[G(j\omega_y)H(j\omega_y)] = 0$,即 $\omega_y = \sqrt{2}$,则

$$G(j\omega_y)H(j\omega_y) = \text{Im}[G(j\omega_y)H(j\omega_y)] = -\frac{\sqrt{2}}{24}$$

曲线与正虚轴交于点 $\left(0, -\dfrac{\sqrt{2}}{24}\right)$，频率为 ω_y。

四条曲线如图 5-5 所示。

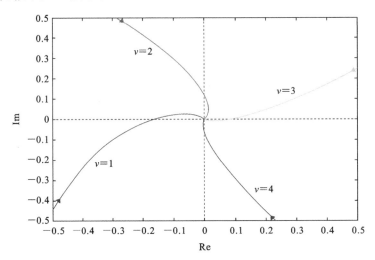

图 5-5 开环幅相曲线图

【习题 5-9】 已知系统开环传递函数为
$$G(s) = \dfrac{10}{s(2s+1)(s^2+0.5s+1)}$$

试分别计算当 $\omega=0.5$ 和 $\omega=2$ 时，开环频率特性的幅值 $|G(j\omega)|$ 和相位 $\angle G(j\omega)$。

解 系统的开环传递函数为
$$G(j\omega) = \dfrac{10}{j\omega(2j\omega+1)(1-\omega^2+0.5j\omega)}$$

$$G(s)H(s) = \dfrac{10}{s(2s+1)(s^2+0.5s+1)}$$

开环频率特性的幅值为
$$|\varphi(j\omega)| = \dfrac{10}{\omega\sqrt{4\omega^2+1}\sqrt{(1-\omega^2)^2+0.25\omega}}$$

相位为
$$\angle G(j) = -90° - \arctan 2\omega - \arctan\dfrac{0.5\omega}{1-\omega^2}$$

当 $\omega = 0.5$ rad/s 时，有
$$|G(j0.5)| = 17.89$$
$$\angle G(j0.5) = -153.43°$$

当 $\omega = 2$ rad/s 时，有
$$|G(j2)| = 0.383$$
$$\angle G(j2) = 33.27$$

【习题 5-10】 已知系统开环传递函数为
$$G(s) = \dfrac{10}{s(s+1)(0.25s^2+1)}$$

试绘制系统的概略开环幅相曲线。

解 系统的开环传递函数为

$$G(s)=\frac{10}{s(s+1)(0.25s^2+1)}$$

$$G(j\omega)=\frac{10}{j\omega(1+j\omega)(1-0.25\omega^2)}$$

$$=-\frac{10}{(1+\omega^2)(1-0.25\omega^2)}$$

$$-j\frac{10}{\omega(1+\omega^2)(1-0.25\omega^2)}$$

开环系统含有虚数的极点为 $s_1=\pm 2j$。

当 $\omega=0^+$ 时,$A(0)\to\infty$,$\varphi(0)=-90°$。

当 $\omega\to\infty$ 时,$A(\infty)\to 0$,$\varphi(\infty)=-360°$。

当 ω 从 $0\to 0^+$ 时需在幅相曲线上补充半径为无穷大、相角等于 $90°$ 的大圆弧。

当 $\omega\to 2^-$ 时,$A(2^-)\to\infty$,$\varphi(2^-)=-153.4°$。

当 $\omega\to 2^+$ 时,$A(2^+)\to\infty$,$\varphi(2^+)=-333.4°$。

绘制开环幅相曲线,如图 5-6 所示。

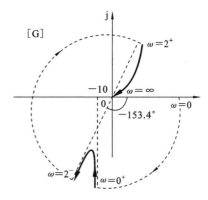

图 5-6 开环幅相曲线

【习题 5-11】 绘制下列开环传递函数的对数渐近幅频特性曲线:

(1) $G(s)=\dfrac{2}{(2s+1)(8s+1)}$; (2) $G(s)=\dfrac{200}{s^2(s+1)(10s+1)}$;

(3) $G(s)=\dfrac{8(s/0.1+1)}{s(s^2+s+1)(s/2+1)}$; (4) $G(s)=\dfrac{10(s^2/400+s/10+1)}{s(s+1)(s/0.1+1)}$。

解 (1) 系统的开环传递函数为

$$G(s)=\frac{2}{(2s+1)(8s+1)}$$

计算可知各分段频率如下。

$\omega_1=0.5$ rad/s,斜率减小 20 dB/dec。

$\omega_2=0.125$ rad/s,斜率减小 20 dB/dec,此处为最小交接频率。

当 $\omega\leqslant\omega_2$(低频段)时,因为 $v=0$,故低频段的渐近线频率为 $K=0$ dB/dec,且通过点 $(1,20\lg 2)=(1,6.02)$。

当 $\omega_2\leqslant\omega\leqslant\omega_1$ 时,$K=-20$ dB/dec。

当 $\omega_1\leqslant\omega$ 时,$K=-40$ dB/dec。

绘制系统开环对数渐近幅频特性曲线,如图 5-7 所示。

(2) 系统的开环传递函数为

$$G(s)=\frac{200}{s^2(s+1)(10s+1)}$$

各分段频率如下。

$\omega_1=0.1$ rad/s,斜率减小 20 dB/dec,此处为最小交接频率。

$\omega_2=1$ rad/s,斜率减小 20 dB/dec。

当 $\omega\leqslant\omega_1$ 时,因为 $v=0$,故低频段的渐近线频率为 $K=-40$ dB/dec,且通过点 $(1,20\lg 200)=(1,46.02)$。

当 $\omega_1\leqslant\omega\leqslant\omega_2$ 时,$K=-60$ dB/dec。

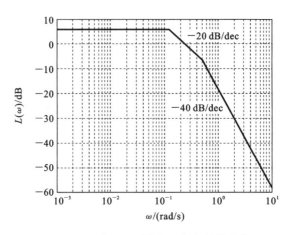

图 5-7 系统开环对数渐近幅频特性曲线

当 $\omega_2 \leqslant \omega$ 时，$K = -80$ dB/dec。

绘制系统开环对数渐近幅频特性曲线如图 5-8 所示。

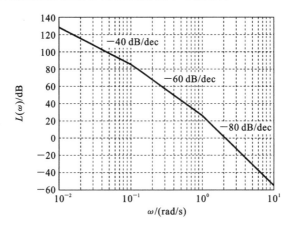

图 5-8 系统开环对数渐近幅频特性曲线

（3）系统的开环传递函数为

$$G(s) = \dfrac{8\left(\dfrac{s}{0.1}+1\right)}{s(s^2+s+1)\left(\dfrac{s}{2}+1\right)}$$

各分段频率如下。

$\omega_1 = 0.1$ rad/s，斜率增加 20 dB/dec，此处为最小交接频率。

$\omega_2 = 1$ rad/s，斜率减小 40 dB/dec。

$\omega_3 = 2$ rad/s，斜率减小 20 dB/dec。

当 $\omega \leqslant \omega_1$ 时，因为 $v = 0$，故低频段的渐近线频率为 $K = -20$ dB/dec，且通过点 $(1, 20\lg8) = (1, 18.06)$。

当 $\omega_1 \leqslant \omega \leqslant \omega_2$ 时，$K = 0$ dB/dec。

当 $\omega_2 \leqslant \omega \leqslant \omega_3$ 时，$K = -40$ dB/dec。

当 $\omega_3 \leqslant \omega$ 时，$K = -60$ dB/dec。

绘制系统开环对数渐近幅频特性曲线，如图 5-9 所示。

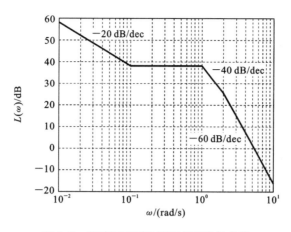

图 5-9 系统开环对数渐近幅频特性曲线

(4) 系统的开环传递函数为

$$G(s) = \frac{10\left(\dfrac{s^2}{400} + \dfrac{s}{10} + 1\right)}{s(s+1)\left(\dfrac{s}{0.1} + 1\right)}$$

各分段频率如下。

$\omega_1 = 0.1$ rad/s，斜率减小 20 dB/dec，此处为最小交接频率。

$\omega_2 = 1$ rad/s，斜率减小 20 dB/dec。

$\omega_3 = 20$ rad/s，斜率增加 40 dB/dec。

当 $\omega \leqslant \omega_1$ 时，因为 $v=1$，故低频段的渐近线频率为 $K = -20$ dB/dec，且通过点 $(1, 20\lg 10) = (1, 20)$。

当 $\omega_1 \leqslant \omega \leqslant \omega_2$ 时，$K = -40$ dB/dec。

当 $\omega_2 \leqslant \omega \leqslant \omega_3$ 时，$K = -60$ dB/dec。

当 $\omega_3 \leqslant \omega$ 时，$K = -20$ dB/dec。

绘制系统开环对数渐近幅频特性曲线，如图 5-10 所示。

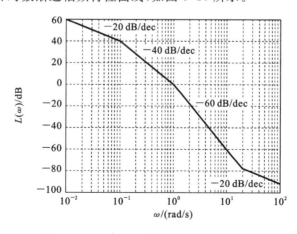

图 5-10 系统开环对数渐近幅频特性曲线

【习题 5-12】 系统开环传递函数为

$$G(s)H(s) = \frac{320}{s(0.01s+1)}$$

试绘制伯德图。

解 系统的开环传递函数为

$$G(s) = \frac{320}{s(0.01s+1)}$$

分段频率为 $\omega = 100$ rad/s，斜率减小 20 dB/dec。

当 $\omega \leq 100$ rad/s 时，因为 $v=1$，故低频段的渐近线频率为 $K = -20$ dB/dec，且通过点 $(1, 20\lg320)$。

当 $\omega \leq 100$ rad/s 时，$K = -20$ dB/dec。

当 $\omega \geq 100$ rad/s 时，$K = -40$ dB/dec。

绘制系统伯德图，如图 5-11 所示。

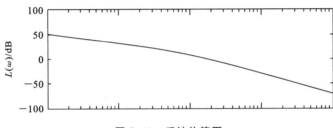

图 5-11 系统伯德图

【习题 5-13】 若传递函数为

$$G(s) = \frac{K}{s^v} G_0(s)$$

式中：$G_0(s)$ 为 $G(s)$ 中除比例和积分两种环节外的部分。试证明

$$\omega_1 = K^{\frac{1}{v}}$$

式中：ω_1 为对数渐近幅频特性曲线最左端直线（或其延长线）与 0 dB 线交点的频率，如图 5-12 所示。

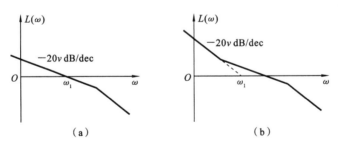

图 5-12 对数渐近幅频特性曲线

解 系统开环传递函数为

$$G(s) = \frac{K}{s^v} G_0(s)$$

系统的开环对数频率特性曲线与 $\omega = 0$ rad/s 的交点为 $(0, 20\lg K)$，则低频段的曲线斜率为

$$\frac{20\lg K}{-\lg \omega} = -20v$$

整理得
$$K=\omega^v$$
$$\omega_1=Kv$$

【习题 5-14】 设某控制系统开环传递函数为
$$G(s)=\frac{K}{s(0.1s+1)(0.5s+1)}$$
（1）绘制系统伯德图；
（2）确定使系统临界稳定的 K 值。

解 （1）系统的开环传递函数为
$$G(s)=\frac{K}{s(0.1s+1)(0.5s+1)}$$

分段频率如下。

$\omega_1=2$ rad/s，斜率减小 20 dB/dec。

$\omega_2=10$ rad/s，斜率减小 20 dB/dec。

当 $\omega\leqslant\omega_1$ 时，因为 $v=1$，故低频段的渐近线频率为 $K=-20$ dB/dec，且通过点 $(1,20\lg K)$。

当 $\omega_1\leqslant\omega\leqslant\omega_2$ 时，$K=-40$ dB/dec。

当 $\omega_2\leqslant\omega$ 时，$K=-60$ dB/dec。

绘制系统伯德图，如图 5-13 所示。

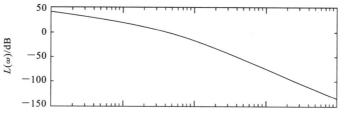

图 5-13 系统伯德图

（2）若 $\omega_c\leqslant 2$，则 $\gamma(\omega_c)=180°-90°-\arctan 0.1\omega_c-\arctan 0.5\omega_c>0$，此时系统稳定。

若 $\omega_c>2$，则
$$\frac{20\lg K-y_1}{-\lg 2}=-20$$
$$\frac{y_1}{\lg 2-\lg\omega_c}=-40$$

即
$$\omega_c=\sqrt{2K}(K>2)$$

又有
$$\varphi(\omega_c)=-90°-\arctan 0.1\omega_c-\arctan 0.5\omega_c=2\sqrt{5}$$

此时使系统临界稳定的 $K=10$。

【习题 5-15】 已知最小相位系统的对数渐近幅频特性曲线如图 5-14 所示，试确定系统的开环传递函数。

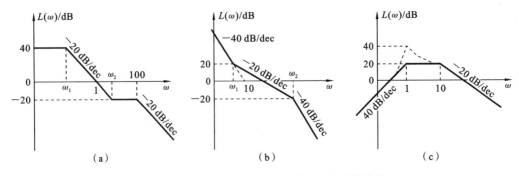

图 5-14 最小相位系统的对数渐近幅频特性曲线

解 幅频特性曲线的低频渐近线斜率为 0 dB/dec,故 $v=0$。
确定系统传递函数结构形式如下。

在 $\omega=\omega_1$ 处,斜率变化为 -20 dB/dec,对应惯性环节。

在 $\omega=\omega_2$ 处,斜率变化为 $+20$ dB/dec,对应一阶微分环节。

在 $\omega=100$ rad/s 处,斜率变化为 -20 dB/dec,对应惯性环节。

故系统传递函数形为

$$G(s)=\frac{K\left(1+\dfrac{s}{\omega_2}\right)}{\left(1+\dfrac{s}{\omega_1}\right)(1+0.01s)}$$

低频渐近线通过点 $(1,20\lg K)$,即

$$20\lg K=40$$

解得

$$K=100$$

又有

$$20\lg\frac{1}{\omega_1}=40$$

$$20\lg\frac{1}{\omega_2}=-20$$

解得

$$\omega_1=0.01\ \text{rad/s},\quad \omega_2=10\ \text{rad/s}$$

系统传递函数为

$$G(s)=\frac{100(1+0.1s)}{(1+100s)(1+0.01s)}$$

对数渐近幅频特性曲线低频段斜率为 -40 dB/dec,故 $v=2$。
确定系统传递函数结构形式如下。

在 $\omega=\omega_1$ 处,斜率变化为 $+20$ dB/dec,对应一阶微分环节。

在 $\omega=\omega_2$ 处,斜率变化为 -20 dB/dec,对应惯性环节。

故系统传递函数形为

$$G(s)=\frac{K\left(1+\dfrac{s}{\omega_1}\right)}{s^2\left(1+\dfrac{s}{\omega_2}\right)}$$

由于低频渐近线的延长线通过点$(\omega_0, L_a(\omega_0)) = (10, 0)$，又$v = 2$，故$K = \omega_0^v = 100$。
又有
$$20 = 40\lg\frac{10}{\omega_1}$$

$$20 = 20\lg\frac{\omega_c}{\omega_1}$$

$$20 = 20\lg\frac{\omega_2}{\omega_c}$$

解得
$$\omega_1 = 3.16 \text{ rad/s}, \quad \omega_c = 31.6 \text{ rad/s}, \quad \omega_2 = 316 \text{ rad/s}$$

故系统传递函数为
$$G(s) = \frac{100(1 + 0.316s)}{s^2(1 + 0.00316s)}$$

对数渐近幅频特性曲线低频段斜率为 40 dB/dec，故 $v = -2$。
确定系统传递函数结构形式如下。
在$\omega = 1$ rad/s 处，斜率变化为-40 dB/dec，对应振荡环节。
在$\omega = 2$ rad/s 处，斜率变化为-20 dB/dec，对应惯性环节。
故系统传递函数形为
$$G(s) = \frac{Ks^2}{(s^2 + 2\xi s + 1)(0.1s + 1)}$$

低频渐近线通过点$(1, 20\lg K)$，即
$$20\lg K = 20$$

解得
$$K = 10$$

又有
$$20\lg M_r = 20\lg\frac{1}{2\xi\sqrt{1-\xi^2}} = 40 - 20 = 20$$

解得
$$\xi = 0.05$$

故系统传递函数为
$$G(s) = \frac{10s^2}{(s^2 + 0.1s + 1)(0.1s + 1)}$$

【习题 5-16】 已知某单位负反馈最小相位系统的对数幅频特性曲线如图 5-15 所示。
(1) 写出该系统的开环传递函数；
(2) 求该系统的截止频率ω_c和相位裕量γ。

解 (1) 对数幅频特性曲线低频段斜率为-40 dB/dec，故 $v = -2$。
确定系统传递函数结构形式如下。
在$\omega = 5$ rad/s 处，斜率变化为$+20$ dB/dec，对应一阶微分环节。
在$\omega = 100$ rad/s 处，斜率变化为-20 dB/dec，对应惯性环节。
故系统传递函数形为

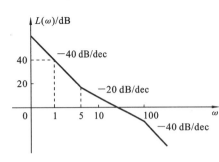

图 5-15 某单位负反馈最小相位系统的对数幅频特性曲线

$$G(s)=\frac{K(1+0.2s)}{s^2(1+0.01s)}$$

低频渐近线通过点$(1, 20\lg K)$，即

$$20\lg K = 40$$

解得

$$K = 100$$

系统传递函数为

$$G(s)=\frac{100(1+0.2s)}{s^2(1+0.01s)}$$

（2）低频段斜率为

$$\frac{40-y_1}{\lg 1 - \lg 5} = -40$$

即

$$y_1 = 40 - 40\lg 5$$

中频段的斜率为

$$\frac{y_1 - 0}{\lg 5 - \lg \omega_c} = -20$$

即

$$\omega_c = 20 \text{ rad/s}$$

相位裕度为

$$\gamma = 180° + \phi(\omega_c) = 64.65°$$

【习题 5-17】 试用奈奎斯特稳定判据判断题 5-7、5-8 的系统稳定性。

解 （1）题 5-7(1)。

根据奈奎斯特曲线，$P=0, R=-2, Z=P-R=2$，故系统不稳定。

题 5-7(2)，根据奈奎斯特曲线 $P=0, R=0, Z=P-R=0$，故系统稳定。

（2）题 5-8。

当 $v=1$ 时，补线后 $N=0, P=0, Z=P-2N=0$，故系统不稳定。

当 $v=2$ 时，补线后 $N=-1, P=0, Z=P-2N=2$，故系统不稳定。

当 $v=3$ 时，补线后 $N=-1, P=0, Z=P-2N=2$，故系统不稳定。

当 $v=4$ 时，补线后 $N=-1, P=0, Z=P-2N=2$，故系统不稳定。

【习题 5-18】 已知下列系统的开环传递函数（参数 $K, T, T_i > 0, i=1, 2, \cdots, 6$）：

(1) $G(s)=\dfrac{K}{(T_1 s+1)(T_2 s+1)(T_3 s+1)}$；

(2) $G(s)=\dfrac{K}{s(T_1 s+1)(T_2 s+1)}$；

(3) $G(s)=\dfrac{K}{s^2(Ts+1)}$；

(4) $G(s)=\dfrac{K(T_1 s+1)}{s^2(T_2 s+1)}$；

(5) $G(s)=\dfrac{K}{s^3}$；

(6) $G(s)=\dfrac{K(T_1 s+1)(T_2 s+1)}{s^3}$；

(7) $G(s)=\dfrac{K(T_5 s+1)(T_6 s+1)}{s(T_1 s+1)(T_2 s+1)(T_3 s+1)(T_4 s+1)}$；

(8) $G(s)=\dfrac{K}{Ts-1}$；

(9) $G(s)=\dfrac{-K}{-Ts+1}$；

(10) $G(s)=\dfrac{K}{s(Ts-1)}$。

它们对应的开环幅相曲线图分别如图 5-16 所示，应用奈奎斯特判据判断各系统的稳定性,若闭环系统不稳定,指出系统在 s 右半平面的闭环极点数。

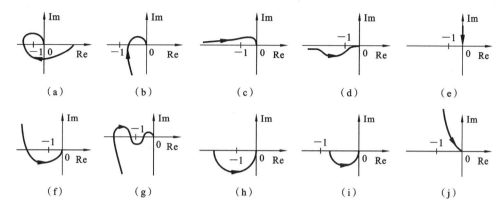

图 5-16 开环幅相曲线图

解 (1) 已知

$$G(s) = \frac{K}{(T_1 s+1)(T_2 s+1)(T_3 s+1)}$$

$G(s)$ 在 s 的右半平面的极点数 $P=0$,由开环幅相曲线可知 $N_-=1, N_+=0, N=N_+-N_-=-1$。

根据奈奎斯特判据,s 右半平面的闭环极点数为 $Z=P-2N=2$,系统不稳定。

(2) 已知

$$G(s) = \frac{K}{s(T_1 s+1)(T_2 s+1)}$$

由于 $v=1$,开环幅相曲线上逆时针补作 $90°$,且半径为无穷大的虚线圆弧。

由于 $G(s)$ 在 s 右半平面的极点数为 $P=0$,由开环幅相曲线可知 $N_-=0, N_+=0$,$N=N_+-N_-=0$。

根据奈奎斯特判据,s 右半平面的闭环极点数为 $Z=P-2N=0$,系统闭环稳定。

(3) 已知

$$G(s) = \frac{K}{s^2 (Ts+1)}$$

由于 $v=2$,开环幅相曲线上逆时针补作 $180°$,且半径为无穷大的虚线圆弧。

由于 $G(s)$ 在 s 右半平面的极点数为 $P=0$,由开环幅相曲线 $N_-=1, N_+=0, N=N_+-N_-=-1$。

根据奈奎斯特判据,s 右半平面的闭环极点数为 $Z=P-2N=2$,系统不稳定。

(4) 已知

$$G(s) = \frac{K(T_1 s+1)}{s^2 (T_2 s+1)}$$

由于 $v=2$,开环幅相曲线上逆时针补作 $180°$,且半径为无穷大的虚线圆弧。

由于 $G(s)$ 在 s 右半平面的极点数为 $P=0$,由开环幅相曲线可知 $N_-=0, N_+=0$,$N=N_+-N_-=0$。

根据奈奎斯特判据,s 右半平面的闭环极点数为 $Z=P-2N=0$,系统闭环稳定。

(5) 已知
$$G(s)=\frac{K}{s^3}$$

由于 $v=2$,开环幅相曲线上逆时针补作 $270°$,且半径为无穷大的虚线圆弧。

由于 $G(s)$ 在 s 右半平面的极点数为 $P=0$,由开环幅相曲线可知 $N_-=-1$,$N_+=0$,$N=N_+-N_-=-1$。

根据奈奎斯特判据,s 右半平面的闭环极点数为 $Z=P-2N=2$,系统不稳定。

(6) 已知
$$G(s)=\frac{K(Ts_1+1)(Ts_2+1)}{s^3}$$

由于 $v=3$,开环幅相曲线上逆时针补作 $270°$,且半径为无穷大的虚线圆弧。

由于 $G(s)$ 在 s 右半平面的极点数为 $P=0$,由开环幅相曲线可知 $N_-=1$,$N_+=1$,$N=N_+-N_-=0$。

根据奈奎斯特判据,s 右半平面的闭环极点数为 $Z=P-2N=0$,系统闭环稳定。

(7) 已知
$$G(s)=\frac{K(T_5s+1)(Ts_6+1)}{s(T_1s+1)(T_2s+1)(T_3s+1)(T_4s+1)}$$

由于 $v=1$,开环幅相曲线上逆时针补作 $90°$,且半径为无穷大的虚线圆弧。

由于 $G(s)$ 在 s 右半平面的极点数为 $P=0$,由开环幅相曲线可知 $N_-=1$,$N_+=1$,$N=N_+-N_-=0$。

根据奈奎斯特判据,s 右半平面的闭环极点数为 $Z=P-2N=0$,系统闭环稳定。

(8) 已知
$$G(s)=\frac{K}{Ts-1}$$

$G(s)$ 在 s 右半平面的极点数为 $P=1$,由开环幅相曲线可知 $N_-=0$,$N_+=\frac{1}{2}$,$N=N_+-N_-=\frac{1}{2}$。

根据奈奎斯特判据,s 右半平面的闭环极点数为 $Z=P-2N=0$,系统闭环稳定。

(9) 已知
$$G(s)=\frac{-K}{-Ts+1}$$

$G(s)$ 在 s 右半平面的极点数为 $P=1$,由开环幅相曲线可知 $N_-=0$,$N_+=0$,$N=N_+-N_-=0$。

根据奈奎斯特判据,s 右半平面的闭环极点数为 $Z=P-2N=1$,系统不稳定。

(10) 已知
$$G(s)=\frac{K}{s(Ts-1)}$$

由于 $v=1$,开环幅相曲线上逆时针补作 $90°$,且半径为无穷大的虚线圆弧。

由于 $G(s)$ 在 s 右半平面的极点数为 $P=1$,由开环幅相曲线可知 $N_-=\frac{1}{2}$,$N_+=0$,$N=N_+-N_-=-\frac{1}{2}$。

根据奈奎斯特判据，s 右半平面的闭环极点数为 $Z=P-2N=2$，系统不稳定。

【**习题 5-19**】 设系统开环频率特性的开环幅相曲线如图 5-17 所示，试判断闭环系统的稳定性。

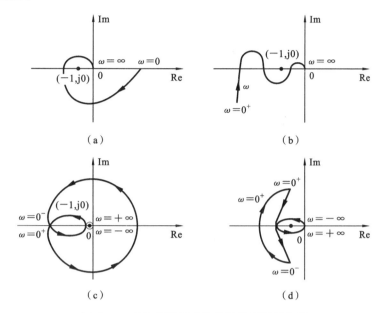

图 5-17 系统开环频率特性的开环幅相曲线

解 （1）由半闭合曲线的奈奎斯特判据有 $N_-=1, N_+=0, N=N_+-N_-=-1, R=2N=-2$，故系统不稳定。

（2）由半闭合曲线的奈奎斯特判据有 $N_-=1, N_+=1, N=N_+-N_-=0, R=2N=0$。若 $P=0$，则系统闭环稳定；若 $P\neq 0$，则系统不稳定。

（3）根据图像有 $R=0, P=1$，故系统不稳定。

（4）根据图像有 $R=1, P=0$，故系统不稳定。

【**习题 5-20**】 已知系统开环传递函数为

$$G(s)=\frac{K}{s(Ts+1)(s+1)}, \quad K,T>0$$

试根据奈奎斯特稳定判据，确定其闭环稳定的条件：

（1）$T=2$ 时，K 值的范围；

（2）$K=10$ 时，T 值的范围；

（3）K, T 值的范围。

解 系统的开环频率特性为

$$G(j\omega)=\frac{K}{(j\omega)(1+j\omega T)(1+j\omega)}=-\frac{K(1+T)}{(1+\omega^2)(1+T^2\omega^2)}-j\frac{K(1-T^2\omega^2)}{\omega(1+\omega^2)(1+T^2\omega^2)}$$

开环幅相曲线的起点为

$$G(j0_+)=-K(1+T)-j\infty$$

终点为

$$G(j\infty)H(j\infty)=0\angle -270°$$

令 $\text{Im}[G(j\omega)]=0$，解得与实轴的交点为

$$\omega_x = \frac{1}{\sqrt{T}}$$

$$G(j\omega_x) = \text{Re}[G(j\omega_x)] = -\frac{KT}{T+1}$$

式中：ω_x 为穿越频率。

由于 $P=0$，$Z=P-2N$，若 $Z=0$，则 $N=0$，开环幅相曲线不包含 $(-1,j0)$ 点。

(1) $T=2$ 时，曲线与实轴相交于点 $\left(-\dfrac{2K}{3}, j0\right)$。

令 $-\dfrac{2K}{3} > -1$，即 $0 < K < 1.5$，系统闭环稳定。

(2) 当 $K=10$ 时，曲线与实轴相交于点 $\left(-\dfrac{10T}{T+1}, j0\right)$。

令 $-\dfrac{10T}{T+1} > -1$，即 $0 < T < \dfrac{1}{9}$，系统闭环稳定。

(3) 曲线与实轴交于点 $\left(-\dfrac{KT}{T+1}, j0\right)$。

令 $-\dfrac{KT}{T+1} > -1$，即 $0 < T < \dfrac{1}{K-1}$ 或 $0 < K < 1 + \dfrac{1}{T}$，系统闭环稳定。

【习题 5-21】 已知系统开环传递函数为

$$G(s)H(s) = \frac{K(s+4)}{s(s-1)}$$

试用奈奎斯特判据判断闭环系统的稳定性，并确定 K 的取值范围。

解 系统的开环频率特性为

$$G(j\omega)H(j\omega) = \frac{K(j\omega+4)}{(j\omega)(-1+j\omega)} = \frac{K[5\omega^2 + (\omega^3 - 4\omega)j]}{\omega^4 + \omega^2}$$

绘制系统开环幅相曲线如图 5-18 所示。

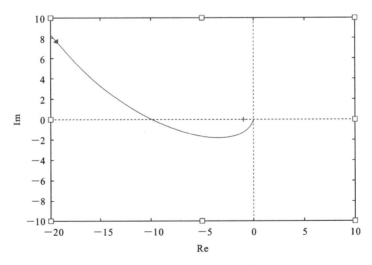

图 5-18 系统开环幅相曲线

当 $\text{Im}[G(j\omega)] = 0$ 时，$\omega_g = 2$，$\text{Re}[G(j\omega_g)H(j\omega_g)] = -K$。又已知 $P=1$，故要使系统稳定，必须有 $K > 1$。

【习题 5-22】 已知系统开环传递函数为
$$G(s)H(s) = \frac{Ke^{-0.8s}}{s+1}, \quad K>0$$
试概略绘制系统的开环幅相曲线,并求使系统稳定的 K 的范围。

解 系统开环频率特性为
$$G(j\omega) = \frac{Ke^{-j0.8\omega}}{1+j\omega} = \frac{K}{\sqrt{1+\omega^2}} e^{-j(0.8\omega + \arctan\omega)}$$

令 $0.8\omega + \arctan\omega = \pi$,穿越频率为 $\omega_x = 2.45$。

系统开环幅相特性曲线如图 5-19 所示。

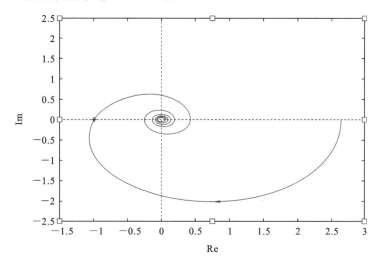

图 5-19 系统开环幅相特性曲线

曲线与负实轴的第一个交点为
$$|G(j\omega_x)| = \left.\frac{K}{\sqrt{1+\omega_x^2}}\right|_{\omega_x = 2.45} = 0.378K$$

交点坐标为 $(-0.378K, 0)$,且随着角度的增大,开环幅相曲线与负实轴的交点越来越接近坐标原点。

$G(s)$ 在 s 右半平面的极点数为 $P=0$,由奈奎斯特判据可知,若 $Z=0$,则 $P=2N$。故 $-0.378K > -1$,即
$$0 < K < 2.65$$

【习题 5-23】 设单位反馈控制系统的开环传递函数为
$$G(s) = \frac{as+1}{s^2}$$
试确定相角裕度为 45°时参数 a 的值。

解 系统开环频率特性为
$$G(j\omega) = \frac{1+ja\omega}{-\omega^2} = \frac{\sqrt{1+a^2\omega^2}}{\omega^2} e^{-j(\pi - \arctan a\omega)}$$

式中:$\phi(\omega) = -\pi + \arctan a\omega$。由相角裕度定义可知
$$\gamma = \pi + \phi(\omega_c) = \arctan a\omega_c = \frac{\pi}{4}$$

解得
$$\omega_c = \frac{1}{a}$$

又有
$$G(j\omega) = \frac{\sqrt{1+a^2\omega_c^2}}{\omega_c^2}\bigg|_{\omega_c=\frac{1}{a}} = 1$$

解得
$$a = 0.841, \quad \omega_c = 1.189$$

【习题 5-24】 已知系统开环传递函数为
$$G(s)H(s) = \frac{K}{(10s+1)(2s+1)(0.2s+1)}$$

(1) 当 $K=20$ 时,分析系统稳定性;
(2) 当 $K=100$ 时,分析系统稳定性;
(3) 分析开环放大倍数 K 的变化对系统稳定性的影响。

解 系统开环频率特性为
$$G(j\omega)H(j\omega) = \frac{K}{(10j\omega+1)(2j\omega+1)(0.2j\omega+1)} = \frac{K}{(1-22.4\omega^2)+(12.2-4\omega^2)j\omega}$$

容易得到
$$P = 0$$

其开环频率特性曲线与实轴的交点有
$$\text{Im}[G(j\omega_g)] = 0$$

故得
$$\omega_g = 1.75, \text{Re}[G(j\omega_g)] = -0.015K$$

(1) 当 $K=20$ 时,$\text{Re}[G(j\omega_g)] = -0.015K = -0.3 > -1$,即 $N=0$,$Z=P-2N=0$,系统渐近稳定。

(2) 当 $K=100$ 时,$\text{Re}[G(j\omega_g)] = -0.015K = -1.5 < -1$,即 $N=-1$,$Z=P-2N=2$,系统不稳定。

(3) 当 $\text{Re}[G(j\omega_g)] = -0.015K < -1$ 时,系统处于不稳定状态,即在 $K > 66.67$ 时,系统均处于不稳定状态。

【习题 5-25】 已知某随动控制系统结构图如图 5-20 所示,图中 $G_c(s)$ 为检测环节与串联校正环节的传递函数,设
$$G_c(s) = \frac{k_1(T_1s+1)}{T_1s}$$

式中:$k_1 = 10$,$T_1 = 0.5$ s。

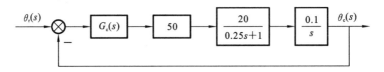

图 5-20 某随动控制系统结构图

(1) 写出该系统的开环传递函数;
(2) 绘制该系统的伯德图;

(3) 求出相角裕度 γ 并判断闭环系统稳定性;
(4) 当 $r(t)=3+4t$ 时,求系统的稳态误差 e_{ss}。

解 (1) 系统的开环传递函数为
$$G(s)=G_c(s)\times 50\times\frac{20}{0.25s+1}\times\frac{0.1}{s}=\frac{2000(0.5s+1)}{s^2(0.25s+1)}$$

(2) 系统的开环频率特性曲线如图 5-21 所示。

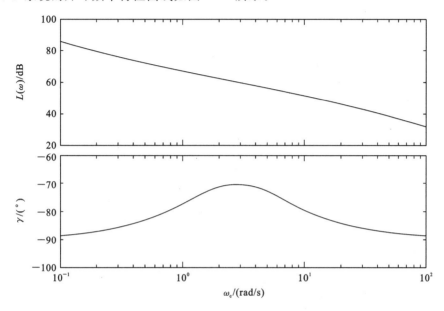

图 5-21 系统的开环频率特性曲线

(3) 根据分段频率特性曲线几何特性有
$$\frac{60-0}{\lg 4-\lg\omega_c}=-20, \quad \omega_c=2000 \text{ rad/s}$$

故系统相角裕度为
$$\gamma=180°-180°+\text{arctg}0.5\omega_c-\text{arctg}0.25\omega_c=0.06°>0°$$

故系统稳定。

(4) 已知输入为 $r(t)=3+4t$,拉氏变换得
$$r(s)=\frac{3}{s}+\frac{4}{s^2}=\frac{3s+4}{s^2}$$
$$G_{r(s)}(s)=\frac{1}{1+G(s)}=\frac{0.25s^2+s^2}{0.25s^3+s^2+1000s+2000}$$

稳态误差为
$$e_{ss}=\lim_{s\to 0}s\times r(s)\times G_{r(s)}(s)=2\times 10^{-3}$$

【习题 5-26】 已知两个最小相位系统的开环对数相频特性曲线如图 5-22 所示。试分别确定系统的稳定性。鉴于改变系统开环增益可使系统截止频率变化,试确定闭环系统稳定时,截止频率 ω_c 的范围。

解 (1) 由图 5-22 可知两系统的相频特性 $\varphi(\omega_c)$ 均在 $-90°\sim -180°$,因此根据 $\gamma(\omega_c)=\pi+\varphi(\omega_c)$,可知 $\gamma(\omega_c)>0$,所以两系统均稳定。

(2) 当改变开环增益 K (K 增大 $\to\omega_c$ 增大 $\to\varphi(\omega_c)$ 减小 $\to\gamma$ 减小 $\to$ 系统稳定性变

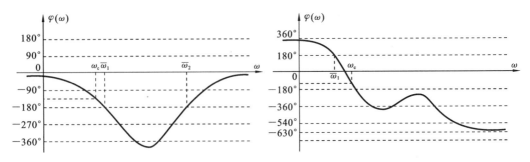

图 5-22 两个最小相位系统的开环对数相频特性曲线

差,反之 K 减小,系统稳定性增加)时,将使闭环系统稳定性发生变化,当 ω_c 增加到使 $\varphi(\omega_c)=-180°$,即 $\gamma(\omega_c)=\pi+\varphi(\omega_c)=0$ 时,系统处于临界稳定。所以截止频率 ω_c 的范围是在 $\gamma(\omega_c) \geq 0$ 的范围内。

【习题 5-27】 已知某控制系统结构图如图 5-23 所示。

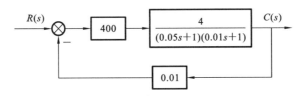

图 5-23 某控制系统结构图

(1) 写出该系统的开环传递函数;
(2) 绘制该系统的伯德图;
(3) 求出相角裕度 γ 并判断系统稳定性;
(4) 当 $r(t)=4 \cdot 1(t)$ 时,求系统的 e_{ss}。

解 (1) 系统开环传递函数为

$$G(s)=\frac{16}{(0.05s+1)(0.01s+1)}$$

(2) 绘制系统的伯德图如图 5-24 所示。

(3) 根据分段频率特性曲线几何特性有

$$\frac{10.1-0}{\lg 100-\lg \omega_c}=-40$$

$$\omega_c=178.85 \text{ rad/s}$$

故系统相角裕度为

$$\gamma=180°+\phi(\omega_c)=35.6°>0°$$

故系统稳定。

(4) 已知输入为 $r(t)=4 \cdot 1(t)$,拉氏变换得

$$r(s)=\frac{4}{s}$$

$$G_{r(s)}(s)=\frac{1}{1+G(s)}=\frac{(0.05s+1)(0.01s+1)}{(0.05s+1)(0.01s+1)+16}$$

稳态误差为

$$e_{ss}=\lim_{s \to 0} s \times r(s) \times G_{r(s)}(s)=\lim_{s \to 0} s \times \frac{4}{s} \times \frac{(0.05s+1)(0.01s+1)}{(0.05s+1)(0.01s+1)+16}=0.24$$

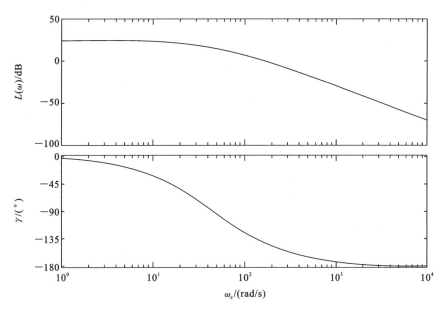

图 5-24 系统的伯德图

【习题 5-28】 某控制系统开环传递函数为

$$G(s)H(s)=\frac{K}{s(s+1)(s+2)}$$

试分别求 $K=1$ 和 $K=20$ 时系统的幅值裕度 K_g 和相角裕度 γ。

解 系统开环频率特性为

$$G(j\omega)H(j\omega)=\frac{K}{j\omega(j\omega+1)(j\omega+2)}$$

幅值裕度为

$$A(\omega)=\frac{K}{\omega\sqrt{\omega^2+1}\sqrt{\omega^2+4}}$$

相角裕度公式为

$$\phi(\omega)=-90°-\mathrm{arctg}\omega-\mathrm{arctg}0.5\omega$$

即

$$A(\omega_c)=1,\quad \phi(\omega_g)=-180°$$

当 $K=1$ 时，有

$$\omega_c=0.447\ \mathrm{rad/s},\quad \omega_g=\sqrt{2}\ \mathrm{rad/s}$$
$$\gamma=180°+\phi(\omega_c)=53.32°,\quad K_g=20\lg A(\omega_g)=-15.56$$

当 $K=20$ 时，有

$$\omega_c=1.215\ \mathrm{rad/s},\quad \omega_g=\sqrt{2}\ \mathrm{rad/s}$$
$$\gamma=180°+\phi(\omega_c)=8.177°,\quad K_g=20\lg A(\omega_g)=10.46$$

【习题 5-29】 已知系统开环对数渐近幅频特性曲线如图 5-25 所示。

(1) 此时系统的相角裕度 γ 是多少？

(2) 若要使 $\gamma=30°$，则系统开环增益为多少？

解 (1) 设两个拐点的坐标为 $(0.1,y_1)$、$(10,y_2)$，由对数渐近幅频特性曲线的几

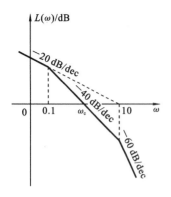

图 5-25 系统开环对数渐近幅频特性曲线

何特性有

$$\frac{y_1-0}{\lg 0.1-\lg 10}=-20$$

即

$$y_1=40$$

$$\frac{y_1-0}{\lg 0.1-\lg \omega_c}=-40$$

即

$$\omega_c=1$$

根据对数渐近幅频特性曲线可以写出系统的开环传递函数为

$$G(s)=\frac{10}{s(10s+1)(0.1s+1)}$$

此时系统的相角裕度为

$$\gamma=180°+\phi(\omega_c)=180°-90°-\mathrm{arctg}10\omega_c-\mathrm{arctg}0.1\omega_c=0°$$

(2) 由问题(1)可知,系统开环增益可变下的开环传递函数为

$$G(s)=\frac{K}{s(10s+1)(0.1s+1)}$$

相角裕度和幅相裕度分别为

$$A(\omega_{c1})=\frac{K}{\omega_{c1}\sqrt{100\omega_{c1}^2+1}\sqrt{0.01\omega_{c1}^2+1}}=1$$

$$\gamma=180°+\varphi(\omega_{c1})=30°$$

代入 $\gamma=30°$,可解出 $\omega_{c1}=0.167$ rad/s,$K=0.105$。

【习题 5-30】 已知单位负反馈系统的开环传递函数为

$$G(s)=\frac{240000(s+3)^2}{s(s+1)(s+2)(s+100)(s+200)}$$

(1) 判断系统的稳定性并求相角裕度 γ;
(2) 当系统串联一延迟环节 $e^{-\tau s}$ 时,τ 取何值时系统稳定?

解 (1) $\gamma_1=180°-90°+2\times\mathrm{arctg}3-\mathrm{arctg}1-\mathrm{arctg}2-\mathrm{arctg}100-\mathrm{arctg}200$
$=21.6°$

由于 $\gamma_1>0°$,故系统稳定。

(2) 当串联一个延迟环节时,有

$$\gamma_2=\gamma_1-\tau\omega_c$$

系统稳定时有 $\gamma_2>0°$,即

$$\tau<\frac{\gamma_1}{\omega_c}=\frac{21.6°}{\omega_c}$$

【习题 5-31】 图 5-26 所示为某宇宙飞船控制系统的结构图。为了使相角裕量等于 50°,试确定增益 K。在这种情况下,幅值裕度是多大?

解 系统开环传递函数为

$$G(s)=\frac{K(s+2)}{s^2}$$

容易得到

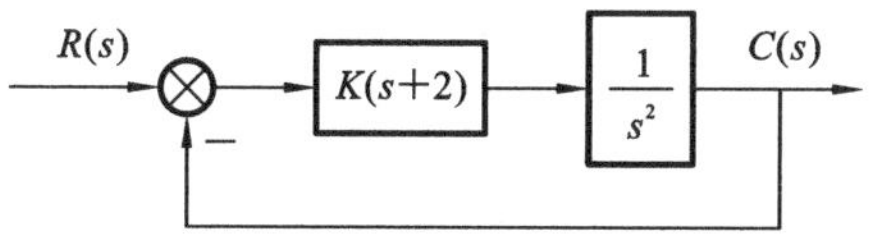

图 5-26 某宇宙飞船控制系统的结构图

$$\phi(\omega) = -180° + \text{arctg} 0.5\omega$$

因为相位曲线永远不与 $-180°$ 线相交,所以幅值裕度为无穷大,没有相位相交频率 ω_g。

当相角裕度 $\gamma = 50°$ 时,有

$$\phi(\omega_c) = -130°, \quad \gamma = 180° + \phi(\omega_c)$$

故

$$\text{arctg} 0.5\omega = 50°, \quad \omega_c = 2.38 \text{ rad/s}$$

$$A(\omega_c) = \frac{K\sqrt{\omega_c^2 + 4}}{\omega_c^2} = 1$$

解得

$$K = 1.8$$

【习题 5-32】 已知某单位反馈的小型船用锅炉蒸汽压力控制系统的开环传递函数为

$$G(s) = \frac{1.5}{100s + 1} e^{-\tau s}$$

试确定闭环系统稳定时的 τ 值范围。

解 系统的开环传递函数为

$$G(s) = \frac{1.5}{100s + 1} e^{-\tau s}$$

$$G(j\omega) = \frac{1.5}{100j\omega + 1} e^{-\tau j\omega}$$

其幅值裕度为

$$A(\omega) = \frac{1.5}{\sqrt{10^4 \omega^2 + 1}}$$

令 $A(\omega) = 1$,解得

$$\omega_c = 0.0112 \text{ rad/s}$$

相角裕度为

$$\gamma = 180° - \text{arctg} 100\omega_c - \tau\omega_c$$

令 $\gamma > 0$,解得

$$0 < \tau < 205.3$$

【习题 5-33】 设大型油船航向控制系统的开环传递函数为

$$G(s) = \frac{E(s)}{\Delta(s)} = \frac{0.164(s + 0.2)(-s + 0.32)}{s^2(s + 0.25)(s - 0.09)}$$

其中,$E(s)$ 为油船偏航角的拉氏变换;$\Delta(s)$ 是舵机偏转角的拉氏变换。试验证图 5-27 所示的油船航向控制系统的开环对数频率特性的形状是否准确?

解 将开环传递函数化为典型环节形式为

$$G(s) = \frac{0.164(s + 0.2)(-s + 0.32)}{s^2(s + 0.25)(s - 0.009)} = \frac{-4.66(5s + 1)(-3.125s + 1)}{s^2(4s + 1)(-111.1s + 1)}$$

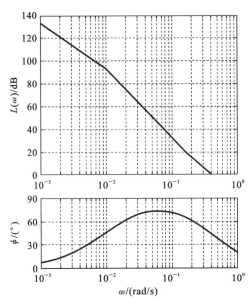

图 5-27 大型油船航向控制系统的开环对数频率特性示意图

令 $K=4.66$,并将 $G(s)$ 分解为表 5-1 所示的典型环节。

表 5-1 $G(s)$ 分解的典型环节

环节	对数幅频/dB	对数相频
$-K$	$L_1(\omega)=20\lg K=13.37$ dB	$\phi_1(\omega)=-180°$
$\dfrac{1}{s^2}$	$L_2(\omega)=-40\lg\omega$	$\phi_2(\omega)=-180°$
$5s+1$	$L_3(\omega)=10\lg(1+25\omega^2)$	$\phi_3(\omega)=\text{arctg}5\omega$
$\dfrac{1}{4s+1}$	$L_4(\omega)=-10\lg(1+16\omega^2)$	$\phi_4(\omega)=-\text{arctg}4\omega$
$-3.125s+1$	$L_5(\omega)=10\lg(1+9.77\omega^2)$	$\phi_5(\omega)=-\text{arctg}3.125\omega$
$\dfrac{1}{-111.1s+1}$	$L_6(\omega)=-10\lg(1+12343.1\omega^2)$	$\phi_6(\omega)=\text{arctg}111.1\omega$

令 ω 为不同的值,可以分别计算得到 $L_i(\omega)$ 与 $\phi_i(\omega)(i=1,2,3,4,5,6)$,且由 $L(\omega)=\sum_{i=1}^{6}L_i(\omega)$ 和 $\phi(\omega)=\sum_{i=1}^{6}\phi_i(\omega)$,得到开环对数幅频特性和对数相频特性,如表 5-2 和表 5-3 所示。

表 5-2 系统开环对数幅频特性

$\omega/(\text{rad/s})$	0.004	0.01	0.02	0.07	0.1	0.2	0.4
L_1	13.37	13.37	13.37	13.37	13.37	13.37	13.37
L_2	95.92	80.00	67.96	46.20	40.00	27.96	15.92
L_3	0.0017	0.01	0.04	0.50	0.97	3.01	6.99
L_4	−0.001	−0.007	−0.03	−0.033	−0.64	−2.15	−5.51
L_5	0.0007	0.004	0.02	0.20	0.40	1.43	4.09
L_6	−0.78	−3.49	−7.74	−17.89	−20.95	−26.94	−32.96

表 5-3 系统开环对数相频特性

$L(\omega)$/dB	108.5	89.9	73.6	42.1	33.2	16.7	1.9
ϕ_1	$-180°$	$-180°$	$-180°$	$-180°$	$-180°$	$-180°$	$-180°$
ϕ_2	$-180°$	$-180°$	$-180°$	$-180°$	$-180°$	$-180°$	$-180°$
ϕ_3	1.15°	2.86°	5.71°	19.29°	26.57°	45.00°	63.43°
ϕ_4	$-0.92°$	$-2.29°$	$-4.57°$	$-15.64°$	$-21.80°$	$-38.66°$	$-58.00°$
ϕ_5	$-0.72°$	$-1.79°$	$-3.58°$	$-12.34°$	$-17.35°$	$-32.00°$	$-51.34°$
ϕ_6	23.96°	48.00°	65.77°	82.67°	84.86°	87.42°	88.71°
$\phi(\omega)$	$-336.5°$	$-313.2°$	$-296.7°$	$-286.0°$	$-287.7°$	$-298.2°$	$-317.2°$

根据计算得出的 $L(\omega)$ 与 $\phi(\omega)$，对比题中所给曲线，可知该特性曲线的形状除了极个别点以外，基本正确。

【**习题 5-34**】 已知控制系统结构图如图 5-28 所示。

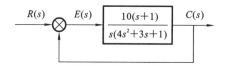

图 5-28 控制系统结构图

试求输入信号为正弦信号 $r(t)=\sin t$ 时，系统的稳态输出 $c(t)$。

解 输入信号 $r(t)=\sin t$，则 $\omega=1$。

$$\phi(s)=\frac{G(s)}{1+G(s)}=\frac{10(s+1)}{4s^3+3s^2+11s+10}$$

$$|\phi(j\omega)|=\frac{10\sqrt{(\omega^2+1)}}{\sqrt{(10-3\omega^2)^2+(11\omega-4\omega^3)^2}}=1.429$$

$$\angle\phi(j\omega)=\arctan\omega-\arctan\frac{11\omega-4\omega^3}{10-3\omega^2}=0$$

所以

$$c(t)=|\phi(j\omega)|\sin(t-\angle\phi(j\omega))=1.429\sin t$$

【**习题 5-35**】 负反馈系统的开环传递函数为 $G(s)=\dfrac{K}{s(0.1s+1)^2}$，其中，$K$ 值分别取 1 和 100，试用对数频率稳定判据，判别两种情况下的闭环系统的稳定性。

解 系统对数幅频特性和相频特性曲线如图 5-29 所示。

由图 5-29 可知，$K=1$ 和 $K=100$ 时 $L(\omega)\sim\omega$ 不同，$\phi(\omega)\sim\omega$ 相同。

从两者波特图上可以看出：当 $K=1$ 时，系统稳定（γ 为"+"值）；当 $K=100$ 时，系统不稳定（γ 为"-"值）。

【**习题 5-36**】 已知系统结构图如图 5-30 所示，试计算系统的相角裕度和幅值裕度。

解 系统的开环传递函数为

$$G(s)=\frac{10}{s(0.5s+1)(0.02s+1)}$$

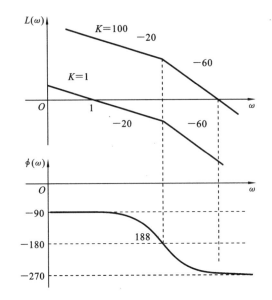

图 5-29 系统对数幅频特性和相频特性曲线

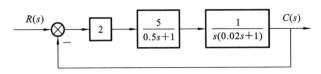

图 5-30 系统结构图

$$|G(j\omega)| = \frac{10}{\omega\sqrt{(0.5\omega)^2+1}\sqrt{(0.02\omega)^2+1}}$$

$$\angle G(j\omega) = -90° - \arctan 0.5\omega - \arctan 0.02\omega$$

令 $\omega = \omega_1$,$\angle G(j\omega_1) = -180°$,即

$$-90° - \arctan 0.5\omega_1 - \arctan 0.02\omega_1 = -180°$$

得 $\omega_1 = 10$ rad/s,此时

$$|G(j10)| = \frac{10}{10\sqrt{(5)^2+1}\sqrt{(0.2)^2+1}} = \frac{1}{5.2}$$

幅值裕度为

$$20\lg\frac{1}{G(j10)}\text{ dB} = 14.3\text{ dB}$$

计算截止频率 ω_c,$|G(j\omega_c)| = 1$,得 $\omega_c = 4.47$ rad/s。相角裕度为

$$\gamma = 180° - 90° - \arctan(0.5\times 4.47) - \arctan(0.02\times 4.47) = 19°$$

【习题 5-37】 已知某反馈控制系统的开环传递函数为

$$G_k(s) = \frac{500(0.0167s+1)}{s(0.05s+1)(0.0025s+1)(0.001s+1)}$$

试绘制系统的开环对数幅频特性和相频特性,并确定闭环系统稳定性、幅值裕度、相角裕度以及时域指标 $\sigma\%$、t_s。

解 $v = 1$,$L(\omega)$ 低频渐近线斜率为 -20 dB/dec,且

$$K = 500, \quad 20\lg K = 54\text{ dB}$$

通过点($\omega=1, L=54$)或通过点($\omega=500, L=0$)作-20 dB/dec 斜率的低频渐近线。

按时间常数大小,从小到大依次标注各转折频率:

$\omega_c = \dfrac{1}{0.05} = 20$,对应惯性环节特性,$L(\omega)$斜率变化量为$-20$ dB/dec;

$\omega_c = \dfrac{1}{0.0167} = 60$,对应一阶微分环节特性,$L(\omega)$斜率变化量为$+20$ dB/dec;

$\omega_c = \dfrac{1}{0.0025} = 400$,对应惯性环节特性,$L(\omega)$斜率变化量为$-20$ dB/dec;

$\omega_c = \dfrac{1}{0.001} = 1000$,对应惯性环节特性,$L(\omega)$斜率变化量为$-20$ dB/dec。

绘出系统的开环对数幅频特性(渐近线),如图 5-31 所示。

相频特性为

$\varphi(\omega) = -90° - \arctan 0.05\omega + \arctan 0.0167\omega - \arctan 0.0025\omega - \arctan 0.001\omega$

列表计算 $\varphi(\omega)$,如表 5-4 所示,并绘出系统的开环对数相频特性曲线,如图 5-31 所示。

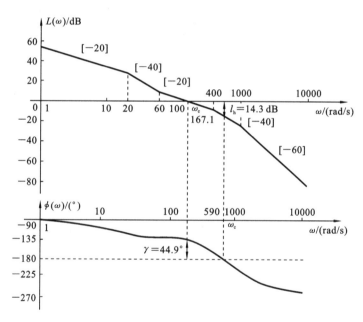

图 5-31 系统的开环对数幅频特性和相频特性曲线

表 5-4 所的计算 $\varphi(\omega)$

ω/(rad/s)	1	2	5	10	20	50	100	200	500	1000
φ/(°)	-92	-94	-100	-109	-120	-128	-130	-139	-172	-205

从图 5-31 可知

$\omega_c = 167.1$ rad/s, $\varphi(\omega_c) = -135.1°$, $\gamma = 44.9°$

$\omega_g = 590$ rad/s, $L(\omega_g) = -14.3$ dB, $l_h = 14.3$ dB

所以闭环系统稳定。

由近似公式求得时域指标为

$$\sigma\% = \left[0.16 + 0.4\left(\frac{1}{\sin\gamma} - 1\right)\right] \times 100\% = 32.7\%$$

$$t_s = \frac{\pi}{\omega_c}\left[2 + 1.5\left(\frac{1}{\sin\gamma} - 1\right) + 2.5\left(\frac{1}{\sin\gamma - 1}\right)^2\right] = 0.058 \text{ s}$$

【习题 5-38】 一单位负反馈最小相位系统的开环传递函数的对数渐近幅频特性曲线如图 5-32 所示,求相角裕度 γ。

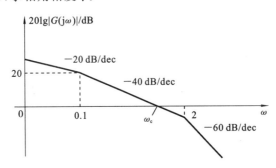

图 5-32 开环传递函数的对数渐近幅频特性曲线

解 根据对数渐近幅频特性可以写出系统开环传递函数为

$$G(s) = \frac{K}{s}\frac{1}{\frac{1}{0.1}s + 1}\frac{1}{\frac{1}{2}s + 1}$$

又当 $\omega = 0.1$ 时,$L(\omega) = 20$,所以

$$20\lg K - 20\lg\omega\big|_{\omega=0.1} = 20$$

$K = 1$ 时得开环传递函数为

$$G(s) = \frac{1}{s(10s+1)(0.5s+1)}$$

剪切频率 ω_c 满足

$$40\lg\frac{\omega_c}{0.1} = 20$$

解得

$$\omega_c = \frac{\sqrt{10}}{10} \approx 0.3$$

所以

$$\gamma = 180° - 90° - \arctan 10\omega - \arctan\frac{\omega}{2}\bigg|_{\omega=\omega_c}$$

$$= 90° - \arctan 3 - \arctan 0.15 \approx 9.9°$$

【习题 5-39】 已知系统的开环传递函数为

$$G(s)H(s) = \frac{K(T_1 s + 1)}{s^2(T_2 s + 1)} \quad (T_1 > T_2 > 0)$$

试求该系统相角裕度达到最大时的 K 值。

解 $\gamma = 180° - 180° + \arctan T_1\omega_c - \arctan T_2\omega_c = \frac{T_1\omega_c - T_2\omega_c}{1 + T_1 T_2\omega_c^2} = \frac{T_1 - T_2}{\frac{1}{\omega_c} + T_1 T_2\omega_c}$

相角裕度 γ 的最大值,即为 $\frac{1}{\omega_c} + T_1 T_2\omega_c$ 的最小值,最小值满足

$$\frac{1}{\omega_c} + T_1 T_2\omega_c \geq 2\sqrt{T_1 T_2}$$

$$T_1T_2\omega_c^2 - 2\sqrt{T_1T_2}\omega_c + 1 \geqslant 0$$
$$(\sqrt{T_1T_2}\omega_c - 1)^2 \geqslant 0$$

所以其最小值为 $\omega_c = \dfrac{1}{\sqrt{T_1T_2}}$，此时 γ 值为最大。

$$|G(j\omega_c)| = \dfrac{K}{\omega_c^2}\dfrac{\sqrt{1+T_1^2\omega_c^2}}{\sqrt{1+T_2^2\omega_c^2}} = 1 \Rightarrow K = \dfrac{1}{T_1\sqrt{T_1T_2}}$$

【习题 5-40】 稳定判据综合题。

(1) 控制系统的特征方程为 $s^5+5s^4+10s^3+25s^2+39s+30=0$。分析该系统的稳定性，若闭环系统不稳定，指出在 s 平面右半部的极点个数（给出劳斯计算表）。

(2) 已知负反馈系统的开环传递函数为
$$G(s) = \dfrac{k(T_5+1)(T_6+1)}{s(T_1+1)(T_2+1)(T_3+1)(T_4+1)}$$

式中 $T_i(1\leqslant i\leqslant 6)$ 均大于 0，当 $k=500$ 时，$G(j\omega)$ 在 $j\omega_j(j=1,2,3;\omega_1<\omega_2<\omega_3)$ 处，与负实轴有三个交点，依次为 $(-50,0)$、$(-20,0)$ 和 $(-0.05,0)$。给出使闭环系统稳定的 k 的取值范围。

(3) 图 5-33 给出某负反馈系统（最小相位系统）的对数渐近幅频特性曲线，求出该系统的开环传递函数（$\xi=0.5$），并判断系统的稳定性。

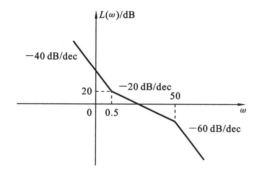

图 5-33 系统对数渐近幅频特性曲线

解 (1) 根据 $s^5+5s^4+10s^3+25s^2+39s+30=0$，列出劳斯表得

s^5	1	10	39
s^4	5	25	30
s^3	5	33	
s^2	-8	30	
s^1	51.75		
s^0	30		

该系统不稳定，由于第一列符号变化两次，故 s 平面右半部分的极点个数有两个。

(2) 开环幅相曲线与负实轴相交于 3 点。

$G(s) = \dfrac{k}{s^v}G_1(s)$，由题意可知 $v=1$，$\lim\limits_{s\to 0}G_1(s)=1$，以及系统的开环频率特性为

$$G(j\omega_i) = \dfrac{k}{j\omega_i}G(j\omega_i) \quad i=1,2,3$$

由题意知
$$k=500, \quad G(j\omega_1)=-50, \quad G(j\omega_2)=-20, \quad G(j\omega_3)=-0.05$$
令 $G(j\omega_i)=1$,可解得穿越临界稳定点为 $(-1,j0)$ 时对应的 k 值为
$$k_1=\frac{-1}{\frac{-50}{500}}=10, \quad k_2=\frac{-1}{\frac{-20}{500}}=25, \quad k_3=\frac{-1}{\frac{-0.05}{500}}=10000$$

系统开环幅相曲线如图 5-34 所示,判断系统稳定性:

当 $0<k<k_1$ 时,$R=2N=2(N^+-N^-)=0, Z=P-R=0$,闭环系统稳定;

当 $k_1<k<k_2$ 时,$R=2N=-2, Z=0+2=2$,闭环系统不稳定;

当 $k_2<k<k_3$ 时,$R=2(N^+-N^-)=0, Z=0$,闭环系统稳定;

当 $k>k_3$ 时,$N^+=1, N^-=2, R=2(N^+-N^-)=-2, Z=2$,闭环系统不稳定。

综上,当 $k\in(0,10)\cup(25,10000)$ 时,闭环系统稳定。

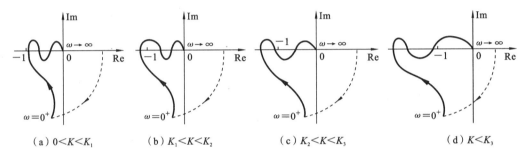

(a) $0<K<K_1$ (b) $K_1<K<K_2$ (c) $K_2<K<K_3$ (d) $K<K_3$

图 5-34 系统开环幅相曲线

(3) $$G(s)=\frac{k\left(\frac{1}{0.5}s+1\right)}{s^2\left(\frac{s^2}{\omega_n^2}+\frac{2\xi s}{\omega_n}+1\right)}, \quad \xi=0.5, \quad \omega_n=50$$

所以
$$G(s)=\frac{k\left(\frac{1}{0.5}s+1\right)}{s^2\left(\frac{s^2}{2500}+\frac{s}{50}+1\right)}$$

$$20\lg k-20\nu\lg 0.5=20$$

当 $\nu=2$ 时,解得 $k=2.5$,所以
$$G(s)=\frac{2.5\left(\frac{1}{0.5}+1\right)}{s^2\left(\frac{s^2}{2500}+\frac{s}{50}+1\right)}$$

当 $0.5\leqslant\omega_c<50$ 时,有
$$\frac{2.5\frac{\omega_c}{0.5}}{\omega_c^2}=1$$

解得 $\omega_c=5$

$$\gamma=180°-90°\times 2+\arctan\left(\frac{1}{0.5}\omega_c\right)-\arctan\frac{\frac{1}{50}\omega_c}{1-\frac{1}{2500}\omega_c^2}=78.5°>0°$$

所以系统稳定。

【习题 5-41】 设非最小相位系统的开环传递函数为
$$G(s)H(s)=\frac{K(\tau s+1)}{s(Ts-1)} \quad (\tau>0, T>0)$$
试应用奈奎斯特判据分析系统的稳定性。

解 开环频率特性为
$$G(j\omega)H(j\omega)=\frac{K(j\tau\omega+1)}{j\omega(jT\omega-1)}$$

开环幅频特性为
$$|G(j\omega)H(j\omega)|=\frac{K}{\omega}\frac{\sqrt{1+(\tau\omega)^2}}{\sqrt{1+(T\omega)^2}}$$

开环相频特性为
$$\angle G(j\omega)H(j\omega)=-90°-180°+\text{arctg}T\omega+\text{arctg}\tau\omega$$
$$=-270°+\text{arctg}T\omega+\text{arctg}\tau\omega$$

幅相特性曲线与负实轴的交点满足
$$\angle G(j\omega_g)H(j\omega_g)=-180°$$
$$\text{arctg}T\omega_g+\text{arctg}\tau\omega_g=90°$$
$$\text{arctg}\frac{T\omega_g+\tau\omega_g}{1-T\tau\omega_g^2}=90°$$

所以
$$\omega_g=\frac{1}{\sqrt{T\tau}}$$

$$|G(j\omega_g)H(j\omega_g)|=\frac{K\sqrt{1+\frac{1}{T\tau}\tau^2}}{\frac{1}{\sqrt{T\tau}}\sqrt{1+\frac{1}{T\tau}T^2}}=K\tau$$

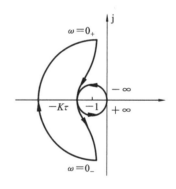

图 5-35 系统开环幅相特性曲线

由上面的分析,可大致绘出系统开环幅相特性曲线,如图 5-35 所示。

当 $K\tau>1$ 时,ω 为 $-\infty\to+\infty$,逆时针包围点 $(-1,j0)$ 一周,而 $p=1$,故闭环系统稳定。

当 $K\tau<1$ 时,ω 为 $-\infty\to+\infty$,顺时针包围点 $(-1,j0)$ 一周,闭环系统不稳定。

当 $K\tau=1$ 时,开环幅相特性曲线穿过点 $(-1,j0)$,闭环系统临界稳定。

【习题 5-42】 一单位负反馈控制系统的结构图如图 5-36 所示,其中 $G_2(s)$ 的 Bode 图如图 5-37 所示,$G_1(s)=e^{-\tau s}$,求使系统稳定的 τ 的取值范围。

图 5-36 一单位负反馈控制系统的结构图

解
$$G_1(s)=e^{-\tau s}, \quad G_2(s)=\frac{K}{s}\frac{\frac{1}{10}s+1}{\frac{1}{0.4}s+1}$$

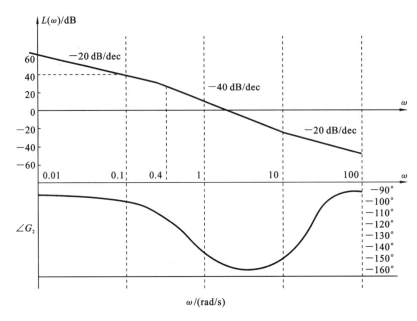

图 5-37 $G_2(s)$ 的 Bode 图

故
$$L(\omega)=20\lg|G_2(j\omega)|$$
$$\angle G_2(j\omega)=-90°-\arctan 2.5\omega+\arctan 0.1\omega$$

当 $\omega=0.1$ 时，$L(\omega)=40$ dB，所以
$$20\lg K-20\lg\omega=40\text{ dB},\quad 20\lg K=20,\quad K=10$$

当 $\omega_1=0.4$ 时，剪切频率满足
$$40-L(\omega_1)=20\lg\frac{0.4}{0.1},\quad L(\omega_1)=40-20\lg 4$$

当 $\omega=\omega_c$ 时，$40\lg\frac{\omega_c}{0.4}=L(\omega_1)=40-20\lg 4$，所以
$$\omega_c=2$$

相角裕度为
$$\gamma=180°+\angle G_2(j\omega_c)+\angle G_1(j\omega_c)$$
$$=180°-90°-\arctan 2.5\times 2+\arctan 0.1\omega_c-\tau 57.3°$$
$$=90°-\arctan 5+\arctan 0.2-\tau 57.3°$$

系统稳定，则 $\gamma>0$，所以
$$\tau<\frac{90°-\arctan 5+\arctan 0.2}{57.3°}=0.7$$

【习题 5-43】 已知负反馈系统的开环传递函数为
$$G(s)=\frac{4000(s+2)}{s^2(s+200)}$$

(1) 绘制它的对数幅频渐近特性曲线（标明线段斜率及转折频率）；
(2) 计算系统的相角裕度 γ；
(3) 该系统的幅值裕度是多少？

解 $G(s)=\dfrac{4000(s+2)}{s^2(s+200)}$，即 $G(s)=\dfrac{40(0.5s+1)}{s^2\left(\dfrac{1}{200}s+1\right)}$。

(1) 转折频率 $\omega_1=2, \omega_2=200$。

当 $0 \leqslant \omega < 2$ 时，$\dfrac{40}{\omega^2}=1 \Rightarrow \omega=6.32$（舍）。

当 $2 \leqslant \omega < 200$ 时，$\dfrac{40}{\omega^2}\dfrac{\omega}{2}=1 \Rightarrow \omega=20$，成立。

当 $\omega \geqslant 200$ 时，$\dfrac{40}{\omega^2}\dfrac{\frac{\omega}{2}}{\frac{\omega}{200}}=1 \Rightarrow \omega=63.25$（舍）。

综上，系统对数渐近幅频特性曲线如图 5-38 所示。

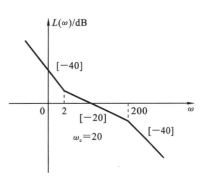

图 5-38　系统对数渐近幅频特性曲线

(2) $\gamma = 180° - 180° + \arctan\dfrac{1}{2}\omega_c - \arctan\dfrac{1}{200}\omega_c$
$= 78.6°$

(3) $\varphi(\omega_x) = -180° + \arctan\dfrac{1}{2}\omega_x - \arctan\dfrac{1}{200}\omega_x = -180°$

$\Rightarrow \arctan\dfrac{1}{2}\omega_x - \arctan\dfrac{1}{200}\omega_x = 0 \Rightarrow \omega_x = 0$

$|G(\omega_x)| = \infty \Rightarrow h = \dfrac{1}{|G(\omega_x)|} = 0$

【习题 5-44】 闭环控制系统的开环传递函数为 $G(s)H(s)=\dfrac{K\mathrm{e}^{-2s}}{s}$，试利用奈奎斯特判据判定当 K 取何值时系统稳定。

解
$$\begin{cases} |G(\mathrm{j}\omega)H(\mathrm{j}\omega)| = \dfrac{K}{\omega} \\ \angle G(\mathrm{j}\omega)H(\mathrm{j}\omega) = -2\omega - 90° \end{cases}$$

$-2\omega_x - 90° = -180° \Rightarrow \omega_x = 45° = \dfrac{\pi}{4}$（穿越频率）

根据奈奎斯特判据，要使系统稳定，开环幅相曲线不包括 $(-1,\mathrm{j}0)$ 点，那么对于临界稳定点，有

$$\dfrac{K}{\omega_x} = 1 \Rightarrow K = \omega_x = \dfrac{\pi}{4}$$

K 越大，$|G(\mathrm{j}\omega_x)|$ 越大。因此，当 $0 < K < \dfrac{\pi}{4}$ 时，系统稳定。

【习题 5-45】 已知单位负反馈系统的开环传递函数为

$$G(s) = \dfrac{k}{s(s+1)^2},\ k>0。$$

试根据奈奎斯特判据，确定系统稳定时 K 的范围。

解 由题意得 $P=0$，起点：$G(\mathrm{j}0) = \infty \angle -90°$；终点：$G(\mathrm{j}\infty) = 0 \angle -270°$。

该系统与实轴交点满足

$$G(\mathrm{j}\omega) = \dfrac{k}{\mathrm{j}\omega(\mathrm{j}\omega+1)^2} = \dfrac{-k[2\omega^2 + \mathrm{j}\omega(1-\omega^2)]}{\omega^2(\omega^2+1)^2}$$

系统奈奎斯特图如图 5-39 所示。

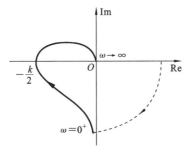

图 5-39　系统奈奎斯特图

当 $\omega^2=1$ 时,$G(j\omega)=-\dfrac{k}{2}$,要使系统稳定,应有 $Z=0$。

因为 $Z=P-2N$,所以 $N=0$,也就是奈奎斯特不包围点 $(-1,j0)$,则
$$-\dfrac{k}{2}>-1 \Rightarrow k<2$$

综上,$0<k<2$,此时系统稳定。

【习题 5-46】 某控制系统结构图如图 5-40 所示,当输入信号 $r(t)=t$ 时,要求系统的稳态误差小于 0.2,且增益裕量不小于 6 dB,试求增益 K 的取值范围。

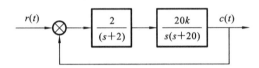

图 5-40 某控制系统结构图

解 由题意得
$$G(s)=\dfrac{2}{(s+2)}\dfrac{20k}{s(s+20)}=\dfrac{40k}{s(s+2)(s+20)}$$

则 $\quad D(s)=s(s+2)(s+20)+40k=s^3+22s^2+40s+40k$

由劳斯判据得

$$\begin{array}{c|cc} s^3 & 1 & 40 \\ s^2 & 22 & 40k \\ s^1 & 40-\dfrac{20}{11}k & \\ s^0 & 40k & \end{array}$$

当系统稳定时应满足
$$\begin{cases} k>0 \\ 40-\dfrac{20}{11}k>0 \end{cases} \Rightarrow 0<k<22$$

又有 $\quad G(s)=\dfrac{40k}{s(s+2)(s+20)}=\dfrac{k}{s\left(\dfrac{1}{20}s+1\right)\left(\dfrac{1}{2}s+1\right)}$

当 $r(t)=t$ 时,$k_v=\lim\limits_{s\to 0}sG(s)=k$。

又因为 $h>6$ dB,即
$$\gamma=180°-90°-\arctan\dfrac{1}{20}\omega_x-\arctan\dfrac{1}{2}\omega_x=-180°$$
$$\Rightarrow \omega_x=\sqrt{40}$$

则 $\quad A(\omega)=\dfrac{k}{\omega_x\sqrt{\left(\dfrac{1}{20}\omega_x\right)^2+1}\sqrt{\left(\dfrac{1}{2}\omega_x\right)^2+1}}=\dfrac{k}{22}$

又有 $\quad h=-20\lg A(\omega)\geqslant 6 \Rightarrow k\leqslant 11.03$

所以 $\quad e_{ss}(\infty)=\dfrac{1}{k_v}=\dfrac{1}{k}<0.2 \Rightarrow k>5$

综上,$5<k\leqslant 11.03$。

【习题 5-47】 已知单位负反馈传递系统开环传递函数为
$$G(s)=\frac{4}{s(s+\alpha)^2}$$
(1) 试确定函数 α,使系统的相角裕度 $\gamma=30°$;
(2) 在上述计算的基础上,求出系统的幅值裕度 h。

解 (1) 相频特性为
$$\angle G(j\omega)=-90°-2\arctan\left(\frac{\omega}{\alpha}\right)$$

幅频特性为
$$|G(j\omega)|=\frac{4}{\omega(\omega^2+\alpha^2)}$$

由题意,相角裕度和幅频特性满足以下关系:
$$\gamma=\pi+\angle G(j\omega_c)$$
$$|G(j\omega_c)|=1$$

解得截止频率为
$$\omega_c=1\ \text{rad/s},\quad \alpha=\sqrt{3}$$

因为频率 ω 的单位为 rad/s,所以这里均首先变换为弧度计算,以防出错。

(3) 令 $\angle G(j\omega_x)=-180°$,解得穿越频率为
$$\omega_x=\sqrt{3}\ \text{rad/s}$$

幅频为
$$|G(j\omega_x)|=2\sqrt{3}/9$$

幅值裕度为
$$h=1/|G(j\omega)|=2.60$$

【习题 5-47】 某单位负反馈系统的开环频率响应特性如表 5-5 所示。

表 5-5 某单位负反馈系统的开环频率响应特性

ω	2	3	4	5	6	7	8	10
$\|G_0(j\omega)\|$	10	8.5	6	4.18	2.7	1.5	1.0	0.6
$\angle G_0(j\omega)$	$-100°$	$-115°$	$-130°$	$-140°$	$-145°$	$-150°$	$-160°$	$-180°$

(1) 求系统的相角裕度和幅值裕度;
(2) 欲使系统具有 20 dB 的幅值裕度,系统的开环增益应变化多少?
(3) 欲使系统具有 40°的相角裕度,系统的开环增益应变化多少?

解 (1) 求系统的相应相角裕度和幅值裕度。

设 $G_0(s)$ 表示表 5-5 中相应的开环传递函数,则
$$|G_0(j8)|=1\Rightarrow\omega_c=8$$

则相角裕度为
$$\gamma=180°+\angle G_0(j8)=180°-160°=20°$$

由表 5-5 可见
$$\angle G_0(j10)=-180°\Rightarrow\omega_g=10$$

相应的幅值裕度为

$$K_g = \frac{1}{|G_0(j\omega)|} = \frac{1}{|G_0(j10)|} \approx 1.667$$

$$20\lg K_g = 20\lg 1.667 \approx 4.4387 \text{ dB}$$

(2) 设开环增益变化 K_1 倍时，系统具有 20 dB 的幅值裕度。根据相角裕度的定义，开环频率特性 $K_1 G_0(j\omega)$ 应满足方程

$$20\lg \frac{1}{|K_1 G_0(j\omega_g)|} = 20 \Rightarrow K_1|G_0(j\omega_g)| = 0.1$$

由表 5-5 可知 $|G_0(j\omega)| = 0.6$，故可得 $K_1 = \frac{1}{6}$，即当开环增益降为原来的 $\frac{1}{6}$ 时，幅值裕度为 20 dB。

(3) 欲使相角裕度为 40°，由相角裕度的定义，有

$$180° + \angle G_0(j\omega) = 40° \Rightarrow \angle G_0(j\omega) = -140°$$

由表 5-5 可知 $\omega_c = 5$，$|G_0(j5)| = 4.18$。

令 $\qquad K_2|G_0(j\omega_c)| = 1 \Rightarrow 4.18 K_2 \Rightarrow K_2 \approx 0.239$

即当开环增益减至原来的 0.239 时，相角裕度为 40°。

6 线性系统的校正设计

【习题 6-1】 设单位反馈的开环传递函数为

$$G_0(s)=\frac{K}{s(s+1)(0.5s+1)}$$

要求设计一串联校正网络,使校正后系统的开环增益 $K=5$,相角裕度不低于 $40°$,幅值裕度不小于 10 dB。

解 由题意,取 $K=5$,则待校正系统的传递函数为

$$G_0(s)=\frac{5}{s(s+1)(0.5s+1)}$$

(1) 绘制出待校正系统的对数幅频特性曲线,如图 6-1 中的 $L'(\omega)$ 所示,由图 6-1 得待校正系统的截止频率 $\omega'_c=1.78$ rad/s,计算出待校正系统的相角裕度为

$$\gamma'=180°-90°-(\arctan\omega'_c+\arctan 0.5\omega'_c)|_{\omega'_c=1.78}=-13°$$

表明待校正系统不稳定。

又由于 $\phi_m=\gamma-\gamma'=40°+13°=53°$,故考虑采用串联滞后校正。

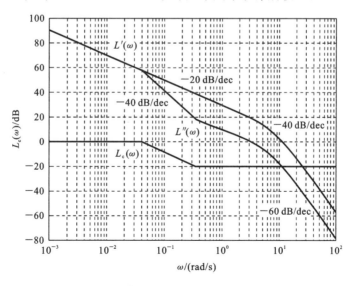

图 6-1 系统校正前后的对数幅频特性曲线

(2) 由要求的 γ'' 选择 ω''_c。选取 $\phi(\omega''_c)=-6°$,而要求 $\gamma''=40°$,于是 $\gamma'(\omega''_c)=\gamma''-\phi(\omega''_c)=46°$。由 $\gamma'=90°-\arctan\omega''_c-\arctan 0.5\omega''_c$,解得校正后系统的截止频率 $\omega''_c=$

0.54 rad/s。

(3) 确定滞后网络参数 b 和 T。当 $\omega_c''=0.54$ rad/s 时，由图 6-1 可以测得 $L'(\omega_c'')$=19.33 dB；再由 $20\lg b=-L'(\omega_c'')$，解得 $b=0.11$。令 $\dfrac{1}{bT}=0.1\omega_c''$，求得

$$T=168.35$$

于是串联滞后校正网络的对数幅频特性曲线 $L_c(\omega)$ 如图 6-1 所示，其传递函数为

$$G_c(s)=\dfrac{1+bTs}{1+Ts}=\dfrac{1+18.52s}{1+168.35s}$$

校正后系统的对数幅频特性曲线 $L''(\omega)$ 如图 6-1 所示，其传递函数为

$$G_0(s)G_c(s)=\dfrac{5(1+18.52s)}{s(s+1)(0.5s+1)(1+168.35s)}$$

(4) 验证性能指标。

$$\gamma''=180°+\angle G_0(j\omega_c'')G_c(j\omega_c'')$$
$$=90°+(\arctan 18.52\omega_c''-\arctan\omega_c''-\arctan 0.5\omega_c''-\arctan 168.5\omega_c'')|_{\omega_c''=0.54}$$
$$=41.44°>40°$$

再由 $\angle G_c(j\omega_x'')=-180°$，求得校正后系统的穿越频率为

$$\omega_x''=1.36 \text{ rad/s}$$

故增益裕度为

$$h''=-20\lg|G_0(j\omega_x'')G_c(j\omega_x'')|=14.05 \text{ dB}>10 \text{ dB}$$

满足性能指标要求。

【**习题 6-2**】 设单位反馈的开环传递函数为

$$G_0(s)=\dfrac{K}{s(s+1)(0.2s+1)}$$

试设计一串联校正装置，使系统满足 $K_v=8, \gamma(\omega_c)=40°$，并比较校正前后的截止频率。

解 由题意，取 $K=K_v=8$，则待校正系统的传递函数为

$$G_0(s)=\dfrac{8}{s(s+1)(0.2s+1)}$$

(1) 绘制出待校正系统的对数幅频特性曲线，如图 6-2 中的 $L'(\omega)$ 所示，由图 6-2 得待校正系统的截止频率 $\omega_c'=2.83$ rad/s，计算出待校正系统的相角裕度为

$$\gamma'=180°-90°-(\arctan\omega_c'+\arctan 0.2\omega_c')|_{\omega_c'=2.83}=-10.05°$$

表明待校正系统不稳定，故考虑采用串联滞后校正。

(2) 由要求的 γ'' 选择 ω_c''。选取 $\phi(\omega_c'')=-6°$，而要求 $\gamma''=40°$，于是

$$\gamma'(\omega_c'')=\gamma''-\phi(\omega_c'')=46°$$

由 $\gamma'=90°-\arctan\omega_c''-\arctan 0.2\omega_c''$，解得校正后系统的截止频率为

$$\omega_c''=0.72 \text{ rad/s}$$

(3) 确定滞后网络参数 b 和 T。当 $\omega_c''=0.72$ rad/s 时，由图 6-2 可以测得 $L'(\omega_c'')$=20.92 dB；再由 $20\lg b=-L'(\omega_c'')$，解得

$$b=0.09$$

令 $\dfrac{1}{bT}=0.1\omega_c''$，求得

$$T=154.32$$

于是串联滞后校正网络的对数幅频特性曲线 $L_c(\omega)$ 如图 6-2 所示,其传递函数为

$$G_c(s) = \frac{1+bTs}{1+Ts} = \frac{1+13.89s}{1+154.32s}$$

校正后系统的对数幅频特性曲线 $L''(\omega)$ 如图 6-2 所示,其传递函数为

$$G_0(s)G_c(s) = \frac{8(1+13.89s)}{s(s+1)(0.2s+1)(1+154.32s)}$$

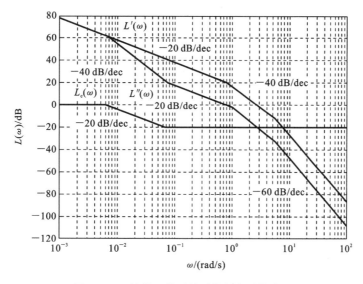

图 6-2　系统校正前后的对数幅频特性曲线

(4) 验证性能指标。

$$\begin{aligned}\gamma'' &= 180° + \angle G_0(j\omega_c'')G_c(j\omega_c'') \\ &= 90° + (\arctan 13.89\omega_c'' - \arctan\omega_c'' - \arctan 0.2\omega_c'' - \arctan 154.32\omega_c'')\big|_{\omega_c''=0.72} \\ &= 40.87° > 40°\end{aligned}$$

满足性能指标要求。

系统校正前的截止频率为 $\omega_c' = 2.83$ rad/s,相角裕度为 $\gamma' = -10.05°$,闭环系统不稳定;采用滞后校正后的截止频率为 $\omega_c'' = 0.72$ rad/s,相角裕度 $\gamma'' = 40.87°$,闭环系统稳定。这表明滞后校正通过减小系统的截止频率来提高系统的相角裕度。

【习题 6-3】　设单位反馈系统的开环传递函数为

$$G_0(s) = \frac{K}{s(s+1)(s+5)}$$

(1) 绘制系统根轨迹,确定阻尼比 $\xi=0.3$ 的 K 值;

(2) 串入校正网络 $G_c(s) = \frac{10(10s+1)}{100s+1}$,求闭环响应仍具有相同阻尼比的新的 K 值;

(3) 比较待校正系统与校正系统和校正后系统的速度误差系数和调节时间。

解　(1) 绘制系统根轨迹图。待校正系统的根轨迹如图 6-3 所示,并作 $\xi=0.3$ 的等阻尼线。由图 6-3 可知,待校正系统在 $\xi=0.3$ 时的闭环极点为 $s=-0.344\pm j1.09$,则待校正系统的增益为

$$K = |s(s+1)(s+5)|\big|_{s=-0.344\pm j1.09} = 6.95$$

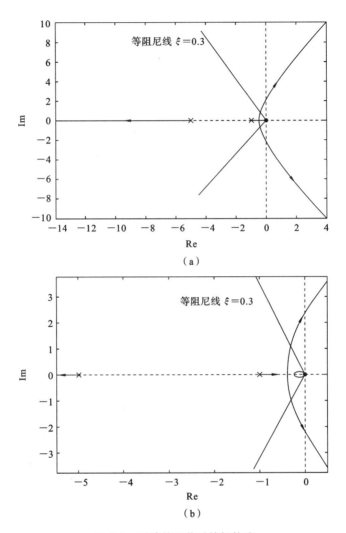

图 6-3 系统校正前后的根轨迹

（2）求校正后系统的 K 值。

$$G_0(s)G_c(s) = \frac{10K(1+10s)}{s(s+1)(s+5)(100s+1)} = \frac{K(s+0.1)}{s(s+1)(s+5)(s+0.01)}$$

滞后校正后系统的根轨迹如图 6-3 所示，并作 $\xi=0.3$ 的等阻尼线。

由图 6-3 可知，校正后系统在 $\xi=0.3$ 时的闭环极点为 $s=-0.316\pm j0.994$，因而校正后闭环系统的增益为

$$K = \left| \frac{s(s+1)(s+5)(s+0.01)}{s+0.1} \right|_{s=-0.316\pm j0.99} = 6.14$$

（3）比较。由图 6-3 可知，当阻尼比 $\xi=0.3$ 时，待校正系统的主导闭环极点为 $s=-0.344\pm j1.09$，因而调节时间为

$$t_s = \frac{4.4}{\xi\omega_n} = \frac{4.4}{0.344} = 12.79\text{s}(\Delta=2\%)$$

速度误差系数为

$$K_v = \frac{6.95}{5} = 1.39$$

由图 6-3 可知，当阻尼比 $\xi=0.3$ 时，校正后系统的主导闭环极点为 $s=-0.316\pm j0.994$，于是调节时间为

$$t_s=\frac{4.4}{\xi\omega_n}=\frac{4.4}{0.316}=13.92s(\Delta=2\%)$$

速度误差系数为

$$K_v=\frac{6.14\times 0.1}{5\times 0.01}=12.28$$

表明校正后系统的速度误差可减少 8.8 倍。

【习题 6-4】 设单位反馈系统的开环传递函数为

$$G_0(s)=\frac{K}{s(s+1)}$$

试设计串联校正装置，使校正后系统的阻尼比 $\xi=0.7$，调节时间 $t_s=1.4s(\Delta=5\%)$，速度误差系数 $K\geqslant 2$。

解 令串联校正装置的传递函数为

$$G_c(s)=\frac{p(s+1)}{s+p}$$

校正后系统的开环传递函数为

$$G(s)=G_0(s)G_c(s)=\frac{pK}{s(s+p)}$$

校正后系统的闭环传递函数为

$$\Phi(s)=\frac{pK}{s^2+ps+Kp}$$

则

$$\omega_n=\sqrt{Kp},\quad 2\xi\omega_n=p$$

由校正后系统的调节时间 $t_s\leqslant 1.4$，即 $\frac{3.5}{\xi\omega_n}=1.4$；再由校正后系统的阻尼比 $\xi=0.7$，解得

$$\omega_n=3.57$$

由 $\omega_n=\sqrt{Kp}$ 和 $2\xi\omega_n=p$，解得

$$p=5.0,\quad K=2.55$$

由校正后系统的开环传递函数，可知 $K=K_v=2.55>2$，满足设计要求，所以串联校正装置传递函数为

$$G_c(s)=\frac{5(s+1)}{s+5}$$

【习题 6-5】 设单位反馈系统的开环传递函数为

$$G_0(s)=\frac{K}{s(0.05s+1)(0.25s+1)(0.1s+1)}$$

若要求校正系统的开环增益不小于 12，超调量小于 30%，调节时间小于 6 s($\Delta=5\%$)，试确定串联滞后校正装置的传递函数。

解 由题意，取 $K=12$，则待校正系统的传递函数为

$$G_0(s)=\frac{12}{s(0.05s+1)(0.25s+1)(0.1s+1)}$$

(1) 绘制出待校正系统的对数幅频特性曲线，如图 6-4 中的 $L'(\omega)$ 所示，由图 6-4

得待校正系统的截止频率 $\omega'_c = 6.39$ rad/s，计算出待校正系统的相角裕度为
$$\gamma' = 180° - 90° - (\arctan 0.05\omega'_c + \arctan 0.25\omega'_c + \arctan 0.1\omega'_c)|_{\omega'_c = 6.39}$$
$$= -23.83°$$

表明待校正系统不稳定。

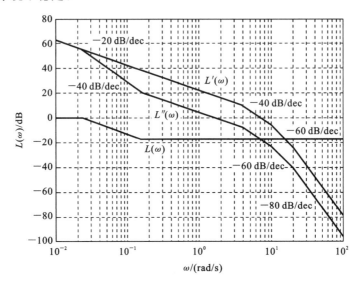

图 6-4 系统校正前后对数幅频特性曲线

(2) 将 $\sigma\%$ 及 t_s 转换为相应的频域指标，由
$$\sigma\% = 100[0.16 + 0.4(M_r - 1)]\% < 30\%$$
$$t_s = \frac{K_0 \pi}{\omega_c} < 6, \quad K_0 = 2 + 1.5(M_r - 1) + 2.5(M_r - 1)^2$$

可求得
$$M_r < 1.35, \quad \omega_c > 1.48 \text{ rad/s}$$

再由 $M_r = \dfrac{1}{\sin\gamma}$ 解得
$$\gamma > 47.79°$$

由于 $\gamma' < 0$ 和 $\omega_c < \omega'_c$，故考虑采用滞后校正。

(3) 由要求的 γ'' 选择 ω''_c。选取 $\phi(\omega''_c) = -6°$，而要求 $\gamma > 47.79°, \gamma'' = 48°$，于是
$$\gamma'(\omega''_c) = \gamma'' - \phi(\omega''_c) = 54°$$

由
$$\gamma' = 90° - (\arctan 0.05\omega''_c + \arctan 0.25\omega''_c + \arctan 0.1\omega''_c)$$

解得校正后系统的截止频率
$$\omega''_c = 1.59 \text{ rad/s}$$

(4) 确定滞后网络参数 b 和 T。当 $\omega''_c = 1.59$ rad/s 时，由图 6-4 可以测得 $L(\omega''_c) = 17.56$ dB；再由 $20\lg b = -L'(\omega''_c)$，解得
$$b = 0.1325$$

令 $\dfrac{1}{bT} = 0.1\omega''_c$，求得
$$T = 47.47$$

于是串联滞后校正网络的对数幅频特性曲线 $L_c(\omega)$ 如图 6-4 所示,其传递函数为
$$G_c(s)=\frac{1+bTs}{1+Ts}=\frac{1+6.29s}{1+47.47s}$$
校正后系统的对数幅频特性曲线 $L''(\omega)$ 如图 6-4 所示,其传递函数为
$$G_0(s)G_c(s)=\frac{12(1+6.29s)}{s(0.05s+1)(0.25s+1)(0.1s+1)(1+47.47s)}$$

(5) 验证性能指标。
$$\begin{aligned}\gamma''&=180°+\angle G_0(\mathrm{j}\omega''_c)G_c(\mathrm{j}\omega''_c)\\&=90°+(\arctan 6.29\omega''_c-\arctan 0.05\omega''_c-\arctan 0.25\omega''_c\\&\quad-\arctan 0.1\omega''_c-\arctan 47.47\omega''_c)|_{\omega''_c=1.59}\\&=49.79°>47.79°\end{aligned}$$
满足性能指标要求。

【习题 6-6】 单位反馈系统的开环传递函数为 $G(s)=\dfrac{1000}{s(Ts+1)}$。

(1) 设 $T=0.01$,试用频域法设计串联比例-积分控制器 $G_c(s)=K_P\left(1+\dfrac{1}{T_1 s}\right)$ 的参数,使系统的幅值穿越频率 $\omega_c=100\ \mathrm{rad/s}$,相角裕度 $\gamma=60°$,并绘制校正前和校正后系统开环传递函数的对数幅频特性曲线和相频特性曲线。

(2) 串联上述比例-积分控制器后,为使系统稳定,参数 T 的变化范围为多少?系统可以做到对速度输入信号无静差吗?可以做到对加速度输入信号无静差吗?

解 (1) 由题意得,系统串联比例-积分控制器 $G_c(s)=K_P\left(1+\dfrac{1}{T_1 s}\right)$ 后,系统的开环传递函数为
$$G(s)G_c(s)=K_P\left(1+\frac{1}{T_1 s}\right)\frac{1000}{s(Ts+1)}$$
由于 $T=0.001$,当系统的幅值穿越频率 $\omega_c=100\ \mathrm{rad/s}$,相角裕度 $\gamma=60°$ 时,有
$$\begin{cases}\gamma(\omega_c)=180°-90°-90°+\arctan(T_1\omega_c)-\arctan(T\omega_c)=60°\\|G(\mathrm{j}\omega_c)G_c(\mathrm{j}\omega_c)|=1\end{cases}$$
解方程,得
$$\begin{cases}K_P=0.09149\\T_1=0.022\end{cases}$$

校正前,系统开环传递函数的对数幅频特性曲线和相频特性曲线如图 6-5 和图 6-6 所示。

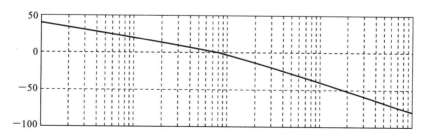

图 6-5 校正前系统开环传递函数的对数幅频特性曲线

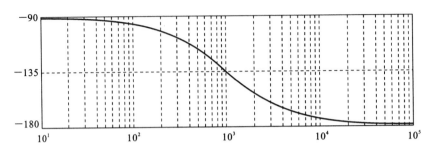

图 6-6 校正前系统开环传递函数的相频特性曲线

校正后,系统开环传递函数的对数幅频特性曲线和相频特性曲线如图 6-7 和图 6-8 所示。

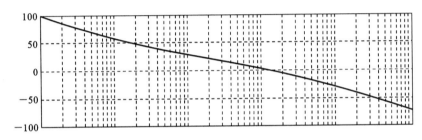

图 6-7 校正后系统开环传递函数的对数幅频特性曲线

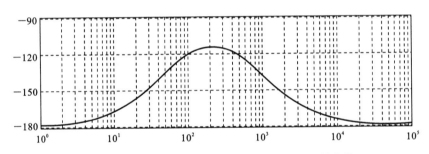

图 6-8 校正后系统开环传递函数的对数相频特性曲线

（2）串联比例-积分控制器后,系统的闭环特征方程为
$$D(s)=T_1Ts^3+T_1s^2+1000K_\mathrm{P}T_1s+1000K_\mathrm{P}=0$$
使用劳斯判据对系统进行稳定性判别,则
$$\begin{cases}T_1T>0\\T_1>0\\1000K_\mathrm{P}(T_1-T)>0\end{cases}$$
故为保证系统稳定,应满足的条件是
$$T_1>T$$

校正后的系统为 II 型系统,可以实现对速度信号的无静差跟踪,但对加速度信号有静差。

【习题 6-7】 设某单位反馈系统的开环传递函数为
$$G(s)=\frac{K}{s(0.1s+1)(0.2s+1)}$$
要求:(1) 系统开环增益 $K_\mathrm{v}=30\text{ s}^{-1}$;(2) 系统相角裕度 $\gamma\geqslant 45°$;(3) 系统截止频率 $\omega_\mathrm{c}=$

12 rad/s。试确定串联滞后-超前校正环节的传递函数。

解 由题意可知，令 $\lim\limits_{s\to 0} sG(s) = K_v = 30\ \text{s}^{-1}$，得

$$K_v = 30$$

令 $|G(j\omega)| = 1$，可解方程得初始截止频率为

$$\omega_{c0} = 9.77\ \text{rad/s} < \omega_c'$$

相角裕度为

$$\gamma(\omega_{c0}) = 180° - 90° - \arctan(0.1\omega_c') - \arctan(0.2\omega_c') = -17.23°$$

故选取滞后-超前校正，设滞后-超前校正传递函数为

$$G_c(s) = \frac{\alpha T_1 s + 1}{T_1 s + 1} \cdot \frac{T_2 s + 1}{\beta T_2 s + 1}$$

依经验选取 $\alpha = \beta = 10$，选取滞后部分的两个交接频率为

$$\omega_1 = \frac{1}{\beta T_2},\quad \omega_2 = \frac{1}{T_2} = 0.1\omega_c'$$

则

$$T_2 = 0.833$$

选取超前部分的两个交接频率为

$$\omega_3 = \frac{1}{\alpha T_1},\quad \omega_4 = \frac{1}{T_1}$$

根据直线方程

$$\frac{-L_0(\omega_c') - 0}{\lg \omega_c' - \lg \omega_4} = 20$$

则

$$T_1 = 0.135$$

故滞后-超前校正系统传递函数为

$$G_c(s) = \frac{1.35s + 1}{0.135s + 1} \cdot \frac{0.833s + 1}{8.33s + 1}$$

矫正后系统的传递函数为

$$G(s) = G_0(s)G_c(s) = \frac{30}{s(0.1s+1)(0.2s+1)} \cdot \frac{1.35s+1}{0.135s+1} \cdot \frac{0.833s+1}{8.33s+1}$$

【**习题 6-8**】 某单位负反馈控制系统，其控制对象传递函数为

$$G_0(s) = \frac{K}{s(0.05s+1)(0.2s+1)}$$

利用根轨迹法设计串联校正无源网络，使校正后性能指标：

(1) $K_v \geq 8\ \text{rad/s}$；

(2) $\sigma\% \leq 20\%$，$t_s \leq 2\ \text{s}$。

试确定校正网络传递函数及其实现。

解 由题意得系统根轨迹参数为

$$n = 3,\quad m = 0$$

实轴上根轨迹为 $(-\infty, -20) \cup (-5, 0)$，渐近线为

$$\sigma_p = \frac{p + p + p}{n - m} = -8.33$$

$$k = \frac{(2l+1)\pi}{n-m} = \frac{\pi}{3}, \pi, \frac{5\pi}{3}$$

实轴上分离点：令 $\dfrac{dK}{ds} = 0$，解得

$$s_1 = -2.32, \quad s_2 = -14.34 (舍去)$$

系统根轨迹如图 6-9 所示。

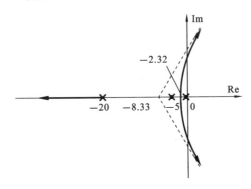

图 6-9 系统根轨迹

按照给定的性能要求，计算得期望主导极点为

$$s_{1,2} = -\xi\pi \pm j\omega_n\sqrt{1-\xi^2} = -2.2 \pm 1.4j$$

将系统开环传递函数化为

$$G_0(s) = \frac{100K}{s(s+20)(s+5)} = -1$$

由幅角条件验证

$$\angle \frac{100K}{s(s+20)(s+5)} \bigg|_{s=-2.2+1.4j} = 180°$$

该点在原根轨迹上，不需要移动根轨迹。

由幅值条件求取根轨迹过主导极点时的增益 $K = 1.539 \leqslant 8$，故不满足稳态性能要求，需进行积分校正，增大系统的开环增益，以改善稳态性能。系统要求的开环增益为 $K_1 = K_c K = 8$，积分校正装置需提供的增益补偿为 $K_c = \dfrac{K_1}{K_0} = 5.20$，为使计算方便，取为 $K_c = 6$，则零点、极点比值为 $\dfrac{z_i}{p_i} = 6$。设积分校正装置 $G_c(s) = \dfrac{s+z_i}{s+p_i}$，为使积分装置新增加的零点、极点不影响根轨迹的幅值条件和相角条件，需遵循下述两个条件：

① 为保证不影响系统动态性能，z_i 和 p_i 的距离应尽可能小；
② 为提供较大增益，偶极子应尽量靠近虚轴。

取 $z_i = 0.030$，$p_i = 0.005$，这时 $K_c = 6$，则积分校正装置为

$$G_c(s) = \frac{s+0.030}{s+0.005}$$

此时串联积分校正的开环系统为

$$G_0(s)G_c(s) = \frac{s+0.030}{s+0.005} \frac{153.9}{s(s+20)(s+5)}$$

串联积分校正系统的开环增益为

$$K_1 = K_c K = 9.234 > 8$$

满足了给定的稳态精度要求。

【习题 6-9】 已知待校正系统的开环传递函数为

$$G_0(s) = \frac{10}{s(0.25s+1)(0.05s+1)}$$

若要求校正后系统的谐振峰值 $M_r=1.4$,谐振频率 $\omega_r>8$,试确定校正装置。

解 由校正后系统的谐振峰值 $M_r=1.4$ 和 $M_r=\dfrac{1}{\sin\gamma}$,可解得校正后系统的相角裕度为

$$\gamma = 45.58°$$

(1) 绘制出待校正系统的对数幅频渐近特性曲线,如图 6-10 中的 $L'(\omega)$ 所示,由图 6-10 得待校正系统的截止频率 $\omega_c'=6.32$ rad/s,计算出待校正系统的相角裕度为

$$\gamma' = 180° - 90° - \arctan 0.05\omega_c' - \arctan 0.25\omega_c' \big|_{\omega_c'=6.32} = 14.79° < \gamma$$

故考虑采用超前校正。

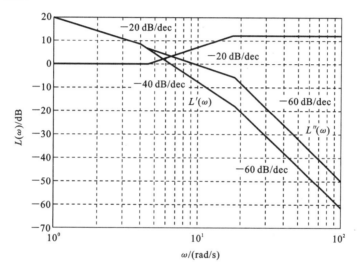

图 6-10 系统校正前后的 Bode 图

(2) 确定滞后网络参数 a 和 T。取 $\omega_c''=9$ rad/s,由图 6-10 可以测得

$$L'(\omega_c'') = -6.13 \text{ dB}$$

再由 $-L'(\omega_c'') = 10\lg a$,解得

$$a = 4.1$$

令 $T = \dfrac{1}{\omega_c''\sqrt{a}}$,求得

$$T = 0.056$$

于是串联超前校正网络的对数幅频渐近特性曲线 $L_c(\omega)$ 如图 6-10 所示,其传递函数为

$$G_c(s) = \frac{1+aTs}{1+Ts} = \frac{1+0.224s}{1+0.056s}$$

校正后系统的对数幅频渐近特性曲线 $L''(\omega)$ 如图 6-10 所示,其传递函数为

$$G_0(s)G_c(s) = \frac{10(1+0.224s)}{s(0.05s+1)(0.25s+1)(1+0.056s)}$$

(3) MATLAB 验证。

校正后系统的 Bode 图如图 6-11 所示，测得
$$M_r = 1.4, \quad \omega_c' = 8.52 \text{ rad/s}$$

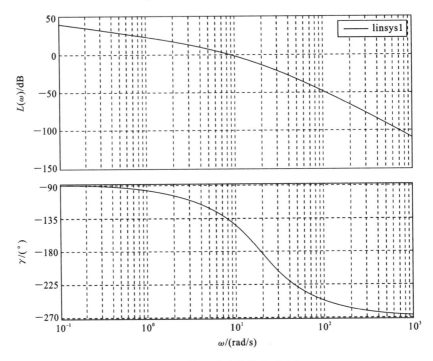

图 6-11　校正后系统的 Bode 图

【**习题 6-10**】　设单位反馈系统的开环传递函数为
$$G_0(s) = \frac{K}{s(0.1s+1)(0.01s+1)}$$

要求静态速度误差系数 $K_v \geqslant 100 \text{ s}^{-1}$，$\gamma \geqslant 40°$，截止频率 $\omega_c = 20 \text{ rad/s}$，设计串联校正装置。

解　由题意可知 $\lim\limits_{s \to 0} sG(s) = K_v = 100 \text{ s}^{-1}$，故直接取 $K = K_v = 100 \text{ s}^{-1}$。

令 $|G(j\omega)| = 1$，可解方程得初始截止频率为
$$\omega_{c0} = 30.1 \text{ rad/s}$$

选取超前-滞后校正，设超前校正传递函数为
$$G_{c1}(s) = \frac{\alpha Ts+1}{Ts+1}$$
$$\gamma_0 = 180° - 90° - (\arctan 0.1\omega_c' + \arctan 0.01\omega_c')|_{\omega_c' = 1.78} = 15.26° < 40°$$

所以
$$\varphi_m = \gamma - \gamma_0 + 6° = 30.74°$$
$$\alpha = \frac{1 + \sin\varphi_m}{1 - \sin\varphi_m} = 3.0$$
$$\frac{1}{\sqrt{\alpha}T} = \omega_c'$$

得
$$T = 0.028$$

校正后系统传递函数为
$$G_{c1}(s)G_0(s) = \frac{100(0.08s+1)}{s(0.1s+1)(0.01s+1)(0.028s+1)}$$

校正后系统为
$$L'(\omega_c') = 11.7 \text{ dB}$$

设滞后校正传递函数为
$$G_{c2}(s) = \frac{\beta Ts+1}{Ts+1}$$

$$\frac{1}{\beta T} = 0.1\omega_c - 20\log\beta = 11.7 \text{ dB}$$

得
$$\beta = 0.26, \quad T = 1.92$$
$$G_{c2}(s) = \frac{0.5s+1}{1.92s+1}$$

校正后系统为
$$G_{c1}(s)G_{c2}(s)G_0(s) = \frac{100(0.08s+1)(0.5s+1)}{s(0.1s+1)(0.01s+1)(0.028s+1)(1.92s+1)}$$

验算指标：
(1) 静态速度误差系数 $K_v \geq 100 \text{ s}^{-1}$；
(2) 系统截止频率 $\omega_c' = 20 \text{ rad/s}$，满足要求；
(3) 系统相角裕度 $\gamma'' = 180° - \angle G(j\omega_c') = 42° > 40°$，满足要求。

故校正系统符合要求。

【习题 6-11】 设单位反馈系统的开环传递函数为
$$G_0(s) = \frac{K}{s(0.1s+1)(0.2s+1)}$$

试设计一校正装置，使系统满足下列性能指标：
(1) 静态速度误差系数 $K_v = 30$；
(2) 相角裕度 $\gamma \geq 40°$；
(3) 对于频率为 $\omega = 0.1$、振幅为 $3°$ 的正弦输入信号，稳态误差的振幅不大于 $0.1°$。

解 由题意，取 $K = K_v = 30$，则待校正系统的传递函数为
$$G_0(s) = \frac{30}{s(0.1s+1)(0.2s+1)}$$

(1) 绘制出待校正系统的对数幅频特性曲线，如图 6-12 中的 $L'(\omega)$ 所示，由图 6-12 得待校正系统的截止频率 $\omega_c' = 9.67 \text{ rad/s}$，计算出待校正系统的相角裕度为
$$\gamma' = 180° - 90° - (\arctan 0.1\omega_c' + \arctan 0.2\omega_c')|_{\omega_c' = 12.25} = -17°$$

表明待校正系统不稳定，故考虑采用滞后校正。

(2) 由要求的 γ'' 选择 ω_c''。选取 $\varphi(\omega_c'') = -6°$，而要求 $\gamma'' = 40°$，于是
$$\gamma'(\omega_c'') = \gamma'' - \varphi(\omega_c'') = 46°$$

由
$$\gamma' = 90° - \arctan 0.1\omega_c'' - \arctan 0.2\omega_c''$$

解得校正后系统的截止频率为
$$\omega_c'' = 2.74 \text{ rad/s}$$

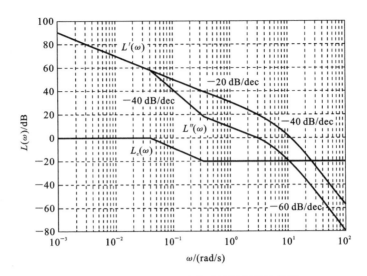

图 6-12 校正前后系统的对数幅频特性曲线

(3) 确定滞后网络参数 b 和 T。当 $\omega''_c = 2.74$ rad/s 时，由图 6-12 可以测得
$$L'(\omega''_c) = 20.79 \text{ dB}$$

再由 $-L'(\omega''_c) = 20\lg b$，解得
$$b = 0.0913$$

令 $0.1\omega''_c = \dfrac{1}{bT}$，求得
$$T = 26.07$$

于是串联滞后校正网络的对数幅频特性曲线 $L_c(\omega)$ 如图 6-12 所示，其传递函数为
$$G_c(s) = \frac{1+bTs}{1+Ts} = \frac{1+2.61s}{1+26.07s}$$

校正后系统的对数幅频特性曲线 $L''(\omega)$ 如图 6-12 所示，其传递函数为
$$G_0(s)G_c(s) = \frac{30(1+2.61s)}{s(0.1s+1)(0.2s+1)(1+26.07s)}$$

(4) MATLAB 验证。

① $K = K_v = 30$，满足要求。

② $\gamma = 180° - 140° = 40°$，满足要求。

③ $\Phi_e(s) = \dfrac{E(s)}{R(s)} = \dfrac{1}{1+G_0(s)G_c(s)}$

$= \dfrac{s(0.1s+1)(0.2s+1)(1+26.07s)}{s(0.1s+1)(0.2s+1)(1+26.07s)+30(1+2.61s)}$

则 $\Phi_e(j\omega) = \dfrac{j\omega(0.1j\omega+1)(0.2j\omega+1)(1+26.07j\omega)}{j\omega(0.1j\omega+1)(0.2j\omega+1)(1+26.07j\omega)+30(1+2.61j\omega)}$

将 $\omega = 0.1$ 代入，则有
$$|\Phi_e(0.1j)| = 0.0285$$

又因为输入信号的振幅为 3，则稳态误差的振幅为
$$3|\Phi_e(0.1j)| = 0.0855° < 0.1°$$

满足要求。

校正后系统的 Bode 图如图 6-13 所示。

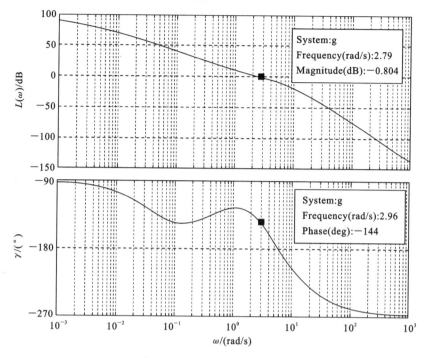

图 6-13　校正后系统的 Bode 图

【习题 6-12】 已知某最小相位系统开环对数幅频特性曲线如图 6-14 所示。

(1) 写出开环传递函数 $G_0(s)$ 一种可能的形式；

(2) 假定系统动态性能已满足要求，欲将稳态误差降为原来的 1/10，试设计串联校正装置，并绘制系统校正后的对数幅频特性曲线。

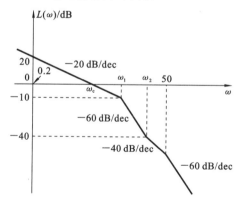

图 6-14　某最小相位系统开环对数幅频特性曲线

解　(1) 确定 $G_0(s)$。由系统的开环对数幅频特性曲线可知，系统的开环传递函数为

$$G_0(s) = \frac{K\left(\dfrac{1}{\omega_2}s+1\right)}{s\left(\dfrac{1}{\omega_1}s+1\right)^2\left(\dfrac{1}{50}s+1\right)}$$

再由系统的开环对数幅频特性曲线的几何特性，可得

$$20\lg\frac{K}{0.2}=20 \rightarrow K=2, \quad 20\lg\frac{\omega_c}{0.2}=20 \rightarrow \omega_c=2$$

$$20\lg\frac{\omega_1}{\omega_2}=10 \rightarrow \omega_1=6.32, \quad 60\lg\frac{\omega_2}{\omega_1}=30 \rightarrow \omega_2=20$$

故系统的开环传递函数为

$$G_0(s)=\frac{2\left(\frac{1}{20}s+1\right)}{s\left(\frac{1}{6.32}s+1\right)^2\left(\frac{1}{50}s+1\right)}$$

(2) 设计 $G_c(s)$。由系统的开环对数幅频特性曲线可知,开环系统的截止频率对应开环系统的相角裕度为

$$\gamma=180°+\angle G_0(\mathrm{j}\omega_c)$$
$$=90°+\left(\arctan\frac{\omega_c}{20}-2\arctan\frac{\omega_c}{6.32}-\arctan\frac{\omega_c}{50}\right)\Big|_{\omega_c=2}=58.3°$$

由题意知,若稳态误差降为原来的 $\frac{1}{10}$,并保持系统的动态性能,故串联校正网络可选用滞后-超前校正网络,设其传递函数为

$$G_c(s)=\frac{10\left(\frac{1}{\omega_{c1}}s+1\right)\left(\frac{1}{\omega_{c2}}s+1\right)}{\left(\frac{1}{\omega_{c3}}s+1\right)\left(\frac{1}{\omega_{c4}}s+1\right)} \quad (\omega_{c1}>\omega_{c2}>\omega_{c3}>\omega_{c4})$$

为了将系统的稳态速度误差降为原来的 $\frac{1}{10}$,可将校正前系统的开环对数幅频特性曲线的低频段向上平移 20 dB,同时选取 $\omega_{c1}=0.2$ rad/s,过 ω_{c1} 作斜率为 -40 dB/dec 的直线,交低频段 $\omega_{c3}=0.02$ rad/s 处。

为了保持系统的动态性能,可保持校正前系统的开环对数幅频特性曲线的中频段,同时选取 $\omega_{c2}=6.32$ rad/s,则校正后系统的传递函数为

$$G(s)=G_c(s)G_0(s)=\frac{20\left(0.2s+1\right)\left(\frac{1}{20}s+1\right)}{s\left(\frac{1}{0.02}s+1\right)\left(\frac{1}{6.32}s+1\right)\left(\frac{1}{50}s+1\right)\left(\frac{1}{\omega_{c4}}s+1\right)}$$

校正后系统的截止频率为

$$\omega'_c=2 \text{ rad/s}$$

校正后系统的相角裕度为

$$\gamma'=180°+\angle G_0(\omega'_c)G_c(\omega'_c)$$
$$=90°+\left(\arctan\frac{\omega'_c}{0.2}+\arctan\frac{\omega'_c}{20}-\arctan\frac{\omega'_c}{0.02}-\arctan\frac{\omega'_c}{6.32}-\arctan\frac{\omega'_c}{50}-\arctan\frac{\omega'_c}{\omega_{c4}}\right)\Big|_{\omega'_c=2}$$

令 $\gamma'=\gamma=58.3°$,解得

$$\omega_{c4}=9.07 \text{ rad/s}$$

滞后-超前校正网络的开环传递函数为

$$G_c(s)=\frac{10\left(\frac{1}{0.2}s+1\right)\left(\frac{1}{6.32}s+1\right)}{\left(\frac{1}{0.02}s+1\right)\left(\frac{1}{9.07}s+1\right)}$$

校正后系统的开环传递函数为

$$G(s)=G_c(s)G_0(s)=\frac{20\left(\frac{1}{0.2}s+1\right)\left(\frac{1}{20}s+1\right)}{s\left(\frac{1}{0.02}s+1\right)\left(\frac{1}{6.32}s+1\right)\left(\frac{1}{50}s+1\right)\left(\frac{1}{9.07}s+1\right)}$$

系统校正前后的对数幅频特性曲线如图 6-15 所示。

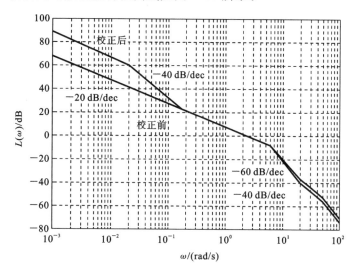

图 6-15　系统校正前后的对数幅频特性曲线

【**习题 6-13**】 设单位反馈系统的开环传递函数为

$$G_0(s)=\frac{4K}{s(s+2)}$$

试设计一串联校正装置,使系统满足下列性能指标:

(1) 在单位斜坡输入下的稳态误差 $e_{ss}(\infty)=0.05$;

(2) 相角裕度 $\gamma \geqslant 45°$;

(3) 幅值裕度 $K_g \geqslant 10$ dB。

解　待校正系统的开环传递函数为

$$G_0(s)=\frac{2K}{s(0.5s+1)}$$

即

$$K_v=2K$$

系统在单位斜坡输入下的稳态误差要求 $e_{ss}(\infty)=\frac{1}{K_v}=0.05$,即 $K_v=20$,故取 $K=10$,则待校正系统的传递函数为

$$G_0(s)=\frac{20}{s(0.5s+1)}$$

(1) 绘制出待校正系统的对数幅频特性曲线,如图 6-16 中的 $L'(\omega)$ 所示,由图 6-16 得待校正系统的截止频率 $\omega'_c=6.32$ rad/s,计算出待校正系统的相角裕度为

$$\gamma'=180°-90°-\arctan 0.5\omega'_c\big|_{\omega'_c=6.32}=17.56°$$

表明待校正系统稳定,故考虑采用超前校正。

(2) 确定超前网络参数 a 和 T。选取 $\omega''_c=10$ rad/s,由图 6-16 可以测得

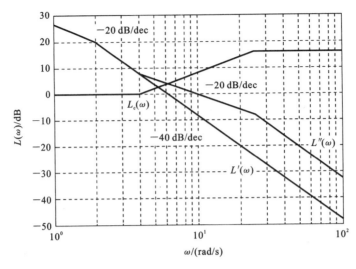

图 6-16 系统校正前后的对数幅频特性曲线

$$L'_c(\omega''_c) = -7.96 \text{ dB}$$

再由 $10\lg a = -L'_c(\omega''_c)$,解得

$$a = 6.25$$

令 $T = \dfrac{1}{\omega''_c \sqrt{a}}$,求得

$$T = 0.04$$

于是串联超前校正网络的对数幅频特性曲线 $L_c(\omega)$ 如图 6-16 所示,其传递函数为

$$G_c(s) = \dfrac{1+aTs}{1+Ts} = \dfrac{1+0.25s}{1+0.04s}$$

将放大器增益提高 a 倍,校正后系统的对数幅频特性曲线 $L''_c(\omega)$ 如图 6-16,其传递函数为

$$aG_0(s)G_c(s) = \dfrac{20(1+0.25s)}{s(0.5s+1)(0.04s+1)}$$

(3) 验证性能指标。

$$\begin{aligned}\gamma'' &= 180° + \angle aG_0(j\omega''_c)G_c(j\omega''_c) \\ &= 90° + (\arctan 0.25\omega''_c - \arctan 0.5\omega''_c - \arctan 0.4\omega''_c)\big|_{\omega''_c = 10} \\ &= 57.71° > 45°\end{aligned}$$

因为

$$\phi(\omega) = \arctan 0.25\omega''_c - 90 - \arctan 0.5\omega''_c - \arctan 0.04\omega''_c > -180°$$

故幅值裕度为 $h(\text{dB}) \to \infty$,满足各项性能指标要求。

【习题 6-14】 设一单位反馈系统结构图如图 6-17 所示。设计一有源串联校正装置 $G_c(s)$,使校正后系统满足:

(1) 跟踪输入信号 $r(t) = t^2$ 时的稳态误差为 0.2;

(2) 相位裕量 $\gamma = 30°$。

解 由题意得,为满足系统跟踪输入信号 $r(t) = t^2$ 时的稳态误差为 0.2,输入信号为加速度信号,校正后系统应为 II 型系统,则设校正环节传递函数为

$$G_c(s) = \frac{K(Ts+1)}{s}$$

则

$$K_a = \lim_{s \to 0} s^2 G(s) = K$$

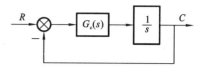

图 6-17 单位反馈系统结构图

可通过稳态误差公式求得系统的稳态误差,即

$$e_{ss}(\infty) = \frac{R}{K} = \frac{2}{K} = 0.2$$

故

$$K = 10$$

当相位裕度 $\gamma = 30°$ 时,设系统截止频率为 ω_c,则

$$\begin{cases} \varphi(j\omega_c) = 180° - 90° - 90° + \arctan(T\omega) = 30° \\ |G(j\omega_c)| = 1 \end{cases}$$

解方程,得

$$T = 0.17$$

故系统校正环节传递函数为

$$G_c(s) = \frac{10(0.17s+1)}{s}$$

【习题 6-15】 设某复合控制系统结构图如图 6-18 所示。确定 K_c,使系统在 $r(t) = t$ 作用下无稳态误差。

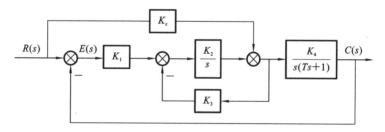

图 6-18 某复合控制系统结构图

解 由系统结构图可得系统闭环传递函数为

$$\varphi(s) = \frac{K_c K_4 s + K_1 K_2 K_4}{Ts^3 + (K_2 K_3 T + 1)s^2 + K_2 K_3 s + K_1 K_2 K_4}$$

则系统误差传递函数为

$$\varphi_e(s) = 1 - \varphi(s) = \frac{Ts^3 + (K_2 K_3 T + 1)s^2 + (K_2 K_3 - K_c K_4)s}{Ts^3 + (K_2 K_3 T + 1)s^2 + K_2 K_3 s + K_1 K_2 K_4}$$

当输入为 $r(t) = t$,系统稳态误差为 0 时,有

$$e_{ss}(\infty) = \lim_{s \to 0} \frac{1}{s^2} \varphi_e(s) = 0$$

则有

$$K_c = \frac{K_2 K_3}{K_4}$$

【习题 6-16】 复合控制系统结构图如图 6-19 所示,图中 K_1, K_2, T_1, T_2 均为大于零的常数。

(1) 确定当闭环系统稳定时,参数 K_1, K_2, T_1, T_2 应满足的条件;

(2) 当输入 $r(t)=V_0 t$ 时，选择校正装置 $G_c(s)$，使得系统无稳态误差。

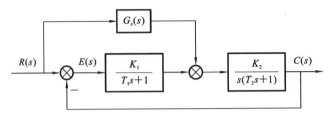

图 6-19 复合控制系统结构图

解 (1) 由题意得系统的闭环传递函数为

$$\varphi(s)=\frac{K_1 K_2}{T_1 T_2 s^3+(T_1+T_2)s^2+s+K_1 K_2}$$

则系统的闭环特征方程为

$$D(s)=T_1 T_2 s+(T_1+T_2)s^2+s+K_1 K_2=0$$

使用劳斯判据，系统稳定的条件是

$$\begin{cases} T_1 T_2 > 0 \\ T_1+T_2 > 0 \\ T_1+T_2-K_1 K_2 T_1 T_2 > 0 \end{cases}$$

(2) 由题意得初始系统为 I 型系统，当输入 $r(t)=V_0 t$ 时，为使系统无稳态误差，则应该将系统型别提升到 II 型，故取一阶导数作为前馈补偿信号，即 $G_c(s)=\lambda s$，此时系统闭环传递函数为

$$\varphi(s)=\frac{K_2 T_1 \lambda s^2+K_2 \lambda s+K_1 K_2}{T_1 T_2 s^3+(T_1+T_2)s^2+s+K_1 K_2}$$

则系统的误差传递函数为

$$\varphi_e(s)=\frac{T_1 T_2 s^3+(T_1+T_2-K_2 T_1 \lambda)s^2+(1-K_2 \lambda)s}{T_1 T_2 s^3+(T_1+T_2)s^2+s+K_1 K_2}$$

为使系统的稳态误差为

$$e_{ss}(\infty)=\lim_{s \to 0} s \frac{V_0}{s^2} \varphi_e(s)=0$$

则有

$$\lambda=\frac{1}{K_2}$$

故

$$G_c(s)=\frac{1}{K_2}s$$

【习题 6-17】 已知复合控制系统的结构图如图 6-20 所示。选取补偿环节的参数，使

(1) 误差系统由 I 型提高到 II 型。

(2) 系统响应速度输入时，稳态误差为零。

解 (1) 由题意得，初始系统为 I 型系统，为使得系统型别提升到 II 型，取一阶导数作为前馈补偿信号，即 $G_c(s)=\lambda s$，此时系统闭环传递函数为

$$\varphi(s)\frac{\lambda s^2+10\lambda s+10}{0.002 s^3+0.12 s^2+s+10}$$

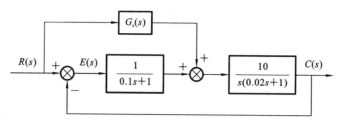

图 6-20 复合控制系统的结构图

系统为 Ⅱ 型系统。

（2）由题意得，当前馈补偿信号 $G_c(s)=\lambda s$ 时，系统的闭环传递函数可知，则系统的误差传递函数为

$$\varphi_e(s)=\frac{0.002s^3+(0.12-\lambda)s^2+(1-10\lambda)s}{0.002s^3+0.12s^2+s+10}$$

为使系统对速度信号无稳态误差，有

$$e_{ss}(\infty)=\lim_{s\to 0}s\frac{R}{s^2}\varphi_e(s)=0$$

则

$$\lambda=0.1$$

故校正环节

$$G_c(s)=0.1s$$

【习题 6-18】 已知一复合控制系统的结构图如图 6-21 所示，图中 $G_c(s)=\dfrac{as^2+bs}{1+T_2s}$，当输入量 $r(t)=0.5t^2$ 时，要求系统的稳态误差为零，试确定参数 a,b。

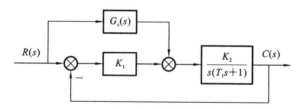

图 6-21 复合控制系统的结构图

解

$$\frac{E(s)}{R(s)}=\frac{1-K_2\dfrac{as^2+bs}{s(T_1s+1)(T_2s+1)}}{1+\dfrac{K_1K_2}{s(T_1s+1)}}$$

$$=s\frac{T_1T_2s^2+(T_1+T_2-K_2a)s+1-K_2b}{s(1+T_1s)(1+T_2s)+K_1K_2(1+T_2s)}$$

当输入量 $r(t)=0.5t^2$ 时，$R(s)=\dfrac{1}{s^3}$，为使稳态误差为零，根据终值定理，有

$$e_{ss}=\lim_{s\to 0}s\phi_e(s)R(s)=\lim_{s\to 0}s\frac{T_1T_2s^2+(T_1+T_2-K_2a)s+1-K_2b}{s(1+T_1s)(1+T_2s)+K_1K_2(1+T_2s)}\frac{1}{s^3}$$

应满足

$$T_1+T_2-K_2a=0$$
$$1-K_2b=0$$

可得
$$a = \frac{T_1 + T_2}{K_2}, \quad b = \frac{1}{K_2}$$

【习题 6-19】 某单位负反馈系统的开环传递函数为
$$G_0(s) = \frac{100}{s(0.1s+1)(0.01s+1)}$$

要求当输入信号 $r(t) = Rt$ 时,稳态误差 $e_{ss}(\infty) = 0.001R$,要求动态过程的超调量和调节时间分别为 $\sigma\% \leqslant 35\%$,$t_s \leqslant 0.06$ s。试确定校正装置的传递函数。

解 (1) 稳态指标换算。

从给定条件知在速度信号作用下稳态误差为常数值,因此要求系统为 I 型系统,即开环传递函数包含一个积分环节,故系统已满足要求。

根据稳态误差的要求,确定系统的开环传递函数 K_v,即
$$K_v = \frac{输入速度信号幅度}{稳态误差} = \frac{R}{0.001R} = 1000 \text{ s}^{-1}$$

而原 $G_0(s)$ 的 $K_v = 10$,故要求校正装置的放大系数为
$$K_c = \frac{K_v}{K_0} = 100$$

绘制满足稳态指标要求的系统
$$G_0(s) = \frac{100}{s(0.1s+1)(0.01s+1)}$$

的 Bode 图如图 6-22 所示。由图 6-22 可知,原系统的截止频率 $\omega_{c0} = 100 \text{ s}^{-1}$,相角裕度 $\gamma_0 = 0°$,$\omega_{g0} = 100 \text{ s}^{-1}$,幅值裕度 $L_{h0} = 0$ dB。系统临界稳定,无法满足性能指标要求,必须校正。

(2) 动态指标换算。

由经验公式
$$\sigma\% = \left[0.16 + 0.4\left(\frac{1}{\sin\gamma} + 1\right)\right] \times 100\% \leqslant 35\%$$

可求出 $\gamma' \geqslant 42.7°$,取 $\gamma = 45°$。

再由经验公式
$$t_s = \frac{\pi}{\omega_c}\left[2 + 1.5\left(\frac{1}{\sin\gamma} - 1\right) + 2.5\left(\frac{1}{\sin\gamma} - 1\right)^2\right] \leqslant 0.06$$

可求出 $\omega_c \geqslant 159.7 \text{ s}^{-1}$,取 $\omega_c = 200 \text{ s}^{-1}$。

(3) 因为 $\omega_c > \omega_{c0}$,所以必须采用串联相角超前校正。

在 $L_0(\omega)$ 上查得固有系统 $L_0(\omega_c) = -12$ dB。取 $\omega_m = \omega_c = 200 \text{ s}^{-1}$,使超前网络在 ω_m 处的对数幅频值 $10\lg\frac{1}{\alpha}$ 与 $L_0(\omega_c)$ 之和为 0,即令
$$L_0(\omega_c) + 10\lg\frac{1}{\alpha} = 0$$

求出超前网络的 α 值:
$$\frac{1}{\alpha} = 10^{\frac{-L_0(\omega_c)}{10}} = 10^{\frac{-(-12)}{10}} = 15.849$$

(4) 确定校正网络的传递函数

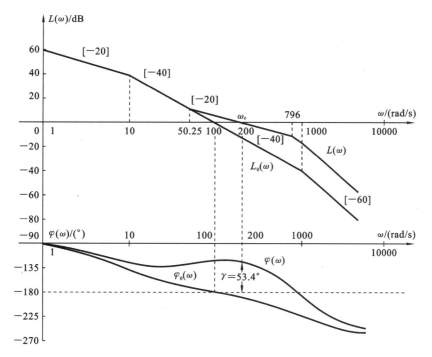

图 6-22 校正系统的 Bode 图

$$T = \frac{1}{\omega_m \sqrt{\alpha}} = \frac{1}{200\sqrt{0.0631}} = 0.0199 \text{ s}$$

$$\alpha T = 0.0631 \times 0.0199 = 0.001256 \text{ s}$$

所以

$$G_c(s) = K_c \frac{Ts+1}{\alpha Ts+1} = \frac{100(0.199s+1)}{(0.001256s+1)}$$

(5) 确定校正后系统的性能指标。

校正后系统的开环传递函数为

$$G(s) = G_0(s)G_c(s) = \frac{100(0.199s+1)}{s(0.1s+1)(0.001s+1)(0.001256s+1)}$$

作出校正后系统的 Bode 图，由图 6-22 可知，$\omega_c = 200 \text{ s}^{-1}$，$\omega_g = 850 \text{ rad/s}$，$L_h = 17 \text{ dB}$。由近似公式可求出 $\sigma\% = 25.8\%$，$t_s = 0.04$，满足性能指标要求。

(6) 校正装置的实现。

校正装置需提供 $K_c = 100$ 的放大系数，以保证系统开环放大系数 $K = 1000$，因此校正装置采用有源相角超前校正网络，如图 6-23 所示。

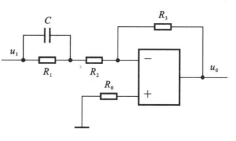

图 6-23 校正装置实现图

该网络的传递函数为

$$G_c(s) = \frac{U_o(s)}{U_i(s)} = -K_c \frac{Ts+1}{\alpha Ts+1}$$

式中

$$K_c = \frac{R_3}{R_1+R_2}, \quad T = R_1 C, \quad \alpha = \frac{R_2}{R_1+R_2}$$

由设计要求 $K_c=100, T=0.0199, \alpha=0.0631$，选 $C=4.7~\mu\text{F}$，则 $R_1=4.234~\text{k}\Omega$（实际可取 $4.3~\text{k}\Omega$），$R_2=290~\text{k}\Omega$，$R_3=459~\text{k}\Omega$（实际可取 $470~\text{k}\Omega$）。

【习题 6-20】 已知单位负反馈的典型二阶系统，在 $r(t)=\sin(2t)$ 作用下的稳态输出响应为 $c(t)=2\sin(2t-90°)$，欲采用串联校正，使校正后系统仍为典型二阶系统，并且满足在 $r(t)=t$ 作用时，系统稳态误差为 0.25，超调量为 16.3%。

(1) 试确定校正前系统的开环传递函数；
(2) 试确定校正后系统的开环传递函数，求校正后系统的截止频率；
(3) 确定校正装置的传递函数。

解 (1) 由题意设 $\phi(s)=\dfrac{\omega_n^2}{s^2+2\xi\omega_n s+\omega_n^2}$，当 $r(t)=\sin(2t)$ 时，输出为
$$c(t)=2\sin(2t-90°)$$

得
$$|A(\text{j}2)|=2,\quad \varphi(\text{j}2)=-90°$$

即
$$\begin{cases} \dfrac{1}{\sqrt{\left(1-\dfrac{\omega}{\omega_n}\right)^2+4\xi^2\dfrac{\omega^2}{\omega_n^2}}}=2 \\ -\arctan\dfrac{2\xi\dfrac{\omega}{\omega_n}}{1-\dfrac{\omega^2}{\omega_n^2}}=-90° \end{cases} \Rightarrow \begin{cases}\omega_n=2~\text{rad/s} \\ \xi=0.25\end{cases}$$

故
$$\phi(s)=\dfrac{4}{s^2+s+4}$$

则开环传递函数为
$$G(s)=\dfrac{4}{s^2+s}=\dfrac{4}{s(s+1)}$$

(2) 校正后，由 $r(t)=t$，$e_{ss}(\infty)=0.25$，得
$$\dfrac{1}{K_v}=\dfrac{1}{4}\Rightarrow K=4$$

又
$$\sigma\%=16.3\%\Rightarrow \xi=0.5$$

设
$$\phi(s)=\dfrac{\omega_n'^2}{s^2+2\xi\omega_n' s+\omega_n'^2}$$

故
$$G'(s)=\dfrac{\omega_n'^2}{s^2+2\xi\omega_n' s}=\dfrac{\omega_n'}{s\left(\dfrac{1}{\omega_n'}s+1\right)}$$

又
$$K=\omega_n'=4$$

故

$$G'(s)=\dfrac{4}{s\left(\dfrac{1}{4}s+1\right)}$$

解得

$$\omega'_c=4$$

$$\gamma=180°-90°-\arctan\dfrac{1}{4}\omega'_c=45°$$

(3) $$G_c(s)=\dfrac{G'(s)}{G(s)}=\dfrac{\dfrac{4}{s\left(\dfrac{1}{4}s+1\right)}}{\dfrac{4}{s(s+1)}}=\dfrac{s+1}{\dfrac{1}{4}s+1}$$

【习题 6-21】 已知一系统结构图如图 6-24 所示。试用伯德图设计串联补偿器，使系统的调整时间 $t_s \leqslant 4$ s。阻尼系数 $\xi \geqslant 0.45$，相位裕量为 $45°$。

解 串联比例微分环节 $G_c(s)=Ts+1$，使 $G(s)=\dfrac{K(Ts+1)}{s^2}$。

伯德图转折频率是 $\dfrac{1}{T}$，低频段斜率为 -40 dB/dec，高频段频率为 -20 dB/dec。

特征方程为 $D(s)=1+G(s)=0$，可得 $s^2+KTs+K=0$。

题目要求 $t_s=\dfrac{4}{\xi\omega_n}\leqslant 4$ s，所以 $\xi\omega_n\geqslant 1$，取 $\xi\omega_n=1.5$，则

$$KT=2\xi\omega_n=2\times 1.5=3$$

取 $T=\dfrac{1}{2}$，$K=6$，代入可得特征方程

$$s^2+3s+6=0, \quad \xi=\dfrac{3}{2\sqrt{6}}=0.6>0.45(\text{符合要求})$$

$$G(s)=\dfrac{6(0.5s+1)}{s^2}$$

幅频特性曲线如图 6-25 所示。

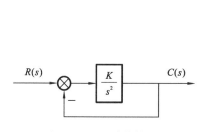

图 6-24 系统结构图

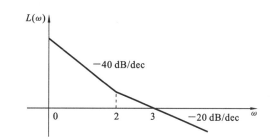

图 6-25 幅频特性曲线

相角裕度为

$$\gamma=180°+\angle G_e=\tan^{-1}\dfrac{3}{2}=56°>45°(\text{符合要求})$$

【习题 6-22】 某单位负反馈系统的开环传递函数为

$$G(s)=\dfrac{200}{s(0.1s+1)}$$

采用超前校正,使系统满足 $\gamma > 45°$, $\omega_c > 50$ rad/s。

解 设超前校正为 $G_c(s) = \dfrac{1+\alpha Ts}{1+Ts}$,校正前的截止频率为 $\omega_c = 45$ rad/s,校正前的系统相角裕度为

$$\gamma' = 180° - 90° - \arctan 0.1\omega_c = 12.5°$$

超前校正提供的相角裕度为

$$\varphi_m = \gamma - \gamma' + (5° \sim 10°) = 40°$$

$$\varphi_m = \arcsin\frac{\alpha-1}{\alpha+1} \Rightarrow \alpha = 4.6$$

$$-10\lg\alpha = L(\omega_c') \Rightarrow \omega_c' = 65.5 \text{ rad/s}$$

$$\omega_c = \frac{1}{\sqrt{\alpha}T} \Rightarrow T = 0.007$$

校正装置为

$$G_c(s) = \frac{1+0.032s}{1+0.007s}$$

验证校正后的相角裕度为

$$\gamma = 180° + \arctan 0.032 \times 65.5 - 90° - \arctan 0.1 \times 65.5 - \arctan 0.007 \times 65.5 = 48.5°$$

截止频率为

$$\frac{200\sqrt{1+(0.032\omega_c'')^2}}{\omega_c''\sqrt{1+(0.01\omega_c'')^2}\sqrt{1+(0.007\omega_c'')^2}} = 1 \Rightarrow \omega_c'' = 64.14 \text{ rad/s}$$

所以超前校正为

$$G_c(s) = \frac{1+0.032s}{1+0.007s}$$

满足要求。

【习题 6-23】 设单位负反馈系统的开环传递函数为

$$G_0(s) = \frac{K}{s(0.2s+1)(0.002s+1)}$$

试设计串联校正环节,满足设计指标:静态速度误差系数 $K_v \geqslant 500$ s^{-1};剪切频率 $\omega_c = 50$ rad/s;相角裕度 $\gamma = 40° \pm 3°$。

解 $K = K_v \geqslant 500$,取 $K = 500$。

由

$$G_0(s) = \frac{500}{s(0.2s+1)(0.002s+1)}$$

得

$$\omega_{c0} = 42 \text{ rad/s} < 50 \text{ rad/s}$$

$$\gamma_0 = 180° - 90° - \arctan 0.2 \times 50 - \arctan 0.002 \times 50 \approx 0°$$

采用串联超前系统校正。

$$\varphi_m = \gamma - \gamma_0 + (5° \sim 10°) = 40° - 0° + 5° = 45°$$

$$\alpha = \frac{1+\sin\varphi_m}{1-\sin\varphi_m} = 5.828, \quad T = \frac{1}{\omega_c\sqrt{\alpha}} = 0.0082$$

$$G_c(s) = \frac{\alpha Ts+1}{Ts+1} = \frac{0.482s+1}{0.0082s+1}$$

所以校正后系统为
$$G_0(s)G_c(s) = \frac{500(0.482s+1)}{s(0.2s+1)(0.002s+1)(0.0082s+1)}$$
检验性能指标为
$$G(s) = G_0(s)G_c(s)$$
$$\gamma = 180° + \arctan 0.482 \times 50 - 90° - \arctan 0.2 \times 50°$$
$$- \arctan 0.02 \times 50 - \arctan 0.0082 \times 50 = 65.33° > 43°$$
满足要求。

【习题 6-24】 单位负反馈系统前向通道的传递函数为
$$G(s) = \frac{120}{s(0.1s+1)(0.02s+1)}$$
设计串联补偿环节以满足相位稳定裕度 $\gamma \geq 35°$，截止频率 $\omega_c = 20$ rad/s。

解 因为
$$G_0(s) = \frac{120}{s(0.1s+1)(0.02s+1)}$$
所以
$$\omega_{c0} = 31 \text{ rad/s}, \quad \gamma_0(\omega_{c0}) = -13.92° < 30°$$

采用滞后超前校正，设
$$G_c(s) = \frac{(\alpha T_1 s+1)(T_2 s+1)}{(T_1 s+1)(\beta T_2 s+1)}$$

选滞后部分的两个交接频率为
$$\omega_1 = \frac{1}{\beta T_2}, \quad \omega_2 = \frac{1}{T_2} \approx (0.1 \sim 0.2)\omega_c$$
得
$$T_2 = 0.5$$
取
$$\beta = 10$$
所以滞后部分的传递函数为
$$\frac{(T_2 s+1)}{(\beta T_2 s+1)} = \frac{0.5s+1}{5s+1}$$
由
$$\frac{-L_0(\omega_c) - 0}{\lg \omega_c - \lg \omega_4} = 20$$
解得
$$\omega_4 = 50$$
因为
$$\omega_4 = \frac{1}{T_1}$$
所以
$$T_1 = 0.02$$

取 $\alpha = \beta = 10$，所以超前部分的传递函数为
$$\frac{\alpha T_1 s+1}{T_1 s+1} = \frac{0.2s+1}{0.02s+1}$$

校正后的系统传递函数为

$$G(s) = G_0(s)G_c(s) = \frac{120(0.5s+1)(0.2s+1)}{s(0.1s+1)(0.02s+1)(5s+1)(0.02s+1)}$$

验证：
$$\omega_c = 20 \text{ rad/s}, \quad |G(j\omega_c)| \approx 1$$
$$\gamma = 180° + \angle G(j\omega_c) = 53.79°$$

满足要求。

7

非线性控制系统分析

【习题 7-1】 设一阶非线性系统的微分方程为
$$\dot{x} = -x + x^3$$
试确定系统有几个平衡状态,分析平衡状态的稳定性,并绘出系统的相轨迹。

解 令 $\dot{x}=0$,得
$$\dot{x} = -x + x^3 = x(x-1)(x+1) = 0$$
系统的平衡状态为
$$x_e = 0, -1, 1$$
当 $x_e = 0$ 时,将原微分方程线性化得
$$\dot{x} = -x$$
进行拉氏变换,系统在 $x_e = 0$ 处的特征方程为
$$s + 1 = 0$$
特征根为 $s = -1$,可见 $x_e = 0$ 是一个稳定的平衡点。

当 $x_e = -1$ 时,令 $x = x_0 - 1$,进行平移变换,原微分方程变为
$$\dot{x}_0 = -(x_0 - 1) + (x_0 - 1)^3 = 2x_0 - 3x_0^2 + x_0^3$$
在 $x_0 = 0$ 处进行线性化,有
$$\dot{x}_0 = 2x_0$$
特征方程为
$$s - 2 = 0$$
特征根为 $s = 2$,因此 $x_e = -1$ 是一个不稳定的平衡点。

同理可说明 $x_e = 1$ 也是一个不稳定的平衡点。

绘出系统的相轨迹,如图 7-1 所示,可见,当初

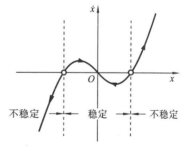

图 7-1 系统的相轨迹

始条件 $|x(0)| < 1$ 时,系统最终收敛到稳定平衡点 $x_e = 0$,当 $|x(0)| > 1$ 时,系统会发散。

【习题 7-2】 试确定下列方程的奇点及其类型,并用等倾斜线法绘制相平面图。

(1) $\ddot{x} + \dot{x} + |x| = 0$;

(2) $\begin{cases} \dot{x}_1 = x_1 + x_2 \\ \dot{x}_2 = 2x_1 + x_2 \end{cases}$。

解 (1) 原方程可以改写为

$$\begin{cases} (\text{I}) \ \ddot{x}+\dot{x}+x=0, & x\geq 0 \\ (\text{II}) \ \ddot{x}+\dot{x}-x=0, & x<0 \end{cases}$$

系统特征方程及特征根为

$$\begin{cases} s^2+s+1=0, s_{1,2}=-\dfrac{1}{2}\pm j\dfrac{\sqrt{3}}{2} \\ s^2+s-1=0, s_1=-1.618, s_2=-0.168 \end{cases}$$

I 区为稳定焦点，II 区为鞍点。

推导等倾线方程：

$$\ddot{x}=f(x,\dot{x})=-\dot{x}-|x|$$

$$\frac{\mathrm{d}\dot{x}}{\mathrm{d}x}\cdot\dot{x}=-\dot{x}-|x|$$

令

$$\alpha=\frac{\mathrm{d}\dot{x}}{\mathrm{d}x}=-1-\frac{|x|}{\dot{x}}$$

所以

$$\dot{x}=\frac{-1}{1+\alpha}|x|=\beta|x|$$

$$\begin{cases} \alpha=-1-\dfrac{1}{\beta}, & x\geq 0 \\ \alpha=-1+\dfrac{1}{\beta}, & x<0 \end{cases}$$

计算列表（见表 7-1），绘出系统相轨迹，如图 7-2 所示。

表 7-1 不同 α 值下等倾斜线的斜率及 β

β	$-\infty$	-3	-1	$-\dfrac{1}{3}$	0	$\dfrac{1}{3}$	1	3	∞
$\alpha=-1-\dfrac{1}{\beta}$	-1	$-\dfrac{2}{3}$	0	2	$-\infty$	-4	-2	$-\dfrac{4}{3}$	-1
$\alpha=-1+\dfrac{1}{\beta}$	-1	$-\dfrac{4}{3}$	-2	-4	$+\infty$	2	0	$-\dfrac{2}{3}$	-1

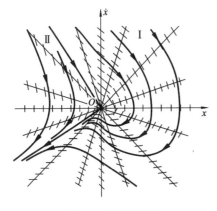

图 7-2 系统相轨迹

(2)
$$\dot{x}_1=x_1+x_2 \quad (1)$$
$$\dot{x}_2=2x_1+x_2 \quad (2)$$

由式(1)可得

$$x_2=\dot{x}_1-x_1 \quad (3)$$

式(3)代入式(2)得

$$\ddot{x}_1-2\dot{x}_1-x_1=0 \quad (4)$$

令 $\ddot{x}_1=\dot{x}_1=0$，得平衡点

$$x_e=0$$

再由式(4)得特征方程及特征根为

$$s^2-2s-1=0$$

解得

$$s_{1,2}=2.414,-0.414 （鞍点）$$

用等倾线法绘系统相轨迹，得

$$\ddot{x}_1=\dot{x}_1\frac{\mathrm{d}\dot{x}_1}{\mathrm{d}x_1}=\dot{x}_1\alpha=2\dot{x}_1+x_1$$

$$\dot{x}_1 = \frac{x_1}{\alpha - 2}$$

列表计算（见表 7-2），绘出系统相轨迹，如图 7-3 所示。

表 7-2 α 值下等倾斜线的斜率及 β

α	2	2.5	3	∞	1	1.5	2
$\beta = 1/\alpha - 2$	∞	2	1	0	−1	−2	∞

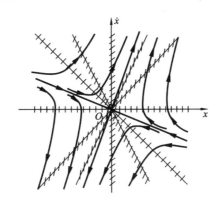

图 7-3 系统相轨迹

【习题 7-3】 已知系统运动方程为 $\ddot{x} + \sin x = 0$，试确定奇点及其类型，并用等倾斜线法绘制相平面图。

解 令 $\ddot{x} = \dot{x} = 0$，得 $\sin x = 0$，得出系统的奇点为

$$x_e = 0, \pm\pi, \pm 2\pi, \cdots$$

当 $x_e = 2k\pi, k = 0, \pm 1, \pm 2, \cdots$ 时，令 $x = 2k\pi + x_0$，原方程变为

$$\ddot{x} = \dot{x} = -\sin(2k\pi + x_0) = -\sin x_0$$

在奇点 $x_0 = 0$（即 $x_e = 2k\pi$）处的线性化方程为 $\ddot{x}_0 = -x_0$，特征方程为 $s^2 + 1 = 0$，特征根为 $s_{1,2} = \pm j$，奇点为中心点。

当 $x_e = (2k+1)\pi, k = 0, \pm 1, \pm 2, \cdots$ 时，令 $x = (2k+1)\pi + x_0$，原方程变为

$$\ddot{x} = \dot{x} = -\sin[(2k+1)\pi + x_0] = \sin x_0$$

在奇点 $x_0 = 0$（即 $x_e = (2k+1)\pi$）处的线性化方程为 $\ddot{x}_0 = x_0$，特征方程为 $s^2 - 1 = 0$，特征根为 $s_{1,2} = \pm 1$，奇点为鞍点。

用等倾线法绘相轨迹，得

$$\dot{x}\frac{d\dot{x}}{dx} + \sin x = \dot{x}\alpha + \sin x = 0$$

$$\dot{x} = \frac{-1}{\alpha}\sin x$$

列表计算（见表 7-3），绘出系统相轨迹，如图 7-4 所示。

表 7-3 α 值下等倾斜线的斜率及 β

α	−2	−1	$-\frac{1}{2}$	$-\frac{1}{4}$	0	$\frac{1}{4}$	$\frac{1}{2}$	1	2
$-\frac{1}{\alpha}$	$\frac{1}{2}$	1	2	4	∞	−4	−2	−1	$-\frac{1}{2}$

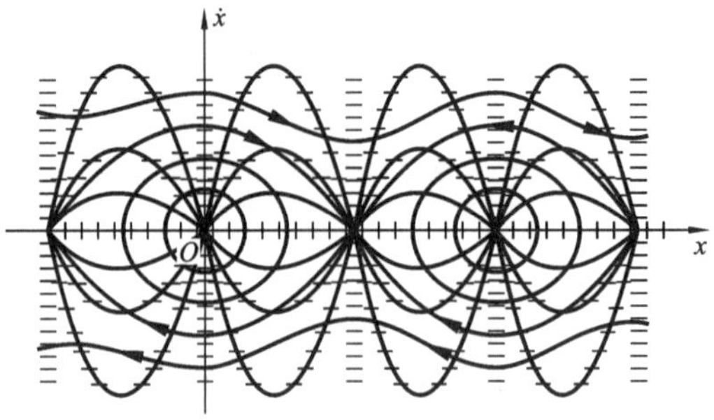

图 7-4 系统相轨迹

【习题 7-4】 若非线性系统的微分方程如下,试求系统的奇点,并概略绘制奇点附近的相轨迹图。

(1) $\ddot{x}+(3\dot{x}-0.5)\dot{x}+x+x^2=0$;

(2) $\ddot{x}+x\dot{x}+x=0$。

解 (1) 由原方程得
$$\ddot{x}=f(x,\dot{x})=-(3\dot{x}-0.5)\dot{x}-x-x^2=-3\dot{x}^2+0.5\dot{x}-x-x^2$$

令 $\ddot{x}=\dot{x}=0$,得
$$x+x^2=x(x+1)=0$$

解出奇点 $x_e=0,-1$。在奇点处线性化处理。

在 $x_e=0$ 处,有
$$\ddot{x}=\frac{\partial f(x,\dot{x})}{\partial x}\bigg|_{x=\dot{x}=0}x+\frac{\partial f(x,\dot{x})}{\partial \dot{x}}\bigg|_{x=\dot{x}=0}\dot{x}$$
$$=(-1-2x)|_{x=\dot{x}=0}x+(-6\dot{x}+0.5)|_{x=\dot{x}=0}\dot{x}=-x+0.5\dot{x}$$

即
$$\ddot{x}+x-0.5\dot{x}=0$$

特征根为
$$s_{1,2}=\frac{0.5\pm j\sqrt{0.5^2-4}}{2}=0.25\pm j0.968$$

为不稳定焦点。

在 $x_e=-1$ 处,有
$$\ddot{x}=\frac{\partial f(x,\dot{x})}{\partial x}\bigg|_{x=-1,\dot{x}=0}x+\frac{\partial f(x,\dot{x})}{\partial \dot{x}}\bigg|_{x=-1,\dot{x}=0}\dot{x}$$
$$=(-1-2x)|_{x=-1,\dot{x}=0}x+(-6\dot{x}+0.5)|_{x=-1,\dot{x}=0}\dot{x}=x+0.5\dot{x}$$

即
$$\ddot{x}-x-0.5\dot{x}=0$$

特征根为
$$s_{1,2}=\frac{0.5\pm\sqrt{0.5^2+4}}{2}=1.281,-0.781(鞍点)$$

概略绘出奇点附近的系统相轨迹,如图 7-5 所示。

(2) 由原方程得
$$\ddot{x}=f(x,\dot{x})=-x\dot{x}-x$$

令 $\ddot{x}=\dot{x}=0$,解出奇点 $x_e=0$。在奇点处线性化处理。

$$\ddot{x}=\frac{\partial f(x,\dot{x})}{\partial x}\bigg|_{x=\dot{x}=0}x+\frac{\partial f(x,\dot{x})}{\partial \dot{x}}\bigg|_{x=\dot{x}=0}\dot{x}=(-\dot{x}-1)|_{x=\dot{x}=0}x-x|_{x=\dot{x}=0}x$$

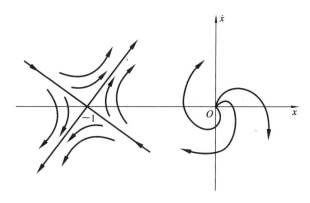

图 7-5 系统相轨迹

得
$$\ddot{x} = -x$$

特征根为
$$s_{1,2} = \pm j \text{(中心点)}$$

概略绘出奇点附近的系统相轨迹,如图 7-6 所示。

【习题 7-5】 非线性系统的结构图如图 7-7 所示。系统开始是静止的,输入信号 $r(t)=4 \cdot 1(t)$,试写出开关线方程,确定奇点的位置和类型,绘出该系统的相平面图,并分析系统的运动特点。

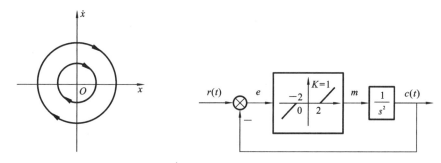

图 7-6 系统相轨迹　　　　图 7-7 非线性系统的结构图

解 由系统结构图,线性部分传递函数为
$$\frac{C(s)}{M(s)} = \frac{1}{s^2}$$

得
$$\ddot{c}(t) = m(t) \tag{1}$$

由非线性环节有
$$m(t) = \begin{cases} \text{I}: 0, & |e| \leq 2 \\ \text{II}: e(t)-2, & e>2 \\ \text{III}: e(t)+2, & e<2 \end{cases} \tag{2}$$

由比较点得
$$c(t) = r(t) - e(t) = 4 - e(t) \tag{3}$$

将式(3)、式(2)代入式(1)得
$$\ddot{e}(t) = \begin{cases} \text{I}: 0, & |e| \leq 2 \\ \text{II}: 2-e(t), & e>2 \\ \text{III}: -2-e(t), & e<2 \end{cases}$$

开关线方程为

Ⅰ区：$e(t) = \pm 2$

Ⅱ区：$\ddot{e}=0, \dot{e}=C(常数)$

令 $\ddot{e}=\dot{e}=0$，得奇点 $\ddot{e}+e-2=0$

$e_0^{Ⅱ}=2$

特征方程及特征根为

$$s^2+1=0, s_{1,2}=\pm j（中心点）$$

Ⅲ区：$\ddot{e}+e+2=0$

令 $\ddot{e}=\dot{e}=0$，得奇点

$e_0^{Ⅱ}=-2$

特征方程及特征根为

$$s^2+1=0, s_{1,2}=\pm j（中心点）$$

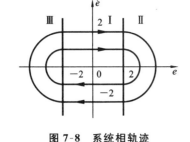

图 7-8 系统相轨迹

系统相轨迹如图 7-8 所示，可看出系统运动呈周期振荡状态。

【习题 7-6】 如图 7-9 所示为一带有库仑摩擦的二阶系统的结构图，试用相平面法讨论库仑摩擦对系统单位阶跃响应的影响。

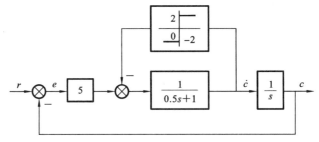

图 7-9 带有库仑摩擦的二阶系统的结构图

解 由系统结构图有

$$\frac{C(s)}{E(s)}=\frac{5}{s}\frac{1}{0.5s+1\pm 2}\begin{cases}+:\dot{c}>0\\-:\dot{c}<0\end{cases}$$

$$s(0.5s+1\pm 2)C(c)=5e(s)$$

$$\begin{cases}0.5\ddot{c}+3\dot{c}=5e, \dot{c}<0\\0.5\ddot{c}+3\dot{c}=5e, \dot{c}>0\end{cases} \quad (1)$$

$$c=r-e=1-e \quad (2)$$

式(2)代入式(1)有

$$\ddot{e}+6\dot{e}+10e=0, \dot{e}<0$$
$$\ddot{e}-2\dot{e}+10e=0, \dot{e}>0$$

特征方程与特征根为

$$\begin{cases}s^2+6s+10=0, s_{1,2}=-3\pm j\\s^2-2s+10=0, s_{1,2}=1\pm j3\end{cases}$$

概略绘出系统的相轨迹，如图 7-10 所示，可见系统运动振荡收敛。

【习题 7-7】 已知具有理想继电器的非线性系统的结构图如图 7-11 所示。试用相平面法分析：

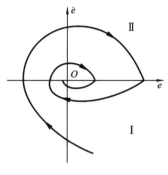

图 7-10 系统相轨迹

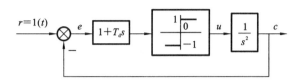

图 7-11 具有理想继电器的非线性系统的结构图

（1）$T_d=0$ 时系统的运动；
（2）$T_d=0.5$ 时系统的运动，并说明比例-微分控制对改善系统性能的作用；
（3）$T_d=2$ 时系统的运动特点。

解 依系统结构图，线性部分微分方程为

$$\ddot{c}=u \tag{1}$$

非线性部分方程为

$$u=\begin{cases} \text{I}: 1, & e+T_d\dot{e}>0 \\ \text{II}: -1, & e+T_d\dot{e}<0 \end{cases} \tag{2}$$

开关线方程为

$$\dot{e}=\frac{-1}{T_d}e$$

由比较点知

$$c=r-e=1-e \tag{3}$$

将式(3)、式(2)代入式(1)，并整理得

$$\ddot{e}=\begin{cases} \text{I}: -1, & e+T_d\dot{e}>0 \\ \text{II}: 1, & e+T_d\dot{e}<0 \end{cases}$$

在 I 区，有

$$\ddot{e}=\dot{e}\frac{\mathrm{d}\dot{e}}{\mathrm{d}e}=-1$$

解得

$$\dot{e}^2=-2e(\text{抛物线})$$

同理在 II 区可得

$$\dot{e}^2=2e(\text{抛物线})$$

概略绘出系统的相轨迹，如图 7-12 所示。开关线方程分别为

当 $T_d=0$ 时，$e=0$；
当 $T_d=0.5$ 时，$\dot{e}^2=-2e$；
当 $T_d=2$ 时，$\dot{e}^2=-0.5e$。

由系统相轨迹可见：加入比例-微分控制可以改善系统的稳定性；当微分作用增强时，系统振荡性减小，响应加快。

【**习题 7-8**】 具有饱和非线性特性的控制系统的结构图如图 7-13 所示，试用相平面法分析系统的阶跃响应。

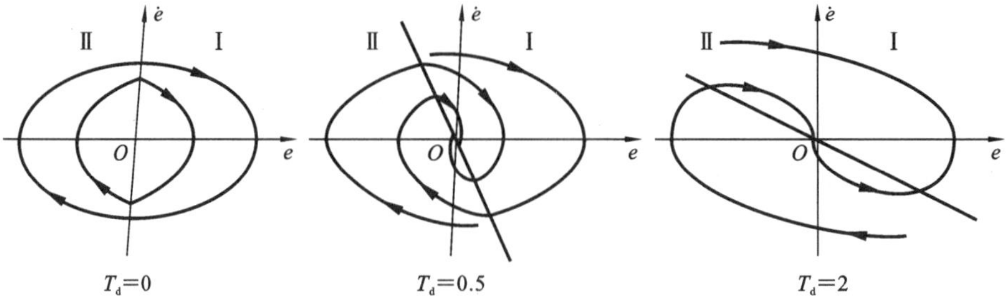

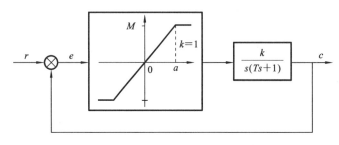

图 7-12 系统相轨迹

图 7-13 具有饱和非线性特性的控制系统的结构图

解 由题意可知，非线性特性为饱和非线性特性。

根据 $e=r-c, \dot{e}=\dot{r}-\dot{c}, \ddot{e}=\ddot{r}-\ddot{c}$，当系统为阶跃响应时，$r(t)=1(t)$，可得

$$e=1-c, \quad \dot{e}=1-\dot{c}, \quad \ddot{e}=-\ddot{c}$$

当 $K=1$ 时，令 $a=M=T=1$，绘制系统分区运动方程，可得

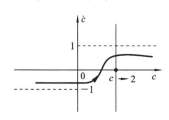

$$\begin{cases} \text{I}：\ddot{c}+\dot{c}-1=0, c<0 \\ \text{II}：\ddot{c}+\dot{c}-1=0, 0\leqslant c\leqslant 2 \\ \text{III}：\ddot{c}+\dot{c}+1=0, c>2 \end{cases}$$

对于 I 区，有 $\dot{c}=\dfrac{1}{1+\alpha}$，令 $\alpha=0$，得该区渐近线 $\dot{c}=1$；

对于 II 区，令 $\dot{c}=\ddot{c}=0$，可得该区奇点 $(1,0)$，奇点类型为稳定的焦点；对于 III 区，有 $\dot{c}=-\dfrac{1}{1+\alpha}$，令 $\alpha=0$，得该区渐

图 7-14 系统相轨迹

近线 $\dot{c}=-1$。由此绘制 $c-\dot{c}$ 曲线，系统相轨迹如图 7-14 所示。

【**习题 7-9**】 试推导非线性特性 $y=x^3$ 的描述函数。

解 $$y(t)=A^3\sin^3(\omega t)$$

输入-输出波形如图 7-15 所示。

$$\begin{aligned}
B_1 &= \frac{1}{\pi}\int_0^{2\pi} A^3\sin^4(\omega t)\mathrm{d}(\omega t) = \frac{4A^3}{\pi}\int_0^{2\pi}\frac{1}{4}[1-\cos(2\omega t)]^2\mathrm{d}(\omega t) \\
&= \frac{A^3}{\pi}\int_0^{\frac{\pi}{2}}[1-2\cos(2\omega t)+\cos^2(2\omega t)]\mathrm{d}(\omega t) \\
&= \frac{A^3}{\pi}\left[\frac{\pi}{2}\right] - \frac{A^3}{\pi}[\sin(2\omega t)]_0^{\frac{\pi}{2}} + \frac{A^3}{\pi}\int_0^{\frac{\pi}{2}}\frac{\cos(4\omega t)+1}{2}\mathrm{d}(\omega t) \\
&= \frac{A^3}{2} - 0 + \frac{A^3}{2\pi}\int_0^{\frac{\pi}{2}}\cos(4\omega t)\mathrm{d}(\omega t) + \frac{A^3}{2\pi}\int_0^{\frac{\pi}{2}}1\mathrm{d}(\omega t) = \frac{3A^3}{4}
\end{aligned}$$

故 $$N(A)=\frac{B_1}{A}+\mathrm{j}\frac{A_1}{A}=\frac{3A^3}{4}$$

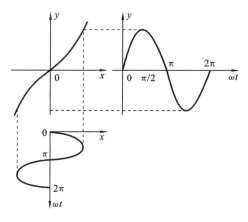

图 7-15 输入-输出波形

【习题 7-10】 三个非线性系统的非线性环节一样,线性部分分别为

(1) $G(s) = \dfrac{1}{s(0.1s+1)}$;

(2) $G(s) = \dfrac{2}{s(s+1)}$;

(3) $G(s) = \dfrac{2(1.5s+1)}{s(s+1)(0.1s+1)}$。

试问用描述函数法分析时,哪个系统分析的准确度高?

解 线性部分的低通滤波特性越好,用描述函数法分析所得的结果准确度越高。分别绘出三个系统线性部分的对数幅频特性曲线,如图 7-16 所示,由图 7-16 可见,第二个系统线性部分 L_2 的高频段衰减较快,低通滤波特性较好,所以系统(2)的描述函数法分析的准确度高。

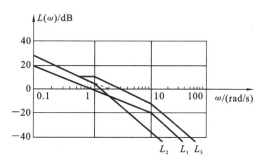

图 7-16 三个系统线性部分的对数幅频特性曲线

【习题 7-11】 将图 7-17 所示非线性系统简化成环节串联的典型结构图形式,并写出线性部分的传递函数。

解 (1) 先将 $N(A)$ 看作线性环节,求原系统的闭环传递函数 $\Phi(s)$,然后令 $\Phi(s)$ 的分母为 0,推写出 $G(s) \times N(A) = -1$ 的形式,便可定出 $G(s)$。

依图 7-17(a),有

$$\Phi(s) = \dfrac{NG_1(s)}{1+NG_1(s)+NG_1(s)H_1(s)}$$

令

$$1+NG_1(s)+NG_1(s)H_1(s)=0$$

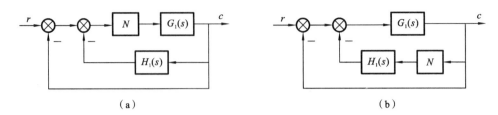

（a） （b）

图 7-17 非线性系统结构图

$$G_1(s)[1+H_1(s)]N=-1$$

所以 $$G(s)=G_1(s)[1+H_1(s)]$$

（2）同（1）的方法，先求出 $\Phi(s)$，有

$$\Phi(s)=\frac{G_1(s)}{1+G_1(s)+NG_1(s)H_1(s)}$$

令 $$1+G_1(s)+NG_1(s)H_1(s)=0$$

$$H_1(s)\frac{G_1(s)}{1+G_1(s)}N=-1$$

所以 $$G(s)=H_1(s)\frac{G_1(s)}{1+G_1(s)}$$

【习题 7-12】 判断图 7-18 中各系统是否稳定？$-1/N(A)$ 与 $G(j\omega)$ 的交点是否为自激振荡（简称自振）点。

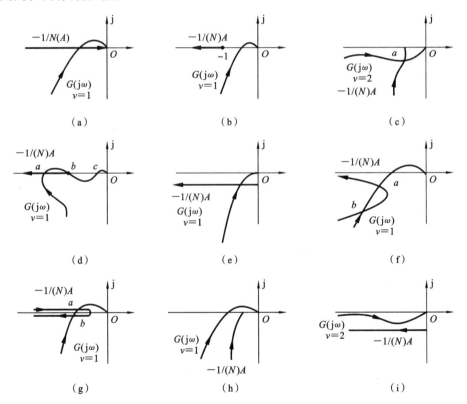

图 7-18 非线性系统

解 图 7-18(a)，$G(j\omega)$ 不包围 $-\dfrac{1}{N(A)}$，系统稳定，不是自振点。

图 7-18(b),$G(j\omega)$ 不包围 $-\dfrac{1}{N(A)}$,系统稳定,是自振点。

图 7-18(c),$G(j\omega)$ 不包围 $-\dfrac{1}{N(A)}$,系统稳定,是自振点。

图 7-18(d),$G(j\omega)$ 不包围 $-\dfrac{1}{N(A)}$,系统稳定,a、c 是自振点,b 不是自振点。

图 7-18(e),$G(j\omega)$ 不包围 $-\dfrac{1}{N(A)}$,系统稳定,是自振点。

图 7-18(f),$G(j\omega)$ 不包围 $-\dfrac{1}{N(A)}$,系统稳定,a 不是自振点,b 是自振点。

图 7-18(g),$G(j\omega)$ 不包围 $-\dfrac{1}{N(A)}$,系统稳定,a 不是自振点,b 是自振点。

图 7-18(h),系统不稳定,不存在自振点。

图 7-18(i),系统不稳定,不存在自振点。

【**习题 7-13**】 已知非线性系统的结构图如图 7-19 所示。图中非线性环节的描述函数为

$$N(A)=\dfrac{A+6}{A+2} \quad (A>0)$$

试用描述函数法确定:

(1) 使该非线性系统稳定、不稳定以及产生周期运动时,线性部分的 K 值范围;

(2) 判断周期运动的稳定性,并计算稳定周期运动的振幅和频率。

解 (1) 绘出负倒描述函数曲线,如图 7-20 所示。

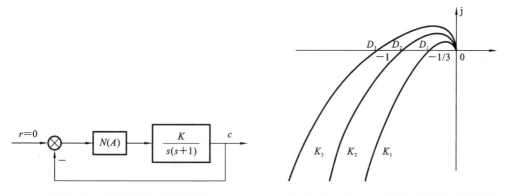

图 7-19 非线性系统的结构图　　图 7-20 $G(j\omega)$ 曲线和负倒描述函数曲线

$$-\dfrac{1}{N(A)}=\dfrac{-(A+2)}{A+6}$$

$$-\dfrac{1}{N(0)}=-\dfrac{1}{3}$$

$$-\dfrac{1}{N(\infty)}=-1$$

$$\dfrac{\mathrm{d}N(A)}{\mathrm{d}A}=\dfrac{-4}{(A+2)^2}<0$$

$N(A)$ 单调下降,$-\dfrac{1}{N(A)}$ 也为单调函数。绘出 $G(j\omega)$ 曲线和负倒描述函数曲线

$-\dfrac{1}{N(A)}$,如图 7-20 所示。可以看出,当 K 从小到大变化时,系统会由稳定变成自振,最终不稳定。

求使 $\text{Im}[G(j\omega)]=0$ 的 ω 值:令

$$\angle G(j\omega)=-90°-2\arctan\omega=-180°$$

得

$$\arctan\omega=45°,\quad \omega=1$$

令

$$|G(j\omega)|_{\omega=1}=\dfrac{K}{\omega(\sqrt{\omega^2+1})^2}\bigg|_{\omega=1}=\dfrac{K}{2}=\begin{cases}\dfrac{1}{3}\to K_3=\dfrac{2}{3}\\ 1\to K_3=2\end{cases}$$

得出 K 值与系统特性之间的关系为

$$K:0 \xrightarrow{\text{稳定}} \dfrac{2}{3} \xrightarrow{\text{自振}} 2 \xrightarrow{\text{不稳定}} \infty$$

(2) 系统周期运动是稳定的。由自振条件

$$N(A)G(j\omega)|_{\omega=1}=\dfrac{A+6}{A+2}\cdot\dfrac{-K}{2}=\dfrac{-(A+6)K}{2(A+2)}=-1$$

$$(A+6)K=2A+4$$

解得

$$\begin{cases}A=\dfrac{6K-4}{2-K}\quad\left(\dfrac{2}{3}<K<2\right)\\ \omega=1\end{cases}$$

【习题 7-14】 具有滞环继电特性的非线性控制系统的结构图如图 7-21 所示,其中 $M=1,h=1$。

(1) 当 $T=0.5$ 时,分析系统的稳定性,若存在自振,确定自振参数;
(2) 讨论 T 对自振的影响。

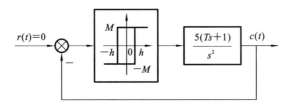

图 7-21 具有滞环继电特性的非线性控制系统的结构图

解 (1) 由已知参数 $T=0.5,M=1,h=1,r(t)=0$ 得系统非线性部分为滞环继电器特性,非线性部分曲线纵坐标为

$$-\dfrac{\pi h}{4M}=-\dfrac{\pi}{4}$$

系统线性部分传递函数为

$$G(j\omega)=-\dfrac{5}{\omega^2}-\dfrac{2.5}{\omega}j$$

故其负倒数描述函数 $-\dfrac{1}{N(A)}$ 曲线和 $G(s)$ 曲线如图 7-22 所示。两曲线相交于一点,当

A 增大时,系统进入稳定区域,A 开始减小;A 减小时,系统进入不稳定区域,A 增大。故系统存在自激振荡点。此时自振参数为

$$-\frac{\pi}{4} = -\frac{2.5}{\omega}$$

$$\omega = \frac{10}{\pi} = 3.18$$

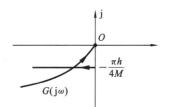

图 7-22 负倒数描述函数 $-\frac{1}{N(A)}$ 曲线和 $G(s)$ 曲线

将 ω 代入到 $G(j\omega)$ 中求得此时线性部分传递函数的实部为 -0.49,令负倒描述函数的实部为 -0.49,求得自激振荡振幅为 1.18。

(2) 由(1)的计算过程可知

$$-\frac{\pi}{4} = -\frac{5T}{\omega}$$

$$\omega = \frac{20T}{\pi}$$

根据上述表达式,随着 T 增大,自振频率也增大。自振点线性部分传递函数实部越小,即负倒描述函数实部越小,自激振荡振幅越小。

【习题 7-15】 非线性系统的结构图如图 7-23 所示,试用描述函数法分析周期运动的稳定性,并确定系统输出信号振荡的振幅和频率。

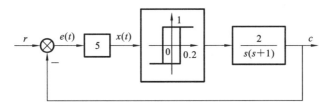

图 7-23 非线性系统的结构图

解 将系统的结构图等效变换为图 7-24。

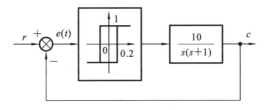

图 7-24 系统的等效变换结构图

$$G(j\omega) = \frac{10}{j\omega(j\omega+1)} = \frac{-10}{\omega^2+1} - j\frac{10}{\omega(\omega^2+1)}$$

$$N(A) = \frac{4}{A\pi}\sqrt{1-\left(\frac{0.2}{A}\right)^2} - j\frac{4\times 0.2}{\pi A^2} = \frac{4}{A\pi}\left[\sqrt{1-\left(\frac{0.2}{A}\right)^2} - j\frac{0.2}{A}\right]$$

$$-\frac{1}{N(A)} = \frac{A\pi}{4}\frac{1}{\sqrt{1-\left(\frac{0.2}{A}\right)^2} - j\frac{0.2}{A}} = -\frac{A\pi}{4}\frac{\sqrt{1-\left(\frac{0.2}{A}\right)^2} + j\frac{0.2}{A}}{1-\left(\frac{0.2}{A}\right)^2 + \left(\frac{0.2}{A}\right)^2}$$

$$= -\frac{A\pi}{4}\sqrt{1-\left(\frac{0.2}{A}\right)^2} - j\frac{0.2\pi}{4}$$

令 $G(j\omega)$ 与 $-\dfrac{1}{N(A)}$ 的实部、虚部分别相等,得

$$\frac{10}{\omega^2+1} = \frac{A\pi}{4}\sqrt{1-\left(\frac{0.2}{A}\right)^2}$$

$$\frac{10}{\omega(\omega^2+1)} = \frac{0.2\pi}{4} = 0.157$$

以上两式联立求解得

$$\omega = 3.91, \quad A = 0.806$$

输出信号振幅为

$$A_c = \frac{A}{5} = 0.161$$

系统奈奎斯特曲线与负倒描述函数曲线如图 7-25 所示。

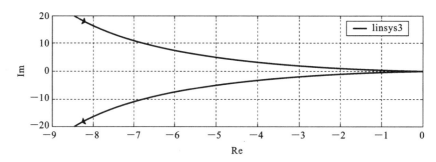

图 7-25 系统奈奎斯特曲线与负倒描述函数曲线

根据曲线 7-25 可以看出,奈奎斯特曲线内部部分不稳定,外部部分稳定,交点处曲线由不稳定区进入稳定区,交点为稳定平衡点。

【习题 7-16】 用描述函数法分析如图 7-26 所示系统的稳定性,并判断系统是否存在自振。若存在自振,求出自振振幅和自振频率($M > h$)。

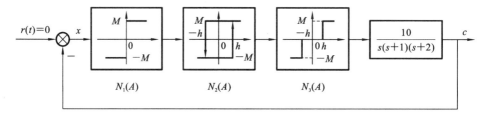

图 7-26 非线性系统结构图

解 由题意可知,系统线性部分传递函数为

$$G(s) = \frac{10}{s(s+1)(s+2)}$$

对于非线性部分,通过分析可知,当 $x > 0$ 时,$y = M$;当 $x < 0$ 时,$y = -M$,故系统非线性部分仍为理想继电器特性。绘制 $G(j\omega)$ 和 $-1/N(A)$ 图像,如图 7-27 所示,当 A 增大时,系统进入稳定区域,A 开始减小;当 A 减小时,系统进入不稳定区域,A 增大,故系统存在自激振荡点,$G(j\omega)$ 和 $-1/N(A)$ 的交点即为该点。

令 $\varphi(j\omega)=-180°$,即
$$-90°-\arctan\omega-\arctan 0.5\omega=-180°$$
解得 $\omega=2$ rad/s,即为该点处自振频率。

将 $\omega=2$ rad/s 代入线性部分传递函数,可得
$$A=|G(j\omega)|=0.791$$
即为该点处振幅。

【习题 7-17】 试用描述函数法说明图 7-28 所示系统必然存在自振,并确定输出信号 c 的自振振幅和频率,分别绘出信号 c、x、y 的稳态波形。

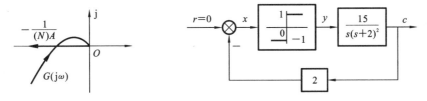

图 7-27 $G(j\omega)$ 和 $-\dfrac{1}{N(A)}$ 曲线

图 7-28 非线性系统结构图

解
$$N(A)=\frac{4}{\pi A}, \quad -\frac{1}{N(A)}=-\frac{\pi A}{4}$$

绘出 $-\dfrac{1}{N(A)}$ 和 $G(j\omega)$ 曲线如图 7-29 所示,可见 D 点是稳定的自振点,由自振条件
$$N(A)G(j\omega)=-1, \quad N(A)=\frac{-1}{G(j\omega)}$$

可知
$$\frac{4}{\pi A}=\frac{-j\omega\,(j\omega+2)^2}{30}=\frac{4\omega^2}{30}-\frac{j\omega(4-\omega^2)}{30}$$

令虚部为 0,解出 $\omega=2$,代入实部得 $A=2.387$,最后得出自振参数为
$$A=2.387, \quad \omega=2$$

c、x、y 的稳态波形如图 7-30 所示。

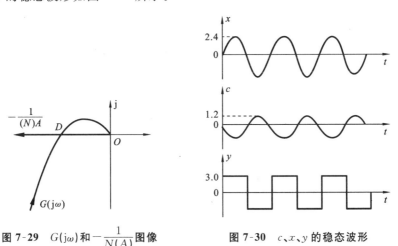

图 7-29 $G(j\omega)$ 和 $-\dfrac{1}{N(A)}$ 图像

图 7-30 c、x、y 的稳态波形

【习题 7-18】 设某非线性原件的特性为 $y(x)=\dfrac{1}{2}x+\dfrac{1}{4}x^3$,试计算其描述函数。

解 因 $y(x)$ 为 x 的奇函数,故 $A_0=0$。

当输入 $x = A\sin(\omega t)$ 时，$y(t) = \dfrac{A}{2}\sin(\omega t) + \dfrac{A^3}{4}\sin^3(\omega t)$ 为 t 的奇函数，故

$$A_1 = 0$$

具有半周期对称性，所以

$$B_1 = \frac{4}{\pi}\int_0^{\frac{\pi}{2}} y(t)\sin(\omega t)\,d(\omega t)$$

$$= \frac{4}{\pi}\left[\int_0^{\frac{\pi}{2}} \frac{A}{2}\sin^2(\omega t)\,d(\omega t) + \int_0^{\frac{\pi}{2}} \frac{A^3}{4}\sin^4(\omega t)\,d(\omega t)\right]$$

由定积分公式

$$I_n = \int_0^{\frac{\pi}{2}} \sin^n(\omega t)\,d(\omega t) = \begin{cases} \dfrac{(n-1)(n-3)\cdots 4\times 2}{n(n-2)(n-4)\cdots 5\times 3}, & n \text{ 为奇整数} \\ \dfrac{(n-1)(n-3)\cdots 5\times 3\times 1}{n(n-2)\cdots 4\times 3}\dfrac{\pi}{2}, & n \text{ 为偶整数} \end{cases}$$

得

$$B_1 = \frac{4}{\pi}\left(\frac{A}{2}\frac{\pi}{4} + \frac{A^3}{4}\frac{3}{8}\frac{\pi}{2}\right) = \frac{A}{2} + \frac{3}{16}A^3$$

则该非线性元件的描述函数为

$$N(A) = \frac{B_1}{A} = \frac{1}{2} + \frac{3}{16}A^2$$

【习题 7-19】 设非线性系统的结构图及 $K=160$ 幅相图如图 7-31、图 7-32 所示。

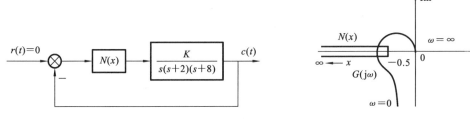

图 7-31 非线性系统的结构框图　　　　图 7-32 $K=160$ 幅相图

(1) 计算 $K=160$ 时，$G(j\omega)$ 曲线与负实轴的交点。此时，该系统是否存在自激振荡？

(2) 给出消除自激振荡的方法，对于图 7-31 所示的系统，给出避免自激振荡的 K 值范围；

(3) 若非线性部分由非线性元件串联组成，元件非线性特性如图 7-33 所示，画出等效非线性特性。

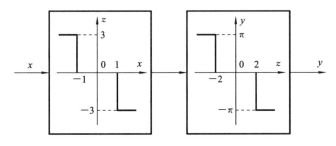

图 7-33 元件非线性特性示意图

解 (1) 线性部分：

$$G(j\omega_c) = \frac{10}{j\omega_c\left(\frac{1}{2}j\omega_c+1\right)\left(\frac{1}{8}j\omega_c+1\right)} = \frac{\frac{25}{4}\omega_c + j10\left(1-\frac{1}{16}\omega_c^2\right)}{-\omega_c\left(1+\frac{1}{4}\omega_c^2\right)\left(1+\frac{1}{64}\omega_c^2\right)}$$

令

$$\mathrm{Im}[G(j\omega)] = \frac{10\left(1-\frac{1}{16}\omega_c^2\right)}{-\omega_c\left(1+\frac{1}{4}\omega_c^2\right)\left(1+\frac{1}{64}\omega_c^2\right)} = 0$$

解得

$$\omega_c = 4 \text{ rad/s}$$

则

$$\mathrm{Re}[G(j\omega)] = \frac{\frac{25}{4}\omega_c}{-\omega_c\left(1+\frac{1}{4}\omega_c^2\right)\left(1+\frac{1}{64}\omega_c^2\right)} = -1$$

所以 $G(j\omega)$ 与实轴交于 $(-1,j0)$ 点。$G(j\omega)$ 与 $-\frac{1}{N(A)}$ 有交点,由不稳定区进入稳定区,所以存在自激振荡。

(2) 消除自激振荡的方法:

① 减小 K 值,使 Nyquist 曲线与 $-\frac{1}{N(A)}$ 无交点,$\frac{K}{160}(-1) > -0.5$,解得 $K<80$;

② 改变非线性曲线部分参数,使 $-\frac{1}{N(A)}$ 与 Nyquist 曲线无交点;

③ 串联校正,改变 Nyquist 曲线形状,使其与 $-\frac{1}{N(A)}$ 无交点。

(3) 由图 7-33 可列

$$z = \begin{cases} 3, & x<-1 \\ 0, & -1 \leqslant x \leqslant 1 \\ -3, & x>1 \end{cases}$$

$$y = \begin{cases} \pi, & z<-2 \\ 0, & -2 \leqslant z \leqslant 2 \\ -\pi, & z>2 \end{cases}$$

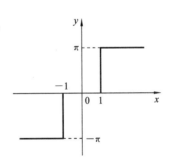

图 7-34 等效非线性特性示意图

联合得

$$\begin{cases} x<-1, & z=3>2, & y=-\pi \\ -1 \leqslant x \leqslant 1, & z=0, & y=0 \\ x>1, & z=-3<-2, & y=\pi \end{cases}$$

等效非线性特性示意图如图 7-34 所示。

【习题 7-20】 非线性系统相平面分析。回答二阶非线性系统分区(线性)运动的奇点类型和性质。

(1) 以下是各非线性系统在某区的运动方程,指明它们的奇点类型和性质:

① $\ddot{e} + 2\dot{e} + 9e = 0$;   ② $\ddot{e} + 5\dot{e} + 4e = 0$;

③ $\ddot{e} - \dot{e} + 16e = 0$;   ④ $\ddot{e} - 7\dot{e} + 9e = 0$;

⑤ $\ddot{e} + 25e = 0$;   ⑥ $\ddot{e} - 36e = 0$。

(2) 某二阶非线性系统的极限环如图 7-35 所示,Ⅰ区和Ⅲ区的相轨迹分别为左半圆弧和右半圆弧。计算该极限环的振幅和周期。

解 (1) ① $\ddot{e}+2\dot{e}+9e=0$，$s^2+2s+9=0\Rightarrow s_{1,2}=-1\pm j2\sqrt{2}$，稳定焦点，收敛于$(0,0)$点。

② $\ddot{e}+5\dot{e}+4e=0$，$s^2+5s+4=0\Rightarrow s_1=-1$，$s_2=-4$，稳定节点。

③ $\ddot{e}-\dot{e}+16e=0$，$s^2-s+16=0\Rightarrow s_{1,2}=\dfrac{1\pm j\sqrt{63}}{2}$，不稳定焦点，发散。

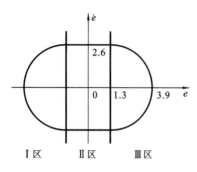

图7-35 二阶非线性系统的极限环

④ $\ddot{e}-7\dot{e}+9e=0$，$s^2-7s+9=0\Rightarrow s_{1,2}=\dfrac{7\pm j\sqrt{13}}{2}$，不稳定节点。

⑤ $\ddot{e}+25e=0$，$s^2+25=0\Rightarrow s_{1,2}=\pm j5$，中心点，周期循环，不能到达$(0,0)$点。

⑥ $\ddot{e}-36e=0$，$s^2-36=0\Rightarrow s_{1,2}=\pm 6$，鞍点。

(2) 由图7-35可知振幅$A=3.9$。

$T=4(T_1+T_2)$，使用积分 $T_i=\int_{e_1}^{e_2}\dfrac{1}{\dot{e}}de$，则

$$T_1=\int_{e_1}^{1.3}\dfrac{1}{2.6}de=0.5$$

$$T_2=\int_{1.3}^{3.9}\dfrac{1}{\dot{e}}de=\int_{1.3}^{3.9}\dfrac{1}{\sqrt{2.6^2-(e-1.3)^2}}de=\dfrac{\pi}{2}$$

故 $T=8.28$

【习题7-21】 图7-36表示一个带饱和非线性的控制系统的结构图。饱和非线性的参数为$\pm m_0$和$\pm e_0$。假设系统开始处于静止状态，系统常数$T=1$，$K=4$，$e_0=0.2$和$m_0=0.2$，当系统受到单位阶跃输入量$r(t)=1(t)$作用时，试概略绘制相平面上的相轨迹。

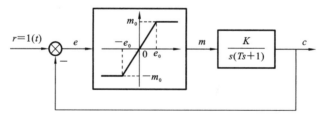

图7-36 带饱和非线性的控制系统的结构图

解 (1) 线性方程$\ddot{c}+\dot{c}=4m$，$c=-e\Rightarrow\ddot{e}+\dot{e}+4m=0$，所以

$$\begin{cases} m=e, & |e|<0.2 \\ m=0.2, & e>0.2 \\ m=-0.2, & e<-0.2 \end{cases}$$

故

$$\begin{cases} \ddot{e}+\dot{e}+4=0, & |e|<0.2 \\ \ddot{e}+\dot{e}+0.8=0, & e>0.2 \\ \ddot{e}+\dot{e}-0.8=0, & e<-0.2 \end{cases} \tag{1}$$

(2) 奇点，渐近线。

$|e|<0.2$,特征方程 $s^2+s+4=0$ 的奇点是稳定焦点,奇点是 $(0,0)$。

$e>0.2$,$\ddot{e}=\dot{e}\dfrac{\mathrm{d}\dot{e}}{\mathrm{d}e}=\dot{e}k$,$k$ 为相轨迹斜率,利用式(1)得等倾线方程

$$\dot{e}k+\dot{e}+4m=0$$

即

$$\dot{e}=\dfrac{-0.8}{1+k}$$

等倾线是水平线,其斜率为 0。

令 $k=0$,得渐近线方程为

$$\dot{e}=-0.8$$

同理可知,当 $e<-0.2$ 时,渐近线方程为

$$\dot{e}=0.8$$

(3)相轨迹起点:系统开始处于静止状态,有 $c(0)=0$ 和 $\dot{c}(0)=0$,则

$$e(0)=r(0)-c(0)=1$$
$$\dot{e}(0)=\dot{r}(0)-\dot{c}(0)=0$$

系统相轨迹图如图 7-37 所示。

【习题 7-22】 设非线性系统的结构图如图 7-38 所示。试在相平面 $(c,\dot{c})$ 上绘出起始于 $c(0)=0,\dot{c}(0)=2$ 的相轨迹,要求写出相轨迹的方程式,并求出相轨迹与坐标轴交点的值,相轨迹与坐标轴交点处相应的时间。

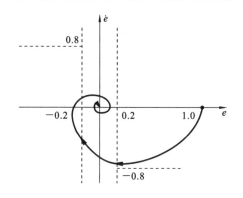

图 7-37 系统相轨迹图

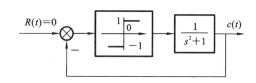

图 7-38 非线性系统的结构图

解 (1)相轨迹。

因为

$$\begin{cases}\ddot{c}+c=-1,&c>0\\\ddot{c}+c=1,&c<0\end{cases}$$

所以当 $c>0$ 时,由 $\ddot{c}+c=-1$,求出相轨迹方程为

$$\dot{c}^2=[1+c(0)]^2+\dot{c}^2(0)-(1+c)^2$$

代入起始点值 $(0,2)$,有

$$\dot{c}^2=5-(1+c)^2$$

其与 c 轴交点为 $\dot{c}=0$,$c=\sqrt{5}-1$,由相轨迹对称性得与 $\dot{c}$ 轴交点为 $(0,-2)$。

当 $c<0$ 时,相轨迹方程为

$$\dot{c}^2=[1+c(0)]^2+\dot{c}^2(0)-(1-c)^2$$

代入起始点值 $(0,-2)$,有

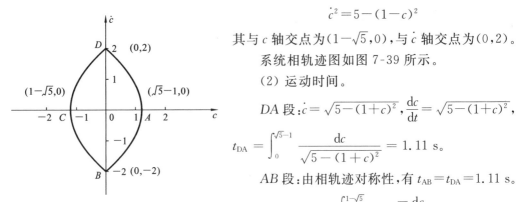

图 7-39 系统相轨迹图

$$\dot{c}^2 = 5-(1-c)^2$$

其与 c 轴交点为 $(1-\sqrt{5},0)$,与 $\dot{c}$ 轴交点为 $(0,2)$。

系统相轨迹图如图 7-39 所示。

(2) 运动时间。

DA 段:$\dot{c}=\sqrt{5-(1+c)^2}$,$\dfrac{\mathrm{d}c}{\mathrm{d}t}=\sqrt{5-(1+c)^2}$,

$$t_{DA}=\int_0^{\sqrt{5}-1}\dfrac{\mathrm{d}c}{\sqrt{5-(1+c)^2}}=1.11\ \mathrm{s}。$$

AB 段:由相轨迹对称性,有 $t_{AB}=t_{DA}=1.11\ \mathrm{s}$。

BC 段:$t_{BC}=\int_0^{1-\sqrt{5}}\dfrac{-\mathrm{d}c}{\sqrt{5-(1-c)^2}}=1.11\ \mathrm{s}。$

CD 段:由相轨迹对称性,有 $t_{CD}=t_{BC}=1.11\ \mathrm{s}$。

于是,一个自振周期为 $t_{DD}=4\times 1.11=4.44\ \mathrm{s}$。

【习题 7-23】 某非线性系统表达式为

$$\ddot{x}+\dot{x}=\begin{cases}1,&\dot{x}>x\\-1,&\dot{x}\leqslant x\end{cases}$$

(1) 证明此系统可用图 7-40 表示。

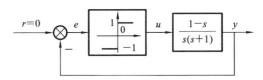

图 7-40 系统结构图

(2) 用描述函数法分析系统有无自激振荡,若振荡,求振荡频率。

解 (1) $\ddot{x}+\dot{x}=\begin{cases}1,&\dot{x}>x\\-1,&\dot{x}\leqslant x\end{cases}\Rightarrow\ddot{x}+\dot{x}=\begin{cases}1,&\dot{x}-x>0\\-1,&\dot{x}-x\leqslant 0\end{cases}$

由图 7-40 可以看出

$$u=\begin{cases}1,&e>0\\-1,&e\leqslant 0\end{cases}$$

由两者对应关系,可得

$$u=\ddot{x}+\dot{x},\quad e=\dot{x}-x$$

$$e=r-y$$

因 $r=0$,则

$$y=-e=x-\dot{x}$$

$$G(s)=\dfrac{Y(s)}{U(s)}=\dfrac{x-\dot{x}}{\ddot{x}+\dot{x}}=\dfrac{x-sx}{s^2x+sx}=\dfrac{1-s}{s(s+1)}$$

(2) 由题易知

$$-\dfrac{1}{N(A)}=-\dfrac{\pi A}{4M}<0,\quad G(s)=\dfrac{1-s}{s(s+1)}$$

$$G(\mathrm{j}\omega)=\dfrac{-2\omega+(1-\omega^2)\mathrm{j}}{\omega(\omega^2+1)}\Rightarrow\omega_x=1$$

$$G(j\omega_x) = -1$$

系统奈奎斯特曲线如图 7-41 所示。

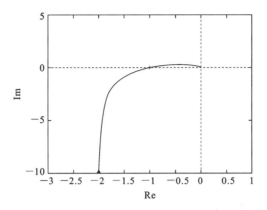

图 7-41　系统奈奎斯特曲线

两者有交点,可以产生稳定的自激振荡,振荡频率为 $\omega_x = 1 \text{ rad/s}$。

【习题 7-24】　如图 7-42 所示为带速度反馈的非线性系统结构图。系统原处于静止状态,$0<\beta<1, r(t)=R\times 1(t), R>a$。试分别绘出在有速度反馈和没有速度反馈时系统的相轨迹。

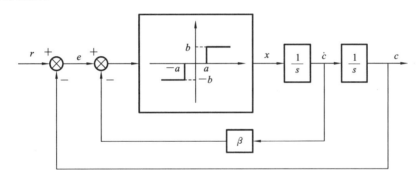

图 7-42　带速度反馈的非线性系统结构图

解　(1) 在没有速度反馈(即 $\beta=0$)时,系统的微分方程为
$$\ddot{c} = x$$
考虑到非线性特性,则系统的微分方程为
$$\begin{cases} \ddot{c}=0, & |e| \leqslant a \\ \ddot{c}=b, & e>a \\ \ddot{c}=-b, & e<-a \end{cases}$$
因为 $e=r-c$,即 $c=r-e$,得

$$\ddot{e}=0, \quad |e| \leqslant a \tag{1}$$

$$\ddot{e}=-b, \quad e>a \tag{2}$$

$$\ddot{e}=b, \quad e<-a \tag{3}$$

直线 $e=a$ 和 $e=-a$ 为开关线,它们将 $e\text{-}\dot{e}$ 平面分成三个区域。

下面分别绘制三个区域的相轨迹。

区域 I,即 $|e|<a$。对式(1)进行积分,得

$$\dot{e} = \pm A \tag{4}$$

式中：A 为与初始条件有关的积分常数。

由式(4)可知，在Ⅰ区域内相轨迹是一簇平行于 e 轴的直线。

区域Ⅱ，即 $e > a$。对式(2)进行积分，得

$$\frac{1}{2}\dot{e}^2 = -b(e+A) \tag{5}$$

式中：A 为初始条件有关的常数。

由式(5)可知，在区域Ⅱ内相轨迹是一簇开口向左且对称于 e 轴的抛物线。

区域Ⅲ，即 $e < -a$。对式(3)进行积分，得

$$\frac{1}{2}\dot{e}^2 = b(e+A) \tag{6}$$

式中：A 为初始条件有关的常数。

由式(6)可知，在区域Ⅲ内相轨迹是一簇开口向右且对称于 e 轴的抛物线。

系统相轨迹图如图 7-43 所示。

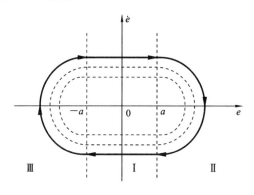

图 7-43 系统相轨迹图

（2）在有速度反馈（$0 < \beta < 1$）时，将图 7-42 变换成图 7-44，可见有速度反馈的继电系统与在继电器前接入传递函数为 $1 + \beta s$ 的校正元件的继电器系统等价。

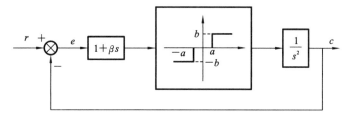

图 7-44 带速度反馈的非线性系统结构图

由图 7-44，可得系统的误差微分方程为

$$\begin{cases} \ddot{e} = 0, & |e + \beta\dot{e}| \leqslant a \\ \ddot{e} = -b, & e + \beta\dot{e} > a \\ \ddot{e} = b, & e + \beta\dot{e} < -a \end{cases}$$

开关线方程为 $e + \beta\dot{e} = \pm a$，它们是两条斜率为 $-\dfrac{1}{\beta}$、在横轴上的截距分别为 $+a$ 及 $-a$ 的斜线。开关线将相平面分成三个区域。由于三个区域内的微分方程与没有速度

反馈时相应的区域内的微分方程相同,故它们的相轨迹方程也一一对应。不同的是,两种情况下相轨迹切换的时间不同。系统由原来的等幅振荡($\beta=0$)变为收敛振荡,使系统的性能得到改善。

在 $r(t)=R\times 1(t)$ 的作用下,系统相轨迹图如图 7-45 所示。

【习题 7-25】 非线性系统的结构图如图 7-46 所示,且系统的初始条件为 $c(0)=2$ 和 $\dot{c}(0)=0$。

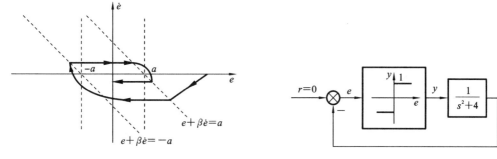

图 7-45 系统相轨迹图　　　　图 7-46 非线性系统的结构图

(1) 绘制该系统的相轨迹图;
(2) 是否存在极限环?若存在极限环,$c(t)$ 的最大值和最小值各是多少?

解 (1) $\quad \dfrac{C(s)}{Y(s)}=\dfrac{1}{s^2+4}\Rightarrow s^2C(s)+4C(s)=Y(s)\Rightarrow \ddot{c}+4c=y$

由于
$$y=\begin{cases}-1, & e>0\\ 1, & e<0\end{cases},\quad e=r-c=-c$$

故
$$y=\begin{cases}-1, & c>0\\ 1, & c<0\end{cases}$$

$$\begin{cases}\ddot{c}+4c+1=0,c>0(\text{Ⅰ区})\\ \ddot{c}+4c-1=0,c<0(\text{Ⅱ区})\end{cases}$$

开关线为 $\quad c=0$

由于 $c(0)=2$ 和 $\dot{c}(0)=0$ 是从Ⅰ区开始的,所以

$$\dot{c}\dfrac{\mathrm{d}\dot{c}}{\mathrm{d}c}+4c+1=0,\quad \int_0^{\dot{c}}\dot{c}\mathrm{d}\dot{c}=-\int_2^{c}(4c+1)\mathrm{d}c$$

$$\dfrac{1}{2}\dot{c}^2\bigg|_0^{\dot{c}}=-(2c^2+c)\bigg|_2^{c}\Rightarrow \dfrac{1}{2}\dot{c}^2+2c^2+c-10=0\Rightarrow \dfrac{\left(c+\dfrac{1}{4}\right)^2}{\dfrac{81}{16}}+\dfrac{\dot{c}^2}{\dfrac{81}{4}}=1$$

系统相轨迹为椭圆,如图 7-47 所示。
令 $c=0$,得
$$\dot{c}=-\sqrt{20}$$

在Ⅱ区间上,有
$$\dot{c}\dfrac{\mathrm{d}\dot{c}}{\mathrm{d}c}+4c-1=0,\quad \int_{-\sqrt{20}}^{\dot{c}}\dot{c}\mathrm{d}\dot{c}=-\int_0^{c}(4c-1)\mathrm{d}c$$

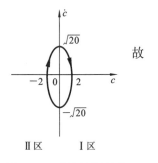

图 7-47 系统相轨迹图

$$\frac{1}{2}\dot{c}^2\bigg|_{-\sqrt{20}}^{\dot{c}} = -(2c^2-c)\bigg|_0^c$$

故

$$\frac{1}{2}\dot{c}^2 + 2c^2 - c - 10 = 0$$

$$\frac{\left(c-\frac{1}{4}\right)^2}{\frac{81}{16}} + \frac{\dot{c}^2}{\frac{81}{4}} = 1$$

（2）存在极限环，$c(t)$的最大值为2，$c(t)$的最小值为-2。

【习题 7-26】 图 7-48 所示的是非线性系统的结构图，$M=1$，$K=10$，试分析系统是否存在自振，如果系统存在自振，确定自振参数。

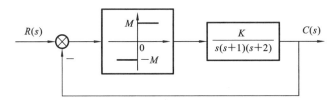

图 7-48 非线性系统的结构图

解 理想继电特性描述函数为

$$N(A) = \frac{4M}{\pi A} = \frac{4}{\pi A}$$

将$G(j\omega)$曲线与$-\dfrac{1}{N(A)}$曲线同时绘制在复平面上，如图 7-49 所示。

可以判定，系统存在自振，依据自振条件$N(A)G(j\omega)=-1$，可得

$$\frac{4}{\pi A}\frac{10}{j\omega(1+j\omega)(2+j\omega)} = -1$$

$$\frac{40}{\pi A} = -j\omega(1+j\omega)(2+j\omega) = 3\omega^2 - j\omega(2-\omega^2)$$

比较虚部和实部，有

$$\frac{40}{\pi A} = 3\omega^2, \quad \omega(2-\omega^2) = 0$$

解得 $A = \dfrac{40}{6\pi} = 2.122$，$\omega = \sqrt{2}$

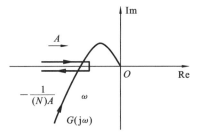

图 7-49 $G(j\omega)$曲线与$-\dfrac{1}{N(A)}$曲线

所以系统自振振幅$A=2.122$，自振频率$\omega=\sqrt{2}$。

【习题 7-27】 试用描述函数法分析非线性系统$\dddot{x}+\ddot{x}+\dot{x}-\dfrac{1}{2}x^3=0$是否存在自激振荡？若存在，请判断自激振荡的稳定性（提示：$\int(\sin u)^{n-1}\mathrm{d}u = -\dfrac{(\sin u)^{n-1}\cos u}{n} + \dfrac{n-1}{n}(\sin u)^{n-2}\mathrm{d}u$）。

解 该系统的结构图如图 7-50 所示。

$$\dddot{x}+\ddot{x}+\dot{x}=\frac{1}{2}x^3=u(t), \quad f(e)=-\frac{1}{2}e^3, \quad G(s)=\frac{1}{s(s^2+s+1)}$$

计算非线性环节的描述函数,得

$$B_1 = \frac{4}{\pi}\int_0^{\frac{\pi}{2}}(-A\sin\theta)^3\sin\theta\mathrm{d}\theta = -\frac{4A^3}{\pi}\left[-\frac{\sin^3\theta\cos\theta}{4}\bigg|_0^{\frac{\pi}{2}}+\frac{3}{4}\int_0^{\frac{\pi}{2}}\sin^2\theta\mathrm{d}\theta\right]$$

$$= -\frac{3A^3}{\pi}\left[-\frac{\sin\theta\cos\theta}{2}\bigg|_0^{\frac{\pi}{2}}+\frac{1}{2}\int_0^{\frac{\pi}{2}}1\mathrm{d}\theta\right] = \frac{3A^3}{4}$$

$$N(A) = -\frac{3A^3}{4}, \quad -\frac{1}{N(A)} = \frac{4}{3A^3}$$

$$G(\mathrm{j}\omega) = \frac{1}{-\omega^2+\mathrm{j}\omega(1-\omega^2)}$$

由于负倒描述函数曲线与 $G(\mathrm{j}\omega)$ 曲线无交点,该系统不存在自激振荡,系统不稳定。

【习题 7-28】 某非线性系统的结构图如图 7-51 所示,其中

$$N(A)=\frac{4M}{\pi A}, \quad M=2, \quad G(s)=\frac{K}{s(s+1)(s+2)}$$

(1) 在 $\tau=0$ 条件下,绘曲线,分析系统是否会产生自激振荡?
(2) 在 $\tau=0$ 条件下,欲使系统自激振荡的振幅 $A=1$,求 K,ω;
(3) 在 $\tau\neq 0$ 条件下,欲使系统自激振荡的振幅 $A=2,\omega=1$,求 K。

解 (1) 由题意分析得

$$-\frac{1}{N(A)}=-\frac{\pi A}{8}$$

当 $A=0$ 时,$-\dfrac{1}{N(A)}=0$。

当 $A=\infty$ 时,$-\dfrac{1}{N(A)}=-\infty$,$G(\mathrm{j}\omega)=\dfrac{K}{\mathrm{j}\omega(\mathrm{j}\omega+1)(\mathrm{j}\omega+2)}$。

当 $\omega=0$ 时,$\angle G(\mathrm{j}\omega)=-90°$,$|G(\mathrm{j}\omega)|=\infty$。

当 $\omega\to\infty$ 时,$\angle G(\mathrm{j}\omega)=-90°$,$|G(\mathrm{j}\omega)|=\infty$。

系统 $G(\mathrm{j}\omega)$ 与 $-\dfrac{1}{N(A)}$ 曲线如图 7-52 所示,$G(\mathrm{j}\omega)$ 与 $-\dfrac{1}{N(A)}$ 有交点,故可以产生自激振荡。

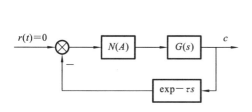

图 7-51 某非线性系统的结构图

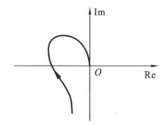

图 7-52 系统 $G(\mathrm{j}\omega)$ 与 $-\dfrac{1}{N(A)}$ 曲线

(2) 当 $\tau=0$ 时，$-\dfrac{1}{N(A)}=-\dfrac{\pi}{8}$。

$$\mathrm{Im}G(j\omega)=0, \quad 2-\omega^2=0, \quad \omega=\sqrt{2}$$

$$|G(j\omega)|=\dfrac{K}{\omega\sqrt{1+\omega^2}\sqrt{4+\omega^2}}\bigg|_{\omega=\sqrt{2}} \quad |G(j\omega)|=\dfrac{K}{6}=\dfrac{\pi}{8}$$

解得
$$K=\dfrac{3\pi}{4}$$

(3) 在 $\tau\neq 0$ 条件下，$A=2, \omega=1, 1+G(j\omega)N(A)=0$。

$$|G(j\omega)|=\dfrac{Ke^{-\tau s}}{s(s+1)(s+2)}\bigg|_{s=j\omega}=\dfrac{\pi}{4}$$

将 $\omega=1$ 代入得

$$\dfrac{K}{\sqrt{2}\sqrt{5}}=\dfrac{\pi}{4}$$

解得
$$K=2.48$$

【习题 7-29】 具有饱和非线性特性的控制系统的结构图如图 7-53 所示，试分析：
(1) $K=15$ 时非线性系统的运动；
(2) 欲使系统不出现自激振荡，确定 K 的临界值。

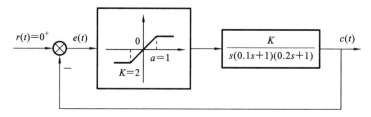

图 7-53 具有饱和非线性特性的控制系统的结构图

解 (1)
$$G(s)=\dfrac{K}{s(0.1s+1)(0.2s+1)}$$

所以
$$G(j\omega)=-\dfrac{750K}{(100\omega^2)(25+\omega^2)}-j\dfrac{50K(50-\omega^2)}{\omega(100+\omega^2)(25+\omega^2)}$$

$$N(A)=\dfrac{4}{\pi}\left[\arcsin\dfrac{1}{A}+\dfrac{1}{A}\sqrt{1-\left(\dfrac{1}{A}\right)^2}\right]$$

即
$$-\dfrac{1}{N(A)}=-\dfrac{1}{\dfrac{4}{\pi}\left[\arcsin\dfrac{1}{A}+\dfrac{1}{A}\sqrt{1-\left(\dfrac{1}{A}\right)^2}\right]}$$

若 $A=1$，则
$$-\dfrac{1}{N(A)}=-\dfrac{1}{2}$$

若 $A=\infty$，则
$$-\dfrac{1}{N(A)}=-\infty$$

若 $K=15$，则
$$G(j\omega)=-\dfrac{11250}{(100+\omega^2)(25+\omega^2)}-j\dfrac{750(50-\omega^2)}{\omega(100+\omega^2)(25+\omega^2)}$$

$\omega=0,-4.5-\mathrm{j}\infty;\omega=\infty,-0-\mathrm{j}0$。

若 $50-\omega^2=0$,则 $\omega=\sqrt{50}$。曲线与实轴交于点 $-\dfrac{11250}{(100+50)(25+50)}=-1$。

若 $K=15$,则 $G(s)$ 与 $-\dfrac{1}{N(A)}$ 交于 A 点,A 点为稳定自激振荡点,所以系统产生稳定的自激振荡。

(2) 若系统无振荡,则当 $\omega^2=50$ 时,$-\dfrac{750K}{150\times75}\geqslant-\dfrac{1}{2}\Rightarrow K\leqslant 7.5$,所以 K 的临界值为 7.5。

【**习题 7-30**】 非线性系统的结构图如图 7-54 所示,其中 $G_1(s)=\dfrac{1}{s(s+1)}$,$G_2(s)=\dfrac{2}{s}$,非线性部分的描述函数为 $N(X)=\dfrac{4M}{\pi X}\sqrt{1-\left(\dfrac{h}{X}\right)^2}$,$M=h=1$。

(1) 当 $G_3(s)=1$ 时,试分析系统是否会产生自振,若产生自振,求自振的幅值和频率。

(2) 当 $G_3(s)=s$ 时,试分析系统的稳定性。

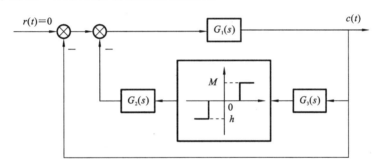

图 7-54 非线性系统的结构图

解 (1) $G_3(s)=1$

系统中,线性部分的传递函数表达式为

$$G(s)=\dfrac{G_1(s)G_2(s)G_3(s)}{1+G_1(s)}$$

代入 $G_1(s)$ 和 $G_2(s)$ 的表达式,有

$$G(s)=\dfrac{2}{s(s^2+s+1)},\quad G(\mathrm{j}\omega)=\dfrac{2}{-\omega^2-\mathrm{j}(\omega^3-\omega)}$$

因为 $M=h=1$,所以

$$N(X)=\dfrac{4}{\pi X}\sqrt{1-\left(\dfrac{1}{X}\right)^2},\quad -\dfrac{1}{N(X)}=-\dfrac{\pi X^2}{4}\dfrac{1}{\sqrt{X^2-1}}$$

X 从 1 到 ∞ 变化时,令 $\dfrac{\mathrm{d}}{\mathrm{d}X}\left(-\dfrac{1}{N(X)}\right)=0$,对 $-\dfrac{1}{N(X)}$ 求极值,有

$$X=\sqrt{2},\quad -\dfrac{1}{N(X)}\bigg|_{X=\sqrt{2}}=-1.57$$

绘制 $G(\mathrm{j}\omega)$ 与 $-\dfrac{1}{N(X)}$ 曲线,如图 7-55 所示。由图 7-55 可见 $G(\mathrm{j}\omega)$ 与 $-\dfrac{1}{N(X)}$ 有交点,系统存在自振。

令 $\text{Im}G(j\omega)=0$,有 $\omega^3-\omega=0$,求出 $\omega=1$ 以及 $\omega=0$(舍去),得

$$G(j1)=-\frac{2}{\omega^2}\bigg|_{\omega=1}=-2$$

令 $-\dfrac{1}{N(X)}=-2$,即 $\dfrac{\pi}{4}\dfrac{X^2}{\sqrt{X^2-1}}=2$,求出 $X_1=1.11$ 和 $X_2=2.29$。

由 $-\dfrac{1}{N(X)}$ 走向 $G(j\omega)$ 可知:$\omega=1$,$X_1=1.11$ 对应不稳定自振;$\omega=1$,$X_2=2.29$ 对应稳定自振。

(2) 当 $G_3(s)=s$ 时,线性部分频率特性为

$$G(j\omega)=\frac{2}{(1-\omega^2)+j\omega}=\frac{2(1-\omega^2)}{(1-\omega^2)^2+\omega^2}-j\frac{2\omega}{(1-\omega^2)^2+\omega^2}$$

当 $\omega=0$ 时,$\text{Re}G(j\omega)=2$,$\text{Im}G(j\omega)=0$。

当 $\omega=1$ 时,$\text{Re}G(j\omega)=0$,$\text{Im}G(j\omega)=-2$。

当 $\omega\to\infty$ 时,$\text{Re}G(j\omega)=0$,$\text{Im}G(j\omega)=0$。

绘制 $G(j\omega)$ 与 $-\dfrac{1}{N(X)}$ 曲线,如图 7-56 所示。由图 7-56 可见 $G(j\omega)$ 与 $-\dfrac{1}{N(X)}$ 无交点,系统不存在自振,且 $G(j\omega)$ 不包围 $-\dfrac{1}{N(X)}$ 曲线,所以此时非线性系统稳定。

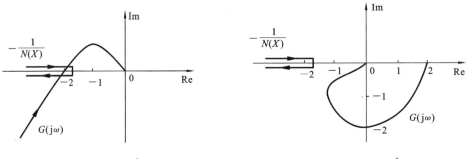

图 7-55 $G(j\omega)$ 与 $-\dfrac{1}{N(X)}$ 曲线　　图 7-56 $G(j\omega)$ 与 $-\dfrac{1}{N(X)}$ 曲线

【习题 7-31】 图 7-57 为有理想继电器非线性元件系统的结构图。系统原是静止的,输入 $r(t)=30\times 1(t)$。求达到 $c=30$,$\dot{c}=0$ 的时间(其中 $\dfrac{A}{J}=0.1$)。

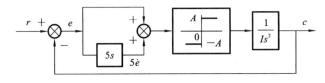

图 7-57 有理想继电器非线性元件系统的结构图

解 根据系统结构图,有

$$\begin{cases} J\ddot{c}=A, & e+5\dot{e}>0 \\ J\ddot{c}=-A, & e+5\dot{e}<0 \end{cases} \tag{1}$$

又因 $e=r-c$,所以

$$c=r-e$$

将 $\ddot{r}=\dot{r}=0(t>0)$ 代入式(1)，可得偏差方程式

$$\ddot{e}=\begin{cases}\text{I}:-\dfrac{A}{J}=-0.1,&e+5\dot{e}>0\\[4pt]\text{II}:\dfrac{A}{J}=-0.1,&e+5\dot{e}<0\end{cases}$$

$e+5\dot{e}=0$ 为开关线方程，它将相平面分成两个区域：区域 I，对应 $e+5\dot{e}>0$；区域 II，对应 $e+5\dot{e}<0$。

当 $e+5\dot{e}>0$ 时，对 I 区域积分，可得

$$\begin{cases}\dot{e}=-0.1t+\dot{e}(0)\\ e=-0.05t^2+\dot{e}(0)t+e(0)\end{cases}\qquad(2)$$

消去 t，得

$$e=-5\dot{e}^2+e(0)+5\dot{e}^2(0)\qquad(3)$$

在 $e-\dot{e}$ 坐标系中，这是一个向右凸出的抛物线方程。

当 $e+5\dot{e}<0$ 时，对 II 区域积分，可得

$$e=5\dot{e}^2+e(0)-5\dot{e}^2(0)\qquad(4)$$

显然，这是一个向左凸出的抛物线方程。

由 $e=r-c$，得

$$e(0_+)=r(0_+)-c(0_+)=30-0=30$$
$$\dot{e}(0_+)=\dot{r}(0_+)-\dot{c}(0_+)=0$$

依 $e(0_+)=30,\dot{e}(0_+)=0$ 可绘出系统相轨迹图，如图 7-58 所示。

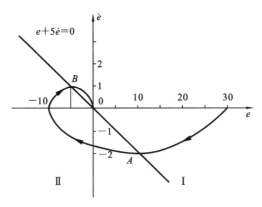

图 7-58 系统相轨迹图

下面求切换点 A、B 的坐标值。

根据式(3)，将 $e(0)=30,\dot{e}(0)=0$ 代入式(3)，与 $5\dot{e}^2+e=30$ 和 $5\dot{e}+e=0$ 联立，可求得

$$A(10,-2)$$

根据式(4)，将 $e(0)=10,\dot{e}(0)=-2$ 代入式(4)，得

$$e=5\dot{e}^2+10-20=5\dot{e}^2-10$$

与 $e+5\dot{e}=0$ 联立，可求得

$$B(-5,1)$$

依据相轨迹，分段求状态转移的时间。

在 $t=0$ 时，$e(0)=30$，$\dot{e}(0)=0$，在开关线上方（$e+5\dot{e}>0$），相轨迹沿抛物线运动，当到达 $A(10,-2)$ 点时与开关线相交于 A 点。应用区域Ⅰ算式，可算出到达 A 点所需的时间为

$$t=\frac{\dot{e}-\dot{e}(0)}{0.1}=\frac{-(-2)}{0.1}=20 \text{ s}$$

到达 A 点后，继电器切换，相轨迹则沿抛物线运动，并再次与开关线相交于 $B(-5,1)$。将区域Ⅱ算式积分，得

$$\dot{e}=0.1t+\dot{e}(0)$$

$$t=\frac{\dot{e}-\dot{e}(0)}{0.1}=\frac{1-(-2)}{0.1}=30 \text{ s}$$

到达 B 点后，继电器再次切换，轨迹沿抛物线运动，并在原点处与开关线相交。应用式（2）可算出从 B 点到达原点的时间为

$$t=\frac{\dot{e}-\dot{e}(0)}{0.1}=10 \text{ s}$$

将三段时间相加，求得到达 $c=30$，$\dot{c}=0$ 的时间为 $(20+30+10)=60$ s。

【习题 7-32】 设非线性系统的结构图如图 7-59 所示，分析系统运动并计算自振参数。

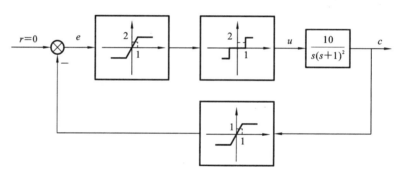

图 7-59 非线性系统的结构图

解 由结构图可得

$$u=\begin{cases} 2, & c<-\dfrac{1}{2} \\ 0, & -\dfrac{1}{2}\leqslant c\leqslant \dfrac{1}{2} \\ -2, & c>\dfrac{1}{2} \end{cases}$$

所以系统可以进行等效变换，如图 7-60 所示。

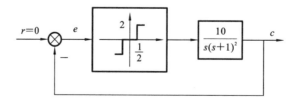

图 7-60 系统等效变换后的结构图

$$N(X) = \frac{4M}{\pi X}\sqrt{1-\left(\frac{h}{X}\right)^2} = \frac{4M}{\pi X}\frac{h}{X}\sqrt{1-\left(\frac{h}{X}\right)^2}$$

$$-\frac{1}{N(X)} = \frac{4M}{\pi X}\frac{h}{X}\frac{1}{\sqrt{\left(\frac{h}{X}\right)^2-1}}, \quad X \geqslant h$$

当 $X \to h$ 时,$-\dfrac{1}{N(X)} \to -\infty$;当 $X \to \infty$ 时,$-\dfrac{1}{N(X)} \to -\infty$。所以存在极值点。由 $\dfrac{\mathrm{d}}{\mathrm{d}X}\left[-\dfrac{1}{N(A)}\right]=0$ 可得极值点 $-\dfrac{1}{N(X)}\bigg|_{X=\sqrt{2}h} = \dfrac{\pi h}{2M} = -\dfrac{\pi}{8}$。

令 $\angle G(\mathrm{j}\omega) = -\pi$,得

$$-\frac{\pi}{2} - (\arctan\omega) \times 2 = -\pi$$

解得 $\omega = 1$

$$|G(\mathrm{j}\omega)|_{\omega=1} = \frac{10}{2} = 5$$

可见系统存在自振,$G(\mathrm{j}\omega)$ 与 $-\dfrac{1}{N(A)}$ 曲线如图 7-61 所示。

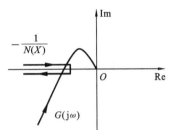

图 7-61 $G(\mathrm{j}\omega)$ 与 $-\dfrac{1}{N(A)}$ 曲线

由 $-\dfrac{1}{N(X)} = -5$ 可得自振参数 $X=12.72$,所以折算到输出端的振幅 $X=12.72$,频率 $\omega=1$。

【**习题 7-33**】 已知含有滞环继电特性的非线性系统如图 7-62 所示。试用描述函数法讨论:

(1) 本系统是否会产生自振?为什么?

(2) 系统线性部分参数 k 的增大对自振参数(A 及 ω)有无影响?为什么?

(3) 系统的非线性部分参数 c(死区)的增大对自振参数(A 及 ω)是否有影响?为什么 $\left(\text{附}: N(A) = \dfrac{4M}{\pi A}\left(\sqrt{1-\dfrac{c^2}{A^2}} - \mathrm{j}\dfrac{c}{A}\right)\right)$?

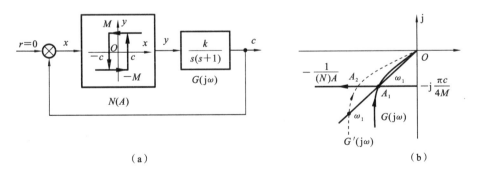

图 7-62 含有滞环继电特性的非线性系统

解 (1) 因继电特性的负倒描述函数为

$$-\frac{1}{N(A)} = -\frac{1}{\dfrac{4M}{\pi A}\left[\sqrt{1-\left(\dfrac{c}{A}\right)^2} - \mathrm{j}\dfrac{c}{A}\right]} = -\frac{\pi A}{4M}\sqrt{1-\left(\frac{c}{A}\right)^2} - \mathrm{j}\frac{\pi c}{4M}$$

它是一个复函数,当 A 由 $c \to \infty$ 变化时,其曲线是由负虚轴 $-j\dfrac{\pi c}{4M}$ 出发向左延伸,且与实轴平行的直线,如图 7-62(b)所示。可见,$G(j\omega)$ 与 $-\dfrac{1}{N(A)}$ 曲线必有一个相交点,且交点对应系统的稳定周期振荡,所示该系统必产生自振。

（2）当系统的线性部分放大系数 K 增大时,$G(j\omega)$ 曲线与 $-\dfrac{1}{N(A)}$ 曲线的交点左移,由图 7-62(b)可见,K 增大,使自振的振幅 A_c 和 ω_c 都增大。

（3）当系统非线性部分的参量 c（死区）增大时,$G(j\omega)$ 与 $-\dfrac{1}{N(A)}$ 曲线的焦点位置不变,所以交点在 $-\dfrac{1}{N(A)}$ 中的比值 $\dfrac{c}{A}$ 不变。但由于 c 增大,所以 A 增大,系统自振的振幅增大（振荡频率保持不变）。

8

线性离散控制系统的分析与校正

【**习题 8-1**】 下列信号被理想采样开关采样,采样周期为 T,试写出采样信号的表达式。

(1) $e(t)=1(t)$;

(2) $e(t)=t\mathrm{e}^{-at}$。

解 (1) 由采样信号的数学表达式得

$$e^*(t) = \sum_{n=0}^{\infty} 1(nT)\delta(t-nT)$$

(2) 由采样信号的数学表达式得

$$e^*(t) = \sum_{n=0}^{\infty} (nT)\mathrm{e}^{-anT}\delta(t-nT)$$

【**习题 8-2**】 已知信号 $x(t)=\sin t$ 和 $y(t)=\sin(4t)$,采样角频率 $\omega_s=3$ rad/s,求各采样信号及其 z 变换 $x^*(t),y^*(t),X(z),Y(z)$,并说明由此结果所得的结论。

由采样信号的数学表达式得

$$x^*(t) = \sum_{n=0}^{\infty} \sin(nT)\delta(t-nT)$$

$$y^*(t) = \sum_{n=0}^{\infty} \sin(4nT)\delta(t-nT)$$

直接查 z 变换表,得

$$X(z) = \mathscr{Z}[\sin t] = \frac{z\sin T}{z^2 - 2z\cos T + 1}$$

$$Y(z) = \mathscr{Z}[\sin(4t)] = \frac{z\sin(4T)}{z^2 - 2z\cos(4T) + 1}$$

当 $\omega_s=3$ rad/s 时,有

$$x(nT) = \sin(nT) = \sin\left(\frac{2\pi n}{\omega_s}\right) = \sin\left(\frac{2\pi n}{3}\right)$$

$$y(nT) = \sin(4nT) = \sin\left(\frac{8\pi n}{\omega_s}\right) = \sin\left(\frac{8\pi n}{3}\right) = \sin\left(2\pi n + \frac{2\pi n}{3}\right) = \sin\left(\frac{2\pi n}{3}\right)$$

结果表明,不满足采样定理,高频信号将变为低频信号。

【习题 8-3】 试用 z 变换法求解下列差分方程：

(1) $c^*(t+2T)-6c^*(t+T)+8c^*(t)=r^*(t),r(t)=1(t),c^*(t)=0(t\leqslant 0)$；

(2) $c(k+2)-3c(k+1)+2c(k)=r(k),c(k)=0(k\leqslant 0),r(t)=\delta(1)$；

(3) $c(k+3)+6c(k+2)+11c(k+1)+6c(k)=0,c(0)=c(1)=1,c(2)=0$；

(4) $c(k+2)+5c(k+1)+6c(k)=\cos\dfrac{k\pi}{2},c(0)=c(1)=0$。

解 (1) 对采样信号的数学表达式进行变换，得

$$c(k+2)-6c(k+1)+8c(k)=r(k) \quad (1)$$

这是一个二阶差分方程，求解时需要两个初始条件，目前已知 $c(0)=0$ 这个初始条件，还需要确定初始条件 $c(1)$。为确定 $c(1)$，可令 $k=-1$，代入方程式(1)，得

$$c(1)-6c(0)+8c(-1)=r(-1) \quad (2)$$

由已知条件 $c(0)=0,c(-1)=0,r(-1)=0$，再由式(2)解得

$$c(1)=0$$

对差分方程逐项取 z 变换，并代入初始条件，得

$$(z^2-6z+8)C(z)=R(z)=\dfrac{z}{z-1}$$

则

$$C(z)=\dfrac{1}{(z-2)(z-4)}\dfrac{z}{z-1}=\dfrac{z}{3(z-1)}-\dfrac{z}{2(z-2)}+\dfrac{z}{6(z-4)}$$

查 z 变换表，求出 z 反变换为

$$c^*(t)=\sum_{n=0}^{\infty}\left[\dfrac{1}{3}-\dfrac{1}{2}2^n+\dfrac{1}{6}4^n\right]\delta(t-nT)$$

即

$$c(k)=\dfrac{1}{6}(2-3\times 2^k+4^k),\quad k=0,1,2,\cdots$$

(2) 这是一个二阶差分方程，求解时需要两个初始条件，题中只给了 $c(0)=0$ 一个初始条件，还需要确定初始条件 $c(1)$。为确定 $c(1)$，可令 $k=-1$，代入方程式(1)，得

$$c(1)-3c(0)+2c(-1)=r(-1) \quad (3)$$

由已知条件 $c(0)=0,c(-1)=0,r(-1)=0$，再由式(3)解得

$$c(1)=0$$

对差分方程逐项取 z 变换，并代入初始条件，得

$$(z^2-3z+2)C(z)=R(z)=1$$

则

$$C(z)=\dfrac{1}{z^2-3z+2}=\dfrac{1}{z-2}-\dfrac{1}{z-1} \quad (4)$$

为便于使用 z 变换表，对式(4)两端分别乘以 z，得

$$zC(z)=\dfrac{z}{z-2}-\dfrac{z}{z-1}$$

根据 z 变换的超前定理有

$$\mathscr{L}[z(kT+T)]=z[C(z)-c(0)]=zC(z)=\dfrac{z}{z-2}-\dfrac{z}{z-1}$$

所以

$$c[(k+1)T] = \mathscr{Z}^{-1}\left[\frac{z}{z-2} - \frac{z}{z-1}\right] = 2^k - 1$$

即

$$c(kT) = 2^{k-1} - 1, \quad k = 0, 1, 2, \cdots$$

(3) 对差分方程逐项取 z 变换,并代入初始条件,得

$$z^3 C(z) - z^3 - z^2 + 6z^2 C(z) - 6z^2 - 6z + 11zC(z) - 11z + 6C(z) = 0$$

则

$$C(z) = \frac{z^3 + 7z^2 + 17z}{(z+1)(z+2)(z+3)} = \frac{11z}{2(z+1)} - \frac{7z}{z+2} + \frac{5z}{2(z+3)}$$

查 z 变换表,求出 z 反变换为

$$c^*(t) = \sum_{n=0}^{\infty} \left[\frac{11}{2}(-1)^n - 7(-2)^n + \frac{5}{2}(-3)^n\right] \delta(t - nT)$$

即

$$c(k) = \frac{11}{2}(-1)^k - 7(-2)^k + \frac{5}{2}(-3)^k, \quad k = 0, 1, 2, \cdots$$

(4) 对差分方程逐项取 z 变换,并代入初始条件,得

$$(z^2 + 5z + 6)C(z) = \mathscr{Z}\left[\cos\frac{k\pi}{2}\right] = \frac{z\left(z - \cos\frac{\pi}{2}T\right)}{z^2 - 2z\cos\frac{\pi}{2}T + 1} = \frac{z^2}{z^2 + 1} \quad (T = 1)$$

则

$$C(z) = \frac{z^2}{(z+2)(z+3)(z^2+1)} = -\frac{\frac{2}{5}z}{z+2} + \frac{\frac{3}{10}z}{z+3} + \frac{\frac{1}{10}(z^2 - z)}{z^2 + 1}$$

$$= -\frac{\frac{2}{5}z}{z+2} + \frac{\frac{3}{10}z}{z+3} + \frac{1}{10}\left(\frac{z^2}{z^2+1} - \frac{z}{z^2+1}\right)$$

$$= -\frac{\frac{2}{5}z}{z+2} + \frac{\frac{3}{10}z}{z+3} + \frac{1}{10}\left[\frac{z\left(z - \cos\frac{\pi}{2}\right)}{z^2 - 2z\cos\frac{\pi}{2} + 1} - \frac{z\sin\frac{\pi}{2}}{z^2 - 2z\cos\frac{\pi}{2} + 1}\right]$$

查 z 变换表,求出 z 反变换为

$$c^*(t) = \sum_{n=0}^{\infty} \left[-\frac{2}{5}(-2)^n + \frac{3}{10}(-3)^n + \frac{1}{10}\left(\cos\frac{\pi}{2}n - \sin\frac{\pi}{2}n\right)\right] \delta(t - nT)$$

即

$$c(k) = -\frac{2}{5}(-2)^k + \frac{3}{10}(-3)^k + \frac{1}{10}\left(\cos\frac{\pi}{2}k - \sin\frac{\pi}{2}k\right), \quad k = 0, 1, 2, \cdots$$

【习题 8-4】 已知离散系统的差分方程为

$$c(k+3) + 0.5c(k+2) - c(k+1) + 0.5c(k) = 4r(k+3) - r(k+1) - 0.6(k)$$

试求系统的脉冲传递函数。

解 对差分方程逐项取 z 变换,得

$$z^3 C(z) + 0.5z^2 C(z) - zC(z) + 0.5C(z) = 4z^3 R(z) - zR(z) - 0.6R(z)$$

则

$$(z^3 + 0.5z^2 - z + 0.5)C(z) = (4z^3 - z - 0.6)R(z)$$

整理可得系统的脉冲传递函数为
$$G(z)=\frac{C(z)}{R(z)}=\frac{4z^3-z-0.6}{z^3+0.5z^2-z+0.5}$$

【习题 8-5】 设开环离散系统如图 8-1 所示，试求开环脉冲传递函数 $G(z)$。

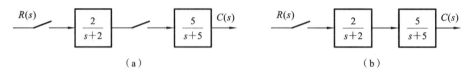

图 8-1 开环离散系统

解 （1） $G(z)=G_1(z)G_2(z)=\mathscr{Z}\left[\dfrac{2}{s+2}\right]\mathscr{Z}\left[\dfrac{5}{s+5}\right]$

$$=\frac{2z}{z-\mathrm{e}^{-2T}}\frac{5z}{z-\mathrm{e}^{-5T}}=\frac{10z^2}{(z-\mathrm{e}^{-2T})(z-\mathrm{e}^{-5T})}$$

（2） $G(z)=G_1G_2(z)=\mathscr{Z}\left[\dfrac{10}{(s+2)(s+5)}\right]=\mathscr{Z}\left[\dfrac{10}{3}\left(\dfrac{1}{s+2}-\dfrac{1}{s+5}\right)\right]$

$$=\frac{10}{3}\left[\frac{z}{z-\mathrm{e}^{-2T}}-\frac{z}{z-\mathrm{e}^{-5T}}\right]=\frac{10z(\mathrm{e}^{-2T}-\mathrm{e}^{-5T})}{3(z-\mathrm{e}^{-2T})(z-\mathrm{e}^{-5T})}$$

【习题 8-6】 设单位负反馈误差采样离散系统的连续部分传递函数为
$$G(s)=\frac{1}{s(s+5)}$$

输入 $r(t)=1(t)$，采样周期 $T=1$ s。试求：

(1) 输出 z 变换 $C(z)$；
(2) 采样瞬时的输出响应；
(3) 输出响应的终值 $c(\infty)$。

解 （1） $G(z)=\mathscr{Z}\left[\dfrac{1}{5}\left(\dfrac{z}{z-1}-\dfrac{z}{z-\mathrm{e}^{-5T}}\right)\right]=\dfrac{0.19865z}{(z-1)(z-0.0067379)}$

$$R(z)=\frac{z}{z-1}$$

则有

$$\Phi(z)=\frac{0.19865z}{z^2-0.80809z+0.0067379}=\frac{0.19865z}{(z-0.79966)(z-0.00843)}$$

由此可得

$$C(z)=R(z)\Phi(z)=\frac{0.19865z^2}{(z-0.79966)(z-0.00843)(z-1)}$$

（2）对 $C(z)$ 取 z 反变换，有

$$\mathscr{Z}^{-1}[C(z)]=\mathscr{Z}^{-1}\left[\frac{0.19865z^2}{(z-0.79966)(z-0.00843)(z-1)}\right]$$

$$=\mathscr{Z}^{-1}\left[\frac{z}{z-1}-\frac{1.00214z}{z-0.79966}+\frac{0.00214z}{z-0.00843}\right]$$

$$c(kT)=1-1.00214\times0.79966^k+0.00214\times0.00843^k,\quad k=0,1,2,\cdots$$

（3）由于 0.79966 和 0.00843 是均为大于 0、小于 1 的数，故在 k 趋于 ∞ 时后两项趋于 0，故输出响应的终值

$$c(\infty)=1$$

【习题 8-7】 以太阳能作动力的"逗留者号"漫游车,由地球上发出的路径控制信号 $r(t)$ 能对该装置实施遥控,其结构图如图 8-2 所示。控制系统的主要任务是保证系统对斜坡输入信号具有较好的动态跟踪性能。若令数字控制器 $G_c(z)=K=2$,试求系统的闭环脉冲传递函数和系统的输出响应。

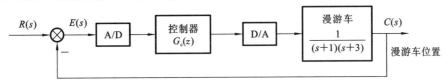

图 8-2 "逗留者号"漫游车结构示意图

解
$$G(z) = G_c(z) \times \mathscr{L}\left[\frac{1}{(s+1)(s+3)}\right] = K \times \mathscr{L}\left[\frac{1}{(s+1)(s+3)}\right]$$
$$= \mathscr{L}\left[\frac{1}{(s+1)} - \frac{1}{(s+3)}\right] = \left[\frac{z}{z-e^{-T}} - \frac{z}{z-e^{-3T}}\right]$$
$$= \frac{(e^{-T} - e^{-3T})z}{(z-e^{-T})(z-e^{-3T})} \quad (T=1)$$

系统的闭环脉冲传递函数为
$$\Phi(z) = \frac{G(z)}{1+G(z)} = \frac{(e^{-1}-e^{-3})z}{(z-e^{-1})(z-e^{-3}) + (e^{-1}-e^{-3})z}$$
$$= \frac{0.318z}{z^2 - 0.1z + 0.0183}$$

考虑到斜坡输入变量的 z 变换为
$$R(z) = \frac{Tz}{(z-1)^2} = \frac{z}{(z-1)^2}$$

系统输出变量的 z 变换为
$$C(z) = R(z)\Phi(z) = \frac{z}{(z-1)^2} \cdot \frac{0.318z}{z^2 - 0.1z + 0.0183}$$
$$= \frac{0.318z^2}{z^4 - 2.1z^3 + 1.2183z^2 - 0.1366z + 0.0183}$$

应用长除法求取给定离散系统的斜坡输入响应,为此将 $C(z)$ 改写成 z^{-1} 的升幂形式,即分子、分母多项式同除以 z^4,得
$$C(z) = \frac{0.318z^{-2}}{1 - 2.1z^{-1} + 1.2183z^{-2} - 0.1366z^{-3} + 0.0183z^{-4}}$$
$$C(z) = 0.318z^{-2} + 0.6678z^{-3} + 1.013z^{-4} + 1.357z^{-5} + 1.711z^{-6} + \cdots$$

求得斜坡输入在各采样时刻上相应的数值 $c(kT_0)(k=0,1,2,\cdots)$ 如下:
$$c(0) = 0$$
$$c(T_0) = 0$$
$$c(2T_0) = 0.318$$
$$c(3T_0) = 0.6678$$
$$c(4T_0) = 1.013$$
$$c(5T_0) = 1.357$$
$$c(6T_0) = 1.7011$$
$$\vdots$$

单位斜坡响应图如图 8-3 所示。

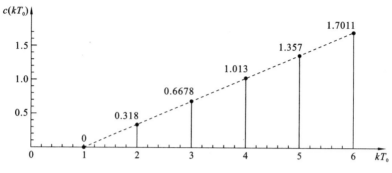

图 8-3 单位斜坡响应图

【习题 8-8】 如图 8-2 所示的火星漫游车系统，若 $G_c(z)=K$，T 分别为 0.1 s 及 1 s，试确定使系统稳定的 K 值范围。

解 $G(z)=G_c(z)\mathscr{L}\left[\dfrac{1}{(s+1)(s+3)}\right]=\dfrac{2K(\mathrm{e}^{-T}-\mathrm{e}^{-3T})z}{(z-\mathrm{e}^{-T})(z-\mathrm{e}^{-3T})}$

系统的特征方程为
$$D(z)=z^2+[(2K-1)\mathrm{e}^{-T}-(2K+1)\mathrm{e}^{-3T}]z+\mathrm{e}^{-4T}$$

当 $T=0.1$ s 时，离散系统的特征方程为
$$D(z)=z^2+(0.32K-1.64)z+0.67$$
$$a_0=0.67,\quad a_1=0.32K-1.64,\quad a_2=1$$

有 $|a_0|<a_2$ 成立。存在满足 $D(1)>0$，$(-1)^2D(-1)>0$ 条件的实数 K，范围为 $0.09375<K<10.34$。

当 $T=0.1$ s 时，$0.09375<K<10.34$，该系统稳定。

当 $T=1$ s 时，离散系统的特征方程为
$$D(z)=z^2+(0.636K-0.418)z+0.0183$$
$$a_0=0.0183,\quad a_1=0.636K-0.418,\quad a_2=1$$

有 $|a_0|<a_2$ 成立。存在满足 $D(1)>0$，$(-1)^2D(-1)>0$ 条件的实数 K，范围为 $0<K<2.258$。

当 $T=1$ s 时，$0<K<2.258$，该系统稳定。

【习题 8-9】 试判断下列系统的稳定性：

(1) 已知闭环离散系统的特征方程为
$$D(z)=(z+1)(z+0.5)(z+2)=0$$

(2) 已知闭环离散系统的特征方程为（要求用朱利稳定判据）
$$D(z)=z^4+0.2z^3+z^2+0.36z+0.8=0$$

(3) 已知误差采样的单位负反馈离散系统，采样周期 $T=1$ s，开环脉冲传递函数为
$$G(s)=\dfrac{22.57}{s^2(s+1)}$$

解 (1) 特征值为 $z_1=-1$，$z_2=-0.5$，$z_3=-2$，由于 $|z_3|>1$，故闭环离散系统不稳定。

由于 $n=4$，$2n-3=5$，故朱利阵列有 5 行 5 列。根据给定的 $D(z)$ 知
$$a_0=0.8,\quad a_1=0.36,\quad a_2=1,\quad a_3=0.2,\quad a_4=1$$

计算得朱利阵列中的元素 b_k 和 c_k 为

$$b_0 = \begin{vmatrix} a_0 & a_4 \\ a_4 & a_0 \end{vmatrix} = -0.36, \quad b_1 = \begin{vmatrix} a_0 & a_3 \\ a_4 & a_1 \end{vmatrix} = 0.088$$

$$b_2 = \begin{vmatrix} a_0 & a_2 \\ a_4 & a_2 \end{vmatrix} = -0.2, \quad b_3 = \begin{vmatrix} a_0 & a_1 \\ a_4 & a_3 \end{vmatrix} = -0.2$$

$$c_0 = \begin{vmatrix} b_0 & b_3 \\ b_3 & b_0 \end{vmatrix} = -0.0896, \quad c_1 = \begin{vmatrix} b_0 & b_2 \\ b_3 & b_0 \end{vmatrix} = -0.07168, \quad c_2 = \begin{vmatrix} b_0 & b_1 \\ b_3 & b_2 \end{vmatrix} = 0.0896$$

列出朱利阵列得

行数	z^1	z^2	z^3	z^4	z^5
1	0.8	0.36	1	0.2	1
2	1	0.2	1	0.36	0.8
3	−0.36	0.088	−0.2	−0.2	
4	−0.2	−0.2	0.088	−0.36	
5	0.896	−0.7168	0.896		

因为 $D(1)=3.36>0, D(-1)=2.24>0$,所以

$$|a_0|=0.8, a_4=1, \quad 满足 |a_0|<a_4$$
$$|b_0|=0.36, |b_3|=0.2, \quad 满足 |b_0|>|b_3|$$
$$|c_0|=0.0896, |c_2|=0.0896, \quad 不满足 |c_0|>|c_2|$$

故由朱利稳定判据知,该离散系统不稳定。

开环脉冲传递函数为

$$G(z) = \mathscr{Z}\left[\frac{22.57}{s^2} - \frac{22.57}{s} + \frac{22.57}{s+1}\right] = 22.57\left[\frac{z}{(z-1)^2} - \frac{z}{z-1} + \frac{z}{z-0.368}\right]$$

$$= \frac{22.57z(0.368z+0.264)}{(z-1)^2(z-0.368)} = \frac{8.306(z^2+0.717z)}{z^3 - 2.368z^2 + 1.736z - 0.368}$$

闭环脉冲传递函数为

$$\Phi(z) = \frac{G(z)}{1+G(z)} = \frac{8.306(z^2+0.717z)}{z^3 + 5.938z^2 + 7.694z - 0.368}$$

特征方程为

$$D(z) = z^3 + 5.938z^2 + 7.694z - 0.368 = 0$$

求得特征值为

$$z_1 = -3.903, \quad z_2 = -2.043, \quad z_3 = 0.046$$

由于

$$|z_1|>1, \quad |z_2|>1$$

故闭环系统不稳定。

【习题 8-10】 试求图 8-4 所示系统的闭环脉冲传递函数,并判断系统是否稳定,已知 $T=1$ s。

解 设

$$G_{P_1}(s) = 1 + \frac{1}{s}, \quad G_{P_2}(s) = \frac{1}{s+1}$$

$$G_1(z) = \mathscr{Z}[G_{P_1}(s)] = \mathscr{Z}\left[1 + \frac{1}{s}\right] = 1 + \frac{z}{z-1} = \frac{2z-1}{z-1}$$

$$G_2(z)=(1-z^{-1})\mathscr{L}\left[\frac{1}{s}G_{p_2}(s)\right]=(1-z^{-1})\mathscr{L}\left[\frac{1}{s}-\frac{1}{s+1}\right]$$

$$=\frac{z-1}{z}\left(\frac{z}{z-1}-\frac{z}{z-\mathrm{e}^{-1}}\right)=\frac{1-\mathrm{e}^{-1}}{z-\mathrm{e}^{-1}}$$

闭环脉冲传递函数为

$$\Phi(z)=\frac{G_1(z)G_2(z)}{1+G_1(z)G_2(z)}=\frac{2(1-\mathrm{e}^{-1})z-(1-\mathrm{e}^{-1})}{z^2+(1-3\mathrm{e}^{-1})z+\mathrm{e}^{-1}-1}$$

闭环特征多项式为

$$D(z)=z^2+(1-3\mathrm{e}^{-1})z+\mathrm{e}^{-1}-1$$

$$a_0=-0.632,\quad a_1=-0.104,\quad a_2=1$$

$$D(1)>0,\quad (-1)^2D(-1)>0,\quad |a_0|<a_2$$

则该系统稳定。

【习题 8-11】 已知离散系统的开环脉冲传递函数为

$$G(z)=\frac{k(1-\mathrm{e}^{-10T})}{z-\mathrm{e}^{-10T}}$$

试讨论采样周期 $T=1$ s,$T=0.1$ s,$T=0.01$ s 时对系统稳定性的影响。

解 离散系统的特征方程为

$$D(z)=1+G(z)=0=z+k-(k+1)\mathrm{e}^{-10T}$$

离散系统的特征值为

$$z=(k+1)\mathrm{e}^{-10T}-k$$

当 $T=1$ s 时,有

$$z=(k+1)\mathrm{e}^{-10}-k$$

若使系统稳定则必须使

$$|z|<1$$

此时

$$-1<k<1$$

当 $T=0.1$ s 时,有

$$z=(k+1)\mathrm{e}^{-1}-k$$

若使系统稳定则必须使

$$|z|<1$$

此时

$$-1<k<2.16$$

当 $T=0.01$ s 时,有

$$z=(k+1)\mathrm{e}^{-0.1}-k$$

若使系统稳定则必须使

$$|z|<1$$

此时
$$-1<k<20.017$$
综上,随着采样频率的增加,系统更容易达到稳定状态。

【习题 8-12】 设离散系统的结构图如图 8-5 所示,采样周期 $T=0.2$ s,$K=10$, $r(t)=1+t+t^2/2$,试用终值定理法计算系统的稳态误差 $e_{ss}(\infty)$。

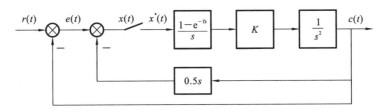

图 8-5 离散系统的结构图

解 将系统简化为图 8-6 所示的结构。

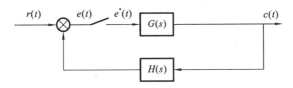

图 8-6 离散系统的简化结构图

反馈回路传递函数为
$$H(s)=1+0.5s$$
前向通路传递函数为
$$G(s)=G_h(s)K\frac{1}{s^2}=\frac{K(1-e^{-Ts})}{s^3}$$
对 $G(s)H(s)$ 取 z 变换,有
$$GH(z)=\mathscr{Z}[G(s)H(s)]=(1-z^{-1})\mathscr{Z}\left[\frac{5s+10}{s^3}\right]=5(1-z^{-1})\mathscr{Z}\left[\frac{1}{s^2}+\frac{2}{s^3}\right]$$
$$=5(1-z^{-1})\left[\frac{0.2z}{(z-1)^2}+\frac{0.04z(z+1)}{(z-1)^3}\right]=\frac{1.2z-0.8}{(z-1)^2}$$
误差脉冲传递函数为
$$\Phi_e(z)=\frac{1}{1+GH(z)}=\frac{z^2-2z+1}{z^2-0.8z+0.2}$$
闭环特征方程为
$$D(z)=z^2-0.8z+0.2=0$$
求得特征根为
$$z_{1,2}=0.4\pm j0.2$$
由于 $|z_{1,2}|<1$,故系统稳定。

由
$$R(z)=\mathscr{Z}\left[1+t+\frac{t^2}{2}\right]=\frac{z}{z-1}+\frac{0.2z}{(z-1)^2}+\frac{0.02z(z+1)}{(z-1)^3}$$
求得系统稳态误差为

$$e_{ss}(\infty)=\lim_{z\to 1}(1-z^{-1})\Phi_e(z)R(z)=0.1$$

【习题 8-13】 设离散系统的结构图如图 8-7 所示，其中 $T=0.1$ s，$K=1$，$r(t)=t$，试求静态误差系数 K_p，K_v，K_a，计算系统稳态误差 $e_{ss}(\infty)$，并分析误差系数与采样周期 T 的关系。

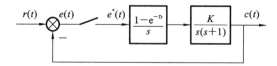

图 8-7 离散系统的结构图

解 开环脉冲传递函数为

$$G_hG_0(z)=\mathscr{L}\left[\frac{(1-e^{-sT})K}{s^2(s+1)}\right]=(1-z^{-1})\mathscr{L}\left[\frac{1}{s^2(s+1)}\right]=(1-z^{-1})\mathscr{L}\left[\frac{1}{s^2}-\frac{1}{s}+\frac{1}{s+1}\right]$$

$$=(1-z^{-1})\left[\frac{0.1z}{(z-1)^2}-\frac{z}{z-1}+\frac{z}{z-0.905}\right]=\frac{0.005(z+0.9)}{(z-1)(z-0.905)}$$

闭环误差脉冲传递函数为

$$\Phi_e(z)=\frac{1}{1+G_hG_0(z)}=\frac{(z-1)(z-0.905)}{z^2-1.9z+0.905}$$

闭环特征方程为

$$D(z)=z^2-1.9z+0.905=0$$

求得特征根为

$$z_{1,2}=0.95\pm j0.087$$

由于 $|z_{1,2}|<1$，故闭环系统稳定。

系统静态误差系数为

$$K_p=\lim_{z\to 1}[1+G_hG_0(z)]=\infty$$
$$K_v=\lim_{z\to 1}(z-1)G_hG_0(z)=0.1$$
$$K_a=\lim_{z\to 1}(z-1)^2G_hG_0(z)=0$$

根据开环脉冲传递函数的形式，可以判定该系统是 I 型系统，在单位斜坡输入的情况下，稳态误差为

$$e_{ss}(\infty)=\frac{T}{K_v}=1$$

误差系数与采样周期 T 的选取有关。

【习题 8-14】 设离散系统的结构图如图 8-8 所示。
(1) 计算系统闭环脉冲传递函数；
(2) 确定闭环系统稳定的 K 值范围；
(3) 设 $T=1$ s，$r(t)=t$，若要求其稳态误差 $e_{ss}(\infty)\leqslant 0.1$，该系统能否稳定工作？

解 (1) 其开环传递函数为

$$G_hG_0(z)=\mathscr{L}\left[\frac{(1-e^{-sT})K}{s}\right]=(1-z^{-1})\mathscr{L}\left[\frac{K}{s^2}\right]$$

$$=(1-z^{-1})\frac{KTz}{(z-1)^2}=\frac{KT}{z-1}$$

闭环脉冲传递函数为

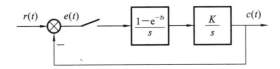

图 8-8 离散系统的结构图

$$\Phi_e(z)=\frac{G_h G_0(z)}{1+G_h G_0(z)}=\frac{KT}{z-1+KT}$$

（2）闭环特征方程为

$$D(z)=z-1+KT=0$$

求得特征根为

$$z_1=1-KT$$

稳定时，有

$$0<K<\frac{2}{T}$$

（3）求满足稳态误差 K 的范围。

由于

$$K_v=\lim_{z\to 1}(z-1)G_h G_0(z)=KT$$

根据开环脉冲传递函数的形式，可以判定该系统是 I 型系统，在单位斜坡输入的情况下，稳态误差为

$$e_{ss}(\infty)=\frac{T}{K_v}$$

若使 $e_{ss}(\infty)\leqslant 0.1$，则必有

$$\frac{1}{K}\leqslant 0.1 \Rightarrow K\geqslant 10$$

不满足稳定条件，故该系统不能稳定工作。

【习题 8-15】 某采样系统的结构图如图 8-9 所示，采样周期 $T=2n\pi/\omega_s$，$n=1,2$，…，试说明在采样时刻上，系统的输出值为零。其中

$$G_0(s)=\frac{\omega_s}{s^2+\omega_s^2}$$

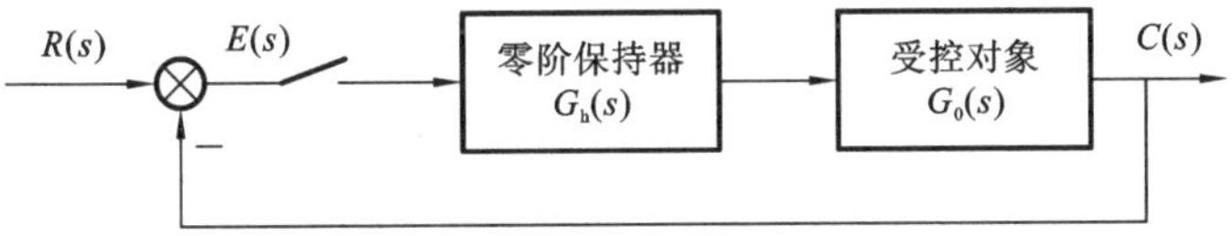

图 8-9 采样系统的结构图

解 $G(z)=\mathscr{Z}[G_h(s)G_0(s)]=(1-z^{-1})\mathscr{Z}\left[\frac{1}{s}\frac{\omega_s}{s^2+\omega_s^2}\right]$

$=\frac{1}{\omega_s}(1-z^{-1})\mathscr{Z}\left[\frac{1}{s}-\frac{s}{s^2+\omega_s^2}\right]$

$=\frac{1}{\omega_s}(1-z^{-1})\left\{\frac{z}{z-1}-\frac{z[z-\cos(\omega_s T)]}{z^2-2\cos(\omega_s T z)+1}\right\}$

$=\frac{1}{\omega_s}(1-z^{-1})\left[\frac{z}{z-1}-\frac{z(z-1)}{z^2-2z+1}\right]=0$

则

$$\Phi(z) = \frac{G(z)}{1+G(z)} = 0$$
$$C(z) = \Phi(z)R(z) = 0$$
$$c(k) = 0$$

则在采样时刻上，系统的输出为零。

【**习题 8-16**】 已知连续传递函数 $G_c(s) = \dfrac{1}{s^2+0.2s+1}$，采样周期 $T=1$ s。若分别用前向差分法、后向差分法和双线性变换法将其离散化，试绘出 s 域和 z 域对应极点的位置，并说明其稳定性。

解 s 域对应的极点为

$$s_{1,2} = -\frac{1}{10} \pm \frac{3\sqrt{11}}{10}j$$

都具有负实部，稳定。

其 s 域对应的极点位置如图 8-10 所示。

利用前向差分法将其离散化，得

$$D(z) = D(s)\Big|_{s=\frac{z-1}{T}} = \frac{1}{\left(\dfrac{z-1}{T}\right)^2 + 0.2\left(\dfrac{z-1}{T}\right) + 1}$$

$$= \frac{T^2}{z^2 + (0.2T-2)z + T^2 - 0.2T + 1} = \frac{1}{z^2 - 1.8z + 1.8}$$

z 域对应的极点为

$$z_{1,2} = \frac{9}{10} \pm \frac{3\sqrt{11}}{10}j$$

其处在单位圆外，不稳定。

其 z 域对应的极点位置如图 8-11 所示。

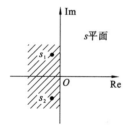
图 8-10 s 域对应的极点位置

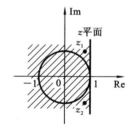
图 8-11 z 域对应的极点位置

利用后向差分法将其离散化，得

$$D(z) = D(s)\Big|_{s=\frac{z-1}{Tz}} = \frac{1}{\left(\dfrac{z-1}{Tz}\right)^2 + 0.2\left(\dfrac{z-1}{Tz}\right) + 1}$$

$$= \frac{z^2}{2.2z^2 - 2.2z + 1} = \frac{0.455z^2}{z^2 - z + 0.455}$$

z 域对应的极点为

$$z_{1,2} = \frac{1}{2} \pm \frac{3\sqrt{11}}{22}j$$

其处在单位圆内,稳定。

其 z 域对应的极点位置如图 8-12 所示。

利用双线性变换法将其离散化,得

$$D(z)=D(s)\Big|_{s=\frac{2(z-1)}{T(z+1)}}=\frac{1}{\left(\frac{2(z-1)}{T(z+1)}\right)^2+0.2\left(\frac{2(z-1)}{T(z+1)}\right)+1}$$

$$=\frac{z^2+2z+1}{5.4z^2-6z+4.6}=\frac{\frac{5}{27}z^2+\frac{10}{27}z+\frac{5}{27}}{z^2-\frac{10}{9}z+\frac{23}{27}}$$

z 域对应的极点为

$$z_{1,2}=\frac{5}{9}\pm\frac{2\sqrt{11}}{9}j$$

其处在单位圆内,稳定。

其 z 域对应的极点位置如图 8-13 所示。

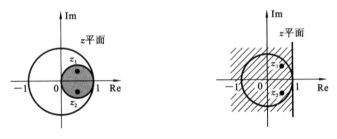

图 8-12 z 域对应的极点位置　　图 8-13 z 域对应的极点位置

【习题 8-17】 已知伺服系统被控对象的传递函数为 $G(s)=\dfrac{2}{s(s+1)}$,串联校正装置为 $G_c(s)=0.35\dfrac{s+0.06}{s+0.04}$。采用合适的离散化方法,将 $G_c(s)$ 离散为 $G_c(z)$,并计算采样周期 T 分别为 0.1 s,1 s,2 s 时,离散系统的单位阶跃响应。

解 选用双线性变换将 $G_c(s)$ 进行离散化。

当 $T=0.1$ s 时,有

$$D(z)=0.35\frac{s+0.06}{s+0.004}\Big|_{s=20\frac{z-1}{z+1}}=\frac{0.351z-0.3489}{z-0.9996}$$

当 $T=1$ s 时,有

$$D(z)=\frac{0.3598z-0.3388}{z-0.996}$$

当 $T=2$ s 时,有

$$D(z)=\frac{0.3695z-0.3277}{z-0.992}$$

利用 Simulink 进行数学仿真,可得曲线如图 8-14、图 8-15 所示。

【习题 8-18】 已知离散系统的结构图如图 8-16 所示,其中采样周期 $T=0.1$ s。试求当 $r(t)=R_0 1(t)+R_1 t$ 时,系统无稳态误差和过渡过程在最少拍内结束的数字控制器 $G_c(z)$。

解 广义被控对象传递函数为

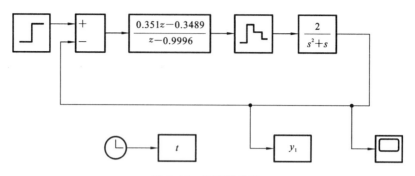

图 8-14 仿真搭建图

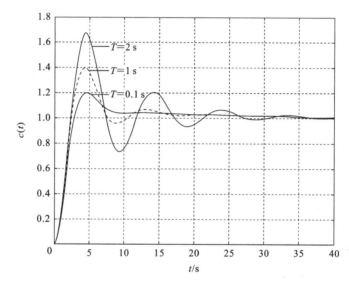

图 8-15 仿真结果图

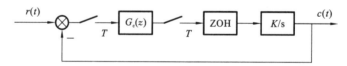

图 8-16 离散系统的结构图

$$G_0(z) = \mathscr{Z}\left[(1-\mathrm{e}^{-Ts})\frac{K}{s^2}\right] = K(1-z^{-1})\frac{Tz}{(z-1)^2} = \frac{K}{z-1}$$

输入 z 变换为

$$R(z) = \mathscr{Z}[R_0 1(t) + R_1(t)] = \frac{R_0 z}{z-1} + \frac{R_1 z}{(z-1)^2}$$

闭环误差脉冲传递函数的形式为

$$\Phi_e(z) = (1-z^{-1})^m$$

这里可以令 $m=2$,即采用二拍系统,可得数字控制器为

$$D(z) = \frac{1-\Phi_e(z)}{G_0(z)\Phi_e(z)} = \frac{1-(1-z^{-1})^2}{\dfrac{K}{z-1}(1-z^{-1})^2} = \frac{2z-1}{K(z-1)}$$

其中 K 值的选取不影响闭环系统的稳定性。

【习题 8-19】 试按无波纹最少拍系统设计方法,求出题 8-18 的数字控制器$G_c(z)$。

解 根据题 8-18 的计算结果,有
$$G_0(z)=\frac{K}{z-1}=\frac{Kz^{-1}}{1-z^{-1}}$$

可见 $G_0(z)$ 没有零点,有一个延迟因子 z^{-1},且在单位圆上有一个极点 $z=1$。

输入 z 变换为
$$R(z)=\frac{R_0 z^2+(R_1-R_0)z}{(z-1)^2}=\frac{A(z)}{(1-z^{-1})^2}$$

由于 $\Phi(z)$ 中没有零点,因此在无波纹系统中不需要增加阶数。

数字控制器可以设计为
$$D(z)=\frac{\Phi(z)}{G_0(z)\Phi_e(z)}=\frac{2-z^{-1}}{K(1-z^{-1})}$$

验算
$$E_2(z)=D(Z)\Phi_e(z)R(z)=\frac{2R_0+(2R_1-3R_0)z^{-1}+(R_0-R_1)z^{-2}}{K(1-z^{-1})}$$
$$=\frac{1}{K}[2R_0+(2R_1-R_0)z^{-1}+R_1 z^{-2}+R_1 z^{-3}+R_1 z^{-4}+R_1(z^{-5}+\cdots)]$$

数字控制器的输出序列为
$$e_2(0)=\frac{2R_0}{K},\ e_2(T)=\frac{2R_1-R_0}{K},\ e_2(T)=e_3(T)=\cdots=\frac{R_1}{K}$$

表明系统从第二拍起 $e_2(nT)$ 达到稳态,输出无波纹。

【习题 8-20】 设数字控制器系统的结构图如图 8-17 所示。

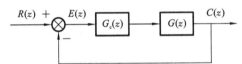

图 8-17 数字控制器系统的结构图

已知 $G(z)=\dfrac{0.761z^{-1}(1+0.046z^{-1})(1+1.134z^{-1})}{(1-z^{-1})(1-0.135z^{-1})(1-0.183z^{-1})}$,$T=1$ s,设计 $r(t)=1(t)$ 时最少拍系统(要求给出数字控制器 $G_c(z)$ 及相应的 $C(z)$,$E(z)$)。

解 $G(z)$ 含有不稳定的零点,选取闭环脉冲传递函数为
$$\Phi_e(z)=(1-z^{-1})(1+az^{-1}),\quad \Phi(z)=bz^{-1}(1+1.134z^{-1})$$
$$R(z)=\frac{1}{1-z^{-1}}$$

由 $\Phi_e(z)=1-\Phi(z)$ 解得
$$a=0.53,\quad b=0.47$$
$$G_c(z)=\frac{\Phi(z)}{G(z)\Phi_e(z)}=\frac{0.618(1-0.135z^{-1})(1-0.183z^{-1})}{(1+0.046z^{-1})(1+0.53z^{-1})}$$
$$C(z)=\Phi(z)R(z)=\frac{0.47z^{-1}(1+1.134z^{-1})}{1-z^{-1}}$$
$$E(z)=\Phi_e(z)R(z)=1+0.53z^{-1}$$

【习题 8-21】 设连续控制系统的结构图如图 8-18 所示,其中被控对象为

$$G_0(s) = \frac{1}{s(s+10)}$$

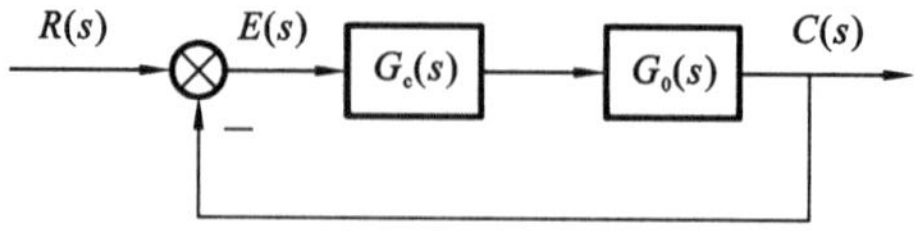

```
R(s)    E(s)
 ──→⊗────→ G_c(s) ──→ G_0(s) ──→ C(s)
    ↑−
    └──────────────────────────────┘
```

图 8-18 连续控制系统的结构图

(1) 设计滞后校正网络

$$G_c(s) = K\frac{s+a}{s+b}, \quad a > b$$

使系统在单位阶跃输入时的超调量 $\sigma\% \leqslant 30\%$,且在单位斜坡输入时的稳态误差 $e_{ss}(\infty) \leqslant 0.01$;

(2) 若为该系统增配采样器和保持器,并选取采样周期 $T = 0.1$ s,采用合适的离散化方法设计数字控制器 $G_c(z)$。

(3) 分别绘出(1)和(2)中连续系统和离散系统的单位阶跃响应曲线,并比较两者的结果;

(4) 另选采样周期 $T = 0.01$ s,重新完成(2)和(3)的工作。

解 (1) 设计连续控制器 $G_c(s)$。已选滞后网络为

$$G_c(s) = K\frac{s+a}{s+b} \quad (a > b)$$

其中 K、a、b 待定,则系统的开环传递函数为

$$G_c(s)G_0(s) = \frac{K(s+a)}{s(s+b)(s+10)} = \frac{K_v\left(\frac{1}{a}s+1\right)}{s\left(\frac{1}{b}s+1\right)(0.1s+1)}$$

式中:$K_v = \dfrac{aK}{10b}$ 为静态速度误差系数。

闭环特征方程为

$$\begin{aligned}D(s) &= s(s+b)(s+10) + K(s+a)\\ &= s^3 + (10+b)s^2 + (10b+K)s + aK = 0\end{aligned}$$

列劳斯表为

s^3	1	$10b+K$
s^2	$10+b$	aK
s^1	$\dfrac{K(b-a+10)+10b(b+10)}{10+b}$	
s^0	aK	

由劳斯稳定判据知,系统稳定的充分必要条件为

$$a > 0, \quad b > 0, \quad K(b-a+10) + 10b(b+10) > 0$$

选择 $a = 0.7, b = 0.1, K = 150$,因为

$$K(b-a+10) + 10b(b+10) = 1420.1 > 0$$

故闭环系统稳定。又因

$$K_v = \frac{aK}{10b} = 105, \quad e(\infty) = \frac{1}{K_v} = 0.0095 < 0.01$$

故满足稳定误差要求。再令

$$|G_c G_0(j\omega_c)| = \frac{150\sqrt{\omega_c^2 + 0.7^2}}{\omega_c\sqrt{(\omega_c^2 + 0.1^2)(\omega_c^2 + 10^2)}} = 1$$

解得 $\omega_c = 10.4$,系统相角裕度为

$$\gamma = 180° - 90° + \arctan\frac{\omega_c}{a} - \arctan\frac{\omega_c}{b} - \arctan\frac{\omega_c}{10} = 40.6°$$

系统近似为典型二阶系统,其中 $\xi = 0.36, \sigma\% = 30\%$,系统满足全部设计指标。

设计数字控制器 $D(z)$。已知 $T = 0.1$ s, $a = 0.7, b = 0.1$,令

$$D(z) = C\frac{z - B}{z - B}$$

其中 $\quad A = e^{-aT} = 0.932, \quad B = e^{-bT} = 0.990$

进行 $G_c(z) - D(z)$ 变换,令

$$C\frac{1-A}{1-B} = K\frac{a}{b}$$

有

$$C = K\frac{a(1-B)}{b(1-A)} = 154.4$$

得数字控制器为

$$D(z) = 154.4\frac{z - 0.932}{z - 0.990}$$

绘制系统单位阶跃响应曲线。

当系统为连续系统时,有

$$G_c(s)G_0(s) = \frac{K(s+a)}{s(s+b)(s+10)} = \frac{150(s+0.7)}{s(s+0.1)(s+10)}$$

$$\Phi(s) = \frac{G_c(s)G_0(s)}{1 + G_c(s)G_0(s)} = \frac{150(s+0.7)}{s^3 + 10.1s^2 + 151s + 105}$$

$$R(s) = \frac{1}{s}$$

系统输出为

$$C(s) = \Phi(s)R(s) = \frac{150(s+0.7)}{s(s^3 + 10.1s^2 + 151s + 105)}$$

当系统为离散系统时($T = 0.1$ s),有

$$G_c(s)G_0(s) = \frac{1 + e^{-sT}}{s}\frac{1}{s(s+10)}$$

$$G_h G_0(z) = (1 - z^{-1})\mathscr{L}\left[\frac{1}{s^2(s+10)}\right] = (1 - z^{-1})\mathscr{L}\left[\frac{0.1}{s^2} - \frac{0.01}{s} + \frac{0.01}{s+10}\right]$$

$$= \frac{0.01(0.368z + 0.264)}{z^2 - 1.368z + 0.368}$$

$$G_h G_0(z)D(z) = \frac{0.568(z + 0.717)(z - 0.932)}{(z^2 - 1.368z + 0.368)(z - 0.99)}$$

$$\Phi(z) = \frac{G_h G_0(z)D(z)}{1 + G_h G_0(z)D(z)} = \frac{0.568(z + 0.717)(z - 0.932)}{z^3 - 1.79z^2 + 1.6z - 0.743}$$

系统输出为

$$R(z)=\frac{z}{z-1}$$

$$C(z)=\Phi(z)R(z)=\frac{0.568(z^3-0.215z^2-0.668z)}{z^4-2.79z^3+3.39z^2-2.343z+0.743}$$
$$=0.568(z^{-1}+2.545z^{-2}+3.05z^{-3}+2.225z^{-4}+1.02z^{-5}+\cdots)$$

应用 MATLAB 软件包,可得连续系统和 $T=0.1$ s 时离散系统的单位阶跃响应曲线,如图 8-19 所示。由图 8-19 可知,当系统连续时,$\sigma\%=31\%$,$t_p=0.28$ s,$t_s=1$ s($\Delta=2\%$);当系统离散时,$\sigma\%=78\%$,$t_p=0.3$ s,$t_s=3.1$ s)($\Delta=2\%$)。表明连续系统离散化后,若采样周期较大,则阶跃响应动态性能会恶化,且输出有波纹。

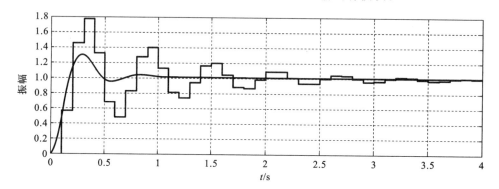

图 8-19 连续系统和 $T=0.1$ s 时离散系统的单位阶跃响应曲线

改变采样周期后系统的单位阶跃响应。另选 $T=0.01$ s,因

$$G_c(s)=K\frac{s+a}{s+b}=150\frac{s+0.7}{s+0.1}$$

利用 $G_c(z)$-$D(z)$ 变换,有

$$C\frac{1-A}{1-B}=K\frac{a}{b}$$

其中

$$A=e^{-aT}=e^{-0.007}=0.993$$
$$B=e^{-bT}=e^{-0.001}=0.999$$
$$C=K\frac{a(1-B)}{b(1-A)}=150$$

故数字控制器为

$$D(z)=C\frac{z-A}{z-B}=150\frac{z-0.993}{z-0.999}$$

广义对象脉冲传递函数为

$$G_hG_0(z)=(1-z^{-1})\mathscr{L}\left[\frac{0.1}{s^2}-\frac{0.01}{s}+\frac{0.01}{s+10}\right]$$
$$=(1-z^{-1})\mathscr{L}\left[\frac{0.1Tz}{(z-1)^2}-\frac{0.01z}{z-1}+\frac{0.01z}{z-e^{-10T}}\right]$$

代入 $T=0.01$,有

$$G_hG_0(z)=\frac{5\times10^{-5}(z+0.9)}{z^2-1.905z+0.905}$$

系统开环脉冲传递函数为
$$G_hG_0(z)D(z) = \frac{0.75\times 10^{-2}(z+0.9)(z-0.993)}{(z^2-1.905z+0.905)(z-0.999)}$$

系统闭环脉冲传递函数为
$$\Phi(z) = \frac{G_hG_0(z)D(z)}{1+G_hG_0(z)D(z)} = \frac{0.75\times 10^{-2}(z+0.9)(z-0.993)}{z^3-2.897z^2+2.807z-0.911}$$

单位阶跃输入为
$$R(z) = \frac{z}{z-1}$$

系统输出为
$$C(z) = \Phi(z)R(z) = \frac{G_hG_0(z)D(z)}{1+G_hG_0(z)D(z)} = \frac{0.0075(z^3-0.0932z^2-0.894z)}{z^4-3.897z^3+5.704z^2-3.718z+0.911}$$
$$= 0.0075(z^{-1}+3.8z^{-2}+8.195z^{-3}+13.9467z^{-4}+20.765z^{-5}+\cdots)$$

应用 MATLAB 软件包,可得连续系统和 $T=0.01$ s 时离散系统的单位阶跃响应曲线,如图 8-20 所示。由图 8-20 可知,当采样周期较小时,实线表示的连续系统响应与虚线表示的离散系统响应比较接近,表明离散化后动态性能的损失较小。

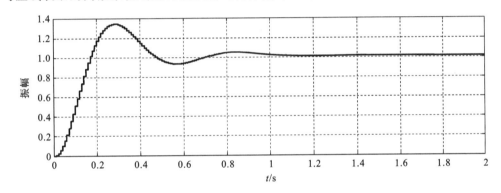

图 8-20 连续系统和 $T=0.01$ s 时离散系统的单位阶跃响应曲线

【习题 8-22】 采样系统的结构图如图 8-21 所示,图中 T 为采样周期,$T=1$ s,求闭环系统脉冲传递函数 $C(z)/R(z)$,并判断闭环系统的稳定性。

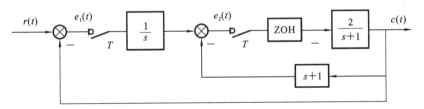

图 8-21 采样系统的结构图

解 设
$$G_1(s) = \frac{1}{s}, \quad G_2(s) = \frac{2}{s+1}, \quad G_h(s) = \frac{1-e^{-Ts}}{s}, \quad H(s) = s+1$$

$E_1(z)$ 的表达式为
$$E_1(s) = R(s) - G_2(s)G_h(s)E_2^*(s)$$
$$E_1^*(s) = R^*(s) - G_2(s)G_h^*(s)E_2^*(s)$$

$$E_1(z) = R(z) - G_2 G_h(z) E_2(z)$$

$E_2(z)$ 的表达式为

$$E_2(s) = G_1(s) E_1^*(s) - G_h(s) G_2(s) H(s) E_2^*(s)$$
$$E_2^*(s) = G_1^*(s) E_1^*(s) - G_h G_2 H^*(s) E_2^*(s)$$
$$E_2(z) = \frac{G_1(z)}{1 + G_h G_2 H(z)} E_1(z) = \frac{G_1(z)}{1 + G_1(z) G_h G_2(z) + G_h G_2 H(z)} R(z)$$

$C(z)$ 的表达式为

$$C(s) = G_h(s) G_2(s) E_2^*(s)$$
$$C^*(s) = G_h G_2^*(s) E_2^*(s)$$
$$C(z) = G_h G_2(z) E_2(z) = \frac{G_h G_2(z) G_1(z)}{1 + G_1(z) G_h G_2(z) + G_h G_2 H(z)} R(z)$$

其中

$$G_1(z) = \mathscr{Z}\left[\frac{1}{s}\right] = \frac{z}{z-1}$$

$$G_h G_2 = (1 - z^{-1}) \mathscr{Z}\left[\frac{2}{s(s+1)}\right] = 2(1 - z^{-1}) \mathscr{Z}\left[\frac{1}{s} - \frac{1}{s+1}\right]$$
$$= 2 \frac{z-1}{z}\left(\frac{z}{z-1} - \frac{z}{z - e^{-1}}\right) = \frac{2(1 - e^{-1})}{z - e^{-1}}$$

$$G_h G_2 H(z) = (1 - z^{-1}) \mathscr{Z}\left[\frac{1}{s} \frac{2}{s+1}(s+1)\right] = 2(1 - z^{-1}) \mathscr{Z}\left[\frac{1}{s}\right]$$
$$= 2 \frac{z-1}{z} \frac{z}{z-1} = 2$$

所以闭环系统脉冲传递函数为

$$\Phi(z) = \frac{C(z)}{R(z)} = \frac{2(1 - e^{-1})z}{3z^2 - (1 + 5e^{-1})z + 3e^{-1}}$$

闭环特征多项式为

$$D(z) = 3z^2 - (1 + 5e^{-1})z + 3e^{-1}$$

有

$$a_0 = 3e^{-1}, \quad a_1 = -1 - 5e^{-1}, \quad a_2 = 3$$
$$D(1) = 2 - 2e^{-1} > 0, \quad D(-1) = 4 + 8e^{-1} > 0, \quad |a_0| < a_2$$

闭环系统稳定。

【习题 8-23】 已知数字控制系统的结构图如图 8-22 所示。试确定系统的阶跃响应动态性能指标 σ_p 及 t_p(已知采样开关的采样周期 $T_s = 5$ s)。

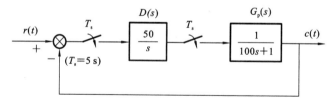

图 8-22 数字控制系统的结构图

解 系统的开环脉冲传递函数为

$$G(z) = D(z)G_p(z) = \frac{50z}{(z-1)} \frac{z}{100(z-0.951)} = \frac{0.5z^2}{(z-1)(z-0.951)}$$
$$= \frac{0.5z^2}{z^2 - 1.951z + 0.951}$$

系统的闭环脉冲函数为
$$\frac{C(z)}{R(z)} = \frac{G(z)}{1+G(z)} = \frac{0.5z^2}{1.5z^2 - 1.951z + 0.951}$$

在阶跃输入 $R(z)\frac{z}{z-1} =$ 作用下,系统的输出为
$$C(z) = \frac{0.5z^2}{1.5z^2 - 1.951z + 0.951} \frac{z}{(z-1)} = \frac{0.333z^2}{z^3 - 2.30z^2 + 1.93z - 0.633}$$
$$C(z) = 0.333z^0 + 0.766z^{-1} + 1.117z^{-2} + 1.301z^{-3} 1.315z^{-4} + 1.222z^{-5} + \cdots$$

根据 z 变换的定义式可得
$$t_p = 4T_s = 4 \times 5 = 20 \text{ s}$$
$$\sigma_p = 0.315 \approx 32\%$$

【习题 8-24】 系统的结构图如图 8-23 所示,采样周期为 1 s,试设计控制器的脉冲传递函数 $D(z)$,使该系统在单位斜坡信号作用下为最少拍无差系统。

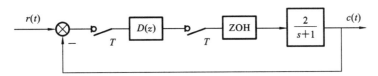

图 8-23 系统的结构图

解 已知输入为 $r(t) = t$,要使闭环系统在该输入下为最少拍无差系统,应设计 $D(z)$ 使闭环脉冲传递函数为
$$\Phi(z) = 2z^{-1} - z^{-2}$$

设
$$G(s) = \frac{1-e^{-Ts}}{s} \frac{10}{s(s+1)}$$

则
$$G(z) = \frac{z-1}{z} \mathscr{Z}\left[\frac{10}{s^2(s+1)}\right] = \frac{10(e^{-1}z - 2e^{-1} + 1)}{(z-1)(z-e^{-1})}$$

此时
$$D(z) = \frac{1}{G(z)} \frac{\Phi(z)}{1-\Phi(z)} = \frac{2z^2 - 1.73z + 0.368}{3.68z^2 - 1.04z - 2.64}$$

【习题 8-25】 系统的结构图如图 8-24 所示。

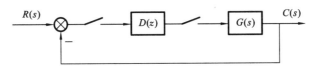

图 8-24 系统的结构图

已知 $r(t) = 1(t)$,$G(s) = \frac{2}{s(s+1)}$,$T = 0.5$ s,试设计 $D(z)$ 使系统为最小拍系统。

解 因为
$$G(s) = \frac{2}{s(s+1)}, \quad T = 0.5 \text{ s}$$

所以
$$G(z) = 2z\left[\frac{1}{s(s+1)}\right] = 2\frac{(1-e^{-0.5})z}{(z-1)(z-e^{-0.5})} = \frac{0.786z^{-1}}{(1-z^{-1})(1-0.607z^{-1})}$$

当输入信号 $r(t) = 1(t)$ 时,取 $\Phi_e(z) = 1 - z^{-1}$,$\Phi(z) = z^{-1}$,则
$$D(z) = \frac{\Phi(z)}{\Phi_e(z)G(z)} = \frac{z^{-1}}{(1-z^{-1})\dfrac{0.786z}{(z-1)(z-0.606)}} = 1.272 - 0.771z^{-1}$$

【习题 8-26】 已知离散系统的结构图如图 8-25 所示,其中 $G(s) = \dfrac{1}{s(s+1)}$,$T = 0.5$。

(1) 判断系统的稳定性;
(2) 写出误差系数和误差值;
(3) 阶跃输入下系统的输出。

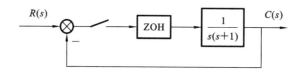

图 8-25 离散系统的结构图

解 (1) 由系统的结构图知
$$G(z) = (1-z^{-1})\mathscr{Z}\left[\frac{1}{s^2(s+1)}\right] = (1-z^{-1})\mathscr{Z}\left[\frac{1}{s^2} - \frac{1}{s} + \frac{1}{s+1}\right]$$
$$= \frac{T}{z-1} - \frac{1-e^{-T}}{z-e^{-T}} = \frac{0.1065z + 0.0902}{(z-1)(z-0.6065)}$$

闭环特征方程为
$$D(z) = z^2 - 1.5z + 0.6967 = 0$$

解得
$$z_{1,2} = 0.75 \pm j0.367 \Rightarrow |z_{1,2}| < 1$$

所以系统稳定。

(2) $\quad K_p = \lim_{z \to 1}[1 + G(z)] = \infty, \quad K_v = \lim_{z \to 1}(z-1)G(z) = 0.5$
$$K_a = \lim_{z \to 1}(z-1)^2 G(z) = 0$$

在单位阶跃输入下,有
$$e_{ss}(\infty) = \frac{1}{K_p} = 0$$

在单位斜坡输入下,有
$$e_{ss}(\infty) = \frac{1}{K_v} = 2$$

在单位加速度输入下,有
$$e_{ss}(\infty) = \frac{1}{K_a} = \infty$$

在阶跃输入下,有

$$C(z)=\Phi(z)R(z)=\frac{G(z)}{1+G(z)}R(z)=\frac{0.1065z^2+0.0902z}{z^3-2.5z^2+2.1967z-0.6967}$$
$$=0.107z^{-1}+0.365z^{-2}+0.657z^{-3}+0.934z^{-4}+\cdots$$
$$c^*(t)=0.107\delta(t-T)+0.356\delta(t-2T)+0.657\delta(t-3T)+0.934\delta(t-4T)+\cdots$$

【习题 8-27】 采样控制系统的结构图如图 8-26 所示,已知 $K=10, T=0.2$ s。

(1) 求出系统的开环脉冲传递函数。

(2) 判断闭环系统的稳定性。

(3) 当系统输入为 $r(t)=1(t)+t\cdot 1(t)+\frac{1}{2}t^2\cdot 1(t)$ 时,求稳态误差 e_{ss}。

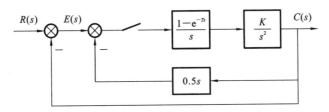

图 8-26 采样控制系统的结构图

解 (1) 系统的开环脉冲传递函数为
$$G(z)=\frac{G_1(z)}{1+G_1H(z)}$$

对于系统内环,有
$$G_1(s)=\frac{K(1-e^{-Ts})}{s^3}$$
$$H(s)=0.5s$$
$$G_1(z)=\mathscr{Z}[G_1(s)]=\mathscr{Z}\left[\frac{K(1-e^{-Ts})}{s^3}\right]=K(1-z^{-1})\mathscr{Z}\left[\frac{1}{s^3}\right]$$
$$=K(1-z^{-1})\frac{T^2z(z+1)}{2(z-1)^3}=K\frac{T^2(z+1)}{2(z-1)^2}$$
$$G_1H(z)=\mathscr{Z}[G_1(s)H(s)]=\mathscr{Z}\left[\frac{0.5K(1-e^{-Ts})}{s^2}\right]=0.5K(1-z^{-1})\mathscr{Z}\left[\frac{1}{s^2}\right]$$
$$=0.5K(1-z^{-1})\frac{Tz}{(z-1)^2}=\frac{0.5KT}{z-1}$$

所以系统的开环脉冲传递函数为
$$G(z)=\frac{G_1(z)}{1+G_1H(z)}=\frac{K\frac{T^2(z+1)}{2(z-1)^2}}{1+\frac{0.5KT}{z-1}}=\frac{\frac{1}{2}KT^2(z+1)}{(z-1)(z-1+0.5KT)}=\frac{0.2(z+1)}{z(z-1)}$$

(2) 系统的闭环特征方程为
$$D(z)=z^2-0.8z+0.2=0$$

特征根为
$$z_{1,2}=0.4\pm j0.2$$
$$|z_{1,2}|=|0.4\pm j0.2|=0.447<1$$

特征根均在单位圆内,故闭环系统稳定。

(3) 求稳态误差。

方法一 用终值定理求稳态误差。

$$\Phi_e(z) = \frac{1}{1+G(z)} = \frac{1}{1+\frac{0.2(z+1)}{z(z-1)}} = \frac{z(z-1)}{z^2-0.8z+0.2}$$

$$e_{ss} = \lim_{z \to 1}(1-z^{-1})E(z) = \lim_{z \to 1}(1-z^{-1})\Phi_e(z)R(z)$$

$$= \lim_{z \to 1}(1-z^{-1})\frac{z(z-1)}{z^2-0.8z+0.2}R(z) = \lim_{z \to 1}\frac{(z-1)^2}{z^2-0.8z+0.2}R(z)$$

当 $r(t)=1(t)$ 时,有

$$R(z) = \frac{z}{z-1}$$

$$e_{ss1} = \lim_{z \to 1}\frac{(z-1)^2}{z^2-0.8z+0.2}\frac{z}{z-1} = 0$$

当 $r(t)=t \cdot 1(t)$ 时,有

$$R(z) = \frac{Tz}{(z-1)^2} = \frac{0.2z}{(z-1)^2}$$

$$e_{ss2} = \lim_{z \to 1}\frac{(z-1)^2}{z^2-0.8z+0.2}\frac{0.2z}{(z-1)^2} = 0.5$$

当 $r(t)=\frac{1}{2}t^2 \cdot 1(t)$ 时,有

$$R(z) = \frac{T^2z(z+1)}{2(z-1)^3} = \frac{0.04z(z+1)}{(z-1)^3}$$

$$e_{ss3} = \lim_{z \to 1}\frac{(z-1)^2}{z^2-0.8z+0.2}\frac{0.04z(z+1)}{(z-1)^3} = \infty$$

所以系统的稳态误差为

$$e_{ss} = e_{ss1} + e_{ss2} + e_{ss3} = \infty$$

方法二 用静态误差系数。

$$K_p = \lim_{z \to 1}G(z) = \lim_{z \to 1}\frac{0.2(z+1)}{z(z-1)} = \infty$$

$$K_v = \lim_{z \to 1}(z-1)G(z) = \lim_{z \to 1}\frac{0.2(z+1)}{z} = 0.4$$

$$K_a = \lim_{z \to 1}(z-1)^2 G(z) = \lim_{z \to 1}\frac{0.2(z+1)(z-1)}{z} = 0$$

当 $r(t)=1(t)$ 时,有

$$e_{ss1} = \frac{1}{1+K_p} = 0$$

当 $r(t)=t \cdot 1(t)$ 时,有

$$e_{ss2} = \frac{T}{K_v} = 0.5$$

当 $r(t)=\frac{1}{2}t^2 \cdot 1(t)$ 时,有

$$e_{ss3} = \frac{T^2}{K_a} = \infty$$

所以系统的稳态误差为

$$e_{ss} = e_{ss1} + e_{ss2} + e_{ss3} = \infty$$

【习题 8-28】 某离散控制系统为针对单位斜坡输入设计的最小拍系统,选择$\Phi(z) = 2z^{-1} - z^{-2}$,试证明无论在何种典型输入形式作用下,该系统均有二拍的调节时间。

解 所设计的系统是单位斜坡输入响应的最少拍系统,令
$$\Phi(z) = 2z^{-1} - z^{-2}$$
则无论在何种典型输入形式作用下,该系统均有二拍调节时间,证明如下。

当 $r(t) = 1$ 时,有
$$R(z) = \frac{1}{1-z^{-1}} = 1 + z^{-1} + z^{-2} + \cdots$$
$$C(z) = \Phi(z)R(z) = \frac{2z^{-1} - z^{-2}}{1 - z^{-1}} = 0 + 2z^{-1} + z^{-2} + \cdots$$

当 $r(t) = t$ 时,有
$$R(z) = \frac{Tz^{-1}}{(1-z^{-1})^2} = 0 + Tz^{-1} + 2Tz^{-2} + 3Tz^{-3} + \cdots$$
$$C(z) = \Phi(z)R(z) = \frac{Tz^{-1}(2z^{-1} - z^{-2})}{(1-z^{-1})^2} = 0 + 0 + 2Tz^{-2} + 3Tz^{-3} + \cdots$$

当 $r(t) = \frac{1}{2}t^2$ 时,有
$$R(z) = 0 + 0.5T^2z^{-1} + T^2z^{-2} + 3.5T^2z^{-3} + \cdots$$
$$C(z) = 0 + 0 + T^2z^{-2} + 3.5T^2z^{-3} + \cdots$$

由上可见,三种典型输入下的系统输出 $C(z)$ 都是从第三拍起实现完全跟踪,因此均为两拍系统,其调节时间 $t_s = 2T$。

【习题 8-29】 已知开环脉冲传递函数为
$$G(z) = \frac{10e^{-T}z^{-1}(1 + 0.718z^{-1})}{(1 - z^{-1})(1 - e^{-T}z^{-1})}$$
系统周期 $T = 0.1$ s,已知 $e^{-1} = 0.368$。在单位阶跃下:
(1) 设计无波纹最少拍数字控制器 $D(z)$;
(2) 联系本题解释"无波纹最少拍"的含义。

解 (1) $G(z) = \frac{10e^{-T}z^{-1}(1 + 0.718z^{-1})}{(1-z^{-1})(1-e^{-T}z^{-1})} = \frac{0.368z^{-1}(1+0.718z^{-1})}{(1-z^{-1})(1-0.368z^{-1})}$

要设计无波纹最少拍系统,则 $\Phi_e(z) = E(z)R(z)$ 的零点包含 $G(z)$ 所有不稳定极点,且 $\phi(z)$ 包含 $G(z)$ 全部零点,即
$$\Phi(z) = bz^{-1}(1 + 0.718z^{-1}), \quad \Phi_e(z) = (1 - z^{-1})(1 + az^{-1})$$

因为
$$\Phi(z) = 1 - \Phi_e(z)$$

所以
$$bz^{-1}(1 + 0.718z^{-1}) = 1 - (1 - z^{-1})(1 + az^{-1})$$

解得
$$a = 0.418, \quad b = 0.582$$

所以
$$D(z) = \frac{\Phi(z)}{G(z)\Phi_e(z)} = \frac{0.158(1 - 0.368z^{-1})}{1 + 0.418z^{-1}}$$

(2) $Y(z) = \Phi(z)R(z) = 0.582z^{-1}(1+0.718z^{-1})\dfrac{1}{1-z^{-1}}$

$\qquad = 0.582z^{-1} + z^{-2} + z^{-3} + \cdots$

所以
$$E(z) = \Phi_e(z)R(z) = 1 + 0.418z^{-1}$$

系统单位阶跃响应曲线如图 8-27、图 8-28 所示。

因为
$$u(z) = D(z)E(z) = \dfrac{0.158(1-0.368z^{-1})}{1+0.418z^{-1}}(1+0.418z^{-1}) = 0.158 - 0.0581z^{-1}$$

为有限项,所以可实现无波纹系统。

$F(z) = 1 + az^{-1}$ 是最简单的,能实现最少拍控制。

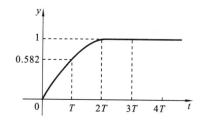
图 8-27 系统单位阶跃输入的输出响应曲线

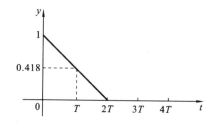
图 8-28 系统单位阶跃输入的误差响应曲线

【习题 8-30】 船载稳定平台俯仰角伺服采样控制系统结构图如图 8-29 所示。图 8-29 中,$C(s)$ 为实际的俯仰角,$R(s)$ 为给定的俯仰角,采样周期 $T=0.02$ s。试设计针对阶跃输入信号下的最少拍控制器,并求出系统调整时间为几拍?

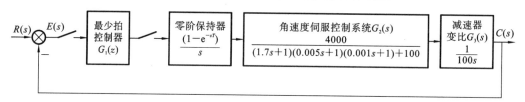

图 8-29 船载稳定平台俯仰角伺服采样控制系统结构图

解 广义对象脉冲传递函数 $G(z)$ 为
$$G(z) = \mathscr{Z}[G_2(s)G_3(s)G_h(s)] = (1-z^{-1})\mathscr{Z}\left[\dfrac{1}{s}G_2(s)G_3(s)\right]$$

$$= \dfrac{0.0023z^2 + 0.0043z + 0.0005}{z^3 - 1.1402z^2 + 0.1463z - 0.0241}$$

$$= \dfrac{(z+1.745)(z+0.1246)}{(z-1)(z-0.701-j0.1385)(z-0.701+j0.1385)}$$

$$R(z) = 1/(1-z^{-1})$$

注意到 $G(z)$ 在单位圆上有一个极点 $z=1$,在单位圆外有不稳定零点 $z=-1.745$,所以设计

$$\Phi_e(z) = (1-z^{-1})(1-az^{-1})$$
$$\Phi(z) = bz^{-1}(1+1.745z^{-1})$$

根据 $\Phi(z) = 1 - \Phi_e(z)$,有
$$bz^{-1} + 1.745bz^{-2} = (1-a)z^{-1} + az^{-2}$$

即
$$\begin{cases} b = 1-a \\ 1.745b = a \end{cases}$$

解得
$$\begin{cases} a = 0.635 \\ b = 0.364 \end{cases}$$

可得
$$\Phi_e(z) = (1-z^{-1})(1+0.635z^{-1})$$
$$\Phi(z) = 0.364z^{-1}(1+1.745z^{-1})$$
$$G_1(z) = \frac{\Phi(z)}{\Phi_e(z)G(z)} = \frac{0.364(z-0.701-j0.1385)(z-0.701+j0.1385)}{(z+0.635)(z-0.635)}$$
$$E(z) = \Phi_e(z)R(z) = 1+0.635z^{-1}$$

综上,系统在阶跃输入信号下最小拍控制,调整时间为 2 拍。

9

研究生入学考试模拟试题(1)

【试题 9-1】 (10分)根据下列方程绘制系统结构图,并求其传递函数 $C(s)/R(s)$。
(1) $X_1(s)=G_1(s)R(s)-G_1(s)[G_7(s)-G_8(s)]C(s)$;
(2) $X_2(s)=G_2(s)[X_1(s)-X_3(s)G_5(s)]$;
(3) $X_3(s)=G_3(s)[X_2(s)-C(s)G_6(s)]$;
(4) $C(s)=G_4(s)X_3(s)$

解 绘制系统结构图如图 9-1 所示。

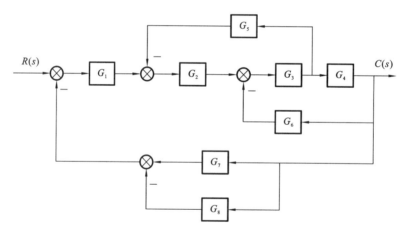

图 9-1 系统结构图

根据系统结构图绘制系统信号流图,如图 9-2 所示。

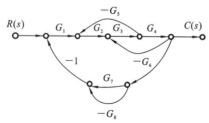

图 9-2 系统信号流图

根据信号流图,单个回路有
$$L_1=-G_2G_3G_5, \quad L_2=-G_3G_4G_6$$
$$L_3=-G_1G_2G_3G_4G_7, \quad L_4=G_1G_2G_3G_4G_8$$
没有两两不相交的回路,所以
$$\Delta=1+G_2G_3G_5+G_3G_4G_6+G_1G_2G_3G_4G_7$$
$$-G_1G_2G_3G_4G_8$$
前向通路有

$$P_1 = G_1G_2G_3G_4, \quad \Delta_1 = 1$$

所以得

$$\frac{C(s)}{R(s)} = \frac{G_1G_2G_3G_4}{1+G_2G_3G_5+G_3G_4G_6+G_1G_2G_3G_4G_7-G_1G_2G_3G_4G_8}$$

【试题 9-2】 (10 分) 已知某控制系统的结构图如图 9-3 所示,其单位脉冲响应如图 9-4 所示。试确定参数 K、τ,并计算恒速输入时(恒速时,$\Omega=1.5°/s$)系统的稳态误差(图 9-4 中阴影部分面积数值为 1.163)。

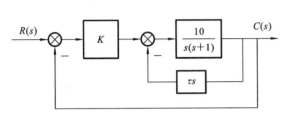
图 9-3 某控制系统的结构图

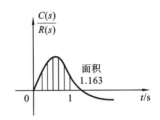
图 9-4 单位脉冲响应

解
$$\begin{cases} 1.163 = 1+\Delta P, \mathrm{e}^{-\frac{\xi\pi}{\sqrt{1-\xi^2}}} = 0.163 \\ t_p = 1, \dfrac{3.5}{\xi\pi} = 1 \end{cases} \Rightarrow \begin{cases} \xi = 0.5 \\ \omega_n = 10 \end{cases}$$

因为
$$G(s) = \frac{\dfrac{10}{s^2+s}}{1+\dfrac{10\tau s}{s^2+s}}K = \frac{10K}{s^2+s+10\tau s}$$

所以
$$\Phi(s) = \frac{10K}{s^2+(10\tau+1)s+10K}$$

所以
$$\begin{cases} 10K = \omega_n^2 \\ 10\tau+1 = 2\xi\omega_n \end{cases}$$

解得
$$\begin{cases} K = 10 \\ \tau = 0.9 \end{cases}$$

故
$$r(t) = 1.5t, \quad R(s) = \frac{1.5}{s^2}$$

$$E(s) = \frac{1}{1+G(s)} = \frac{s^2+10s}{s^2+10s+100}$$

$$e_{ss} = \lim_{s \to 0} sE(s)R(s) = \lim_{s \to 0} sE(s)\frac{1.5}{s^2} = 0.15$$

【试题 9-3】 (15 分) 单位负反馈控制系统的开环传递函数为
$$G(s)H(s) = \frac{k(s+2)}{s(s+1)(s+4)}$$

试绘制系统根轨迹。

解 由题意可知系统根轨迹方程为
$$G(s)H(s) = \frac{k(s+2)}{s(s+1)(s+4)} = -1$$

根据 180°根轨迹规则,按下列步骤绘制系统概略根轨迹。

(1) 起点:开环极点 $p_1=0, p_2=-1, p_3=-4$。终点:开环零点 $z_1=-2$,且有 $n-$

$m=2$ 条根轨迹趋于无穷远处。系统有 3 条根轨迹分支。

(2) 渐近线:根据规则,根轨迹的渐近线与实轴的交点和夹角为

$$\begin{cases} \sigma_a = \dfrac{-1-4+2}{3-1} = -\dfrac{3}{2} \\ \varphi_a = \dfrac{(2k+1)\pi}{3-1} = \pm\dfrac{\pi}{2} \end{cases}$$

(3) 实轴上的根轨迹:根据规则,实轴上的根轨迹区段为 $[-4,-2]$ 和 $[-1,0]$。

(4) 分离点:经典法分离点坐标计算为

$$\frac{1}{d} + \frac{1}{d+1} + \frac{1}{d+4} = \frac{1}{d+2}$$

经整理得

$$(d+4)(d^2+4d+2) = 0$$

解得

$$d_1 = -4 \text{(舍)}$$
$$d_2 = -3.414 \text{(舍)}$$
$$d_3 = -0.586$$

显然分离点位于实轴上 $[-1,0]$ 的区间,故取 $d = -0.586$。

综上,绘制系统根轨迹图,如图 9-5 所示。

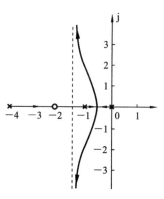

图 9-5 系统根轨迹图

【试题 9-4】 (15 分)某单位负反馈最小相位系统,其开环传递函数为

$$G(s) = \frac{k}{s(s+a)}$$

当 $r(t) = 3\cos(3t)$ 时,从示波器中观测到输出和输入的振幅相等,输出在相位上落后于输入 90°。

(1) 确定参数 k、a。

(2) 若 $r(t) = 3\cos(\omega t)$,确定当 ω 为何值时,稳态输出 $c(t)$ 的振幅最大,并计算此最大幅值。

解 (1) $G(s) = \dfrac{k}{s(s+a)}$ $\Phi(s) = \dfrac{G(s)}{1+G(s)} = \dfrac{k}{s(s+a)+k} = \dfrac{k}{s^2+as+k}$

$$\Phi(jw) = \frac{k}{k-w^2+jaw}$$

$$\begin{cases} |\Phi(jw)| = \dfrac{k}{\sqrt{(k-w^2)^2+(aw)^2}} \\ \angle\Phi(jw) = -\arctan\dfrac{aw}{k-w^2} \end{cases}$$

$$\Phi(j3), \quad \angle\Phi(j3) = -\frac{\pi}{2} = -90°$$

所以

$$\begin{cases} \dfrac{k}{\sqrt{(k-9)^2+(3a)^2}} = 1 \\ -\arctan\dfrac{3a}{k-9} = -\dfrac{\pi}{2} = -90° \end{cases}$$

解得

$$\begin{cases} a=1 \\ k=9 \end{cases}, \quad G(s) = \frac{9}{s(s+1)}$$

(2)
$$r(t) = 3\cos(wt)$$
$$\Phi(s) = \frac{9}{s^2+s+9} \Rightarrow \Phi(jw) = \frac{9}{9+jw-w^2}$$
$$c(t) = |\Phi(jw)| \, 3\cos[wt - \angle \Phi(jw)]$$

稳态输出 $c(t)$ 的振幅最大,即 $|\Phi(jw)| = \dfrac{9}{\sqrt{(w^2-9)^2+(w)^2}}$ 取最大值。

令
$$f(w) = (w^2-9)^2 + (w)^2 = 81 - 17w^2 + w^4$$

当 $w = +\sqrt{\dfrac{17}{2}}$ 时,$f(w)$ 有极小值,为 $f\left(\sqrt{\dfrac{17}{2}}\right) = \dfrac{35}{4}$,所以
$$\left|\Phi\left(j\sqrt{\dfrac{17}{2}}\right)\right| = \dfrac{1}{\sqrt{\dfrac{35}{4}}} = \dfrac{1}{\sqrt{8.75}} = 0.338$$

最大振幅为
$$3\left|\Phi\left(j\sqrt{\dfrac{17}{2}}\right)\right| = 1.014$$

【试题 9-5】 (20 分)已知 $G(s) = \dfrac{K}{s(s+25)}$,分别设计串联超前装置和串联滞后装置,使校正后的系统满足 $K_v = 50, \gamma \geqslant 55°$。

解 因为
$$G(s) = \dfrac{K}{s(s+25)} = \dfrac{\dfrac{K}{25}}{s\left(\dfrac{s}{25}+1\right)}$$
$$K_v = \lim_{s\to 0} sG(s) = \dfrac{K}{25} = 50 \Rightarrow K = 1250$$

所以
$$G(s) = \dfrac{50}{s\left(\dfrac{s}{25}+1\right)}$$
$$|G(T\omega_0)| = 1 \Rightarrow \omega_c = 31.24$$
$$\gamma_0 = 180° - 90° - \arctan\dfrac{\omega_c}{25} = 38.7° < 55°$$

(1) 当 $\omega_0 = 10$ rad/s 时,有
$$\gamma_1(\omega_c) = 180° - 90° - \arctan\dfrac{10}{25} = 68.2° > 55°, \quad \begin{cases}\omega_{c0} > \omega_c \\ \gamma_0 > \gamma\end{cases}$$

所以采用滞后校正,即
$$G(s) = \dfrac{\sigma\tau s+1}{\tau s+1}$$
$$\sigma = \dfrac{1}{|G(T\omega_c)|} = 0.216, \quad \dfrac{1}{\sigma T} = (0.1 \sim 0.2)\omega_c$$

取 $\dfrac{1}{\sigma T} = -0.1\omega_c \Rightarrow T = 4.63$,所以
$$G_c(s) = \dfrac{s+1}{4.63s+1}, \quad G(s) = \dfrac{1250(s+1)}{s(4.63s+1)(s+25)}$$

验证：① $\omega_c=10$ rad/s，$|G(T\omega_c)|=1$；② $\gamma=63.75°>55°$；③ $K_v=50$，符合。

(2) 当 $\omega_0=50$ rad/s 时，有

$$\gamma_1(\omega_c)=180°-90°-\arctan\frac{\omega_c}{25}=26.56°<55°,\quad\begin{cases}\omega_{c0}<\omega_c\\ \gamma_0<\gamma\end{cases}$$

所以采用超前校正，即

$$\varphi_m=\gamma-\gamma_0+(5°\sim10°)=55°-26.56°+(5°\sim10°)=23.44°$$

$$G_c(s)=\frac{0.078s+1}{0.0104s+1},\quad G(s)=\frac{1250(0.078s+1)}{s(0.0104s+1)(s+25)}$$

验证：① $K_v=50$；② $\omega_c=50$ rad/s，$|G(T\omega_c)|=1$；③ $\gamma=61.58°>55°$，符合要求。

【试题 9-6】 (20 分) 已知非线性系统的结构图如图 9-6 所示。

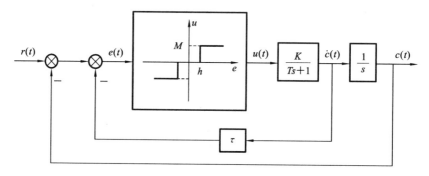

图 9-6 非线性系统的结构图

其中输入 $r(t)=0$，初始条件为 $c(0)>h,\dot{c}(0)=0$。$\tau=0$ 及 $\tau>0$ 两种情况下的系统相轨迹图如图 9-7 所示，并说明 τ 存在的作用。

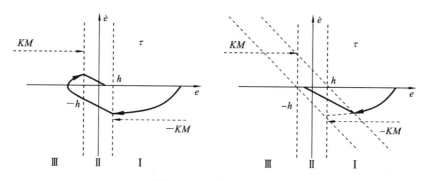

图 9-7 系统相轨迹图

解
$$T\ddot{e}+\dot{e}=-ku$$

$$u=\begin{cases}-M,& e+\tau\dot{e}<-h\\ 0,& |e+\tau\dot{e}|\leq h\\ M,& e+\tau\dot{e}>h\end{cases}$$

$\tau=0$，三个区的分区边界是两条竖直线。

I 区、III 区 $T\ddot{e}+\dot{e}=\pm K_M$；相轨迹方程 $\dfrac{d\dot{e}}{de}=-\dfrac{\dot{e}\pm K_M}{T\dot{e}}$ 无奇点。

$\dot{e}=-\dfrac{\pm K_M}{1+\tau\alpha}$，渐进线方程为 $\dot{e}=\pm K_M$。

Ⅱ区 $T\ddot{e}+\dot{e}=0$,相轨迹为 $\dot{e}=-\dfrac{e}{T}$。

Ⅰ区、Ⅲ区的相轨迹必然进入Ⅱ区,Ⅱ区上半部的相轨迹可能进入Ⅲ区,下半部的相轨迹可能进入Ⅰ区,部分相轨迹终止于 e 轴的 $[-h,h]$ 区间上,系统不存在稳定的极限环。

$\tau>0$ 三个区的分区边界是两条斜率为 $-\dfrac{1}{2}$ 的斜线,各区相轨迹与 $\tau=0$ 时的对应区完全相同,T 存在的作用是使系统进入下一区的时间提前,使系统的过渡时间缩短。

【试题 9-7】 (10分)控制系统结构图如图 9-8 所示。设计控制器 $D(z)$,使闭环系统是响应斜坡输入的无波纹最小拍系统;给出单位斜坡输入时 $e(k)$ 的表达式。

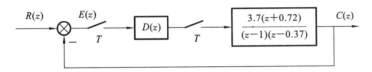

图 9-8 控制系统结构图

解 要使闭环系统是响应斜坡输入的无波纹最小的系统,则

$$G(z)=\dfrac{3.7(z+0.72)}{(z-1)(z-0.37)}$$

$$G(z)=\dfrac{3.7z^{-1}(1+0.72z^{-1})}{(1-z^{-1})(1-0.37z^{-1})}$$

$$\begin{cases}\Phi(z)=(1+0.72z^{-1})z^{-1}(a+bz^{-1})\\ \Phi_e(z)=(1-z^{-1})^2(1+cz^{-1})\end{cases}$$

$$1-\Phi_e(z)=\Phi(z)\Rightarrow\begin{cases}c=0.59\\ a=1.41\\ b=-0.83\end{cases}$$

所以 $\Phi(z)=1.41z^{-1}(1+0.72z^{-1})(1-0.587z^{-1})$

$$\Phi_e(z)=(1-z^{-1})^2(1+0.594z^{-1})$$

$$D(z)=\dfrac{\Phi(z)}{G(z)\Phi_e(z)}=\dfrac{0.38(1-0.587z^{-1})(1-0.37z^{-1})}{(1-z^{-1})(1+594z^{-1})}$$

$E_2(z)=D(z)E_1(z)=D(z)\Phi_e(z)R(z)$

$$=\dfrac{0.38(1-0.587z^{-1})(1-0.37z^{-1})(1-z^{-1})^2(1+594z^{-1})}{(1-z^{-1})(1+594z^{-1})}\dfrac{Tz^{-1}}{(1-z^{-1})^2}$$

$$=\dfrac{0.38Tz^{-1}-0.364Tz^{-2}+0.0825Tz^{-3}}{1-z^{-1}}$$

$$=0.38Tz^{-1}+0.016Tz^{-2}+0.0985T(z^{-3}+z^{-4})+\cdots$$

$e_2(0)=0$, $e_2(T)=0.38T$, $e_2(2T)=0.016T$, $e_2(3T)=e_2(4T)=\cdots=0.0985T$

10

研究生入学考试模拟试题(2)

【试题 10-1】 (15 分)已知系统的结构图如图 10-1 所示。

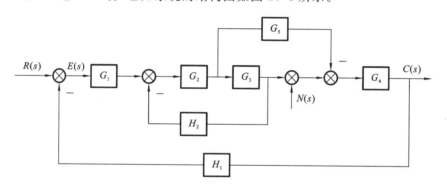

图 10-1 系统的结构图

(1) 用结构图等效化简方法求系统的传递函数 $C(s)/R(s)$ (要求有主要步骤);

(2) 用梅森公式求系统的传递函数 $C(s)/N(s)$ (要求有主要步骤)。

解 系统的等效结构图如图 10-2 所示。

故系统的传递函数为

$$\frac{C(s)}{R(s)} = \frac{\dfrac{G_1 G_2 (G_3 - G_5) G_4}{1 + G_2 G_3 H_2}}{1 + \dfrac{G_1 G_2 (G_3 - G_5) G_4 H_1}{1 + G_2 G_3 H_2}}$$

$$= \frac{G_1 G_2 G_3 G_4 - G_1 G_2 G_4 G_5}{1 + G_2 G_3 H_2 + G_1 G_2 G_3 G_4 H_1 - G_1 G_2 G_4 G_5 H_1}$$

(2) 系统信号流图如图 10-3 所示。

单个回路有

$$L_1 = -G_2 G_3 H_2, \quad L_2 = -G_1 G_2 G_3 G_4 H_1, \quad L_3 = G_1 G_2 G_4 G_5 H_1$$

所以

$$\Delta = 1 + G_2 G_3 H_2 + G_1 G_2 G_3 G_4 H_1 - G_1 G_2 G_4 G_5 H_1$$

前向通路有

$$P_1 = G_4, \quad \Delta = 1 + G_2 G_3 H_2$$

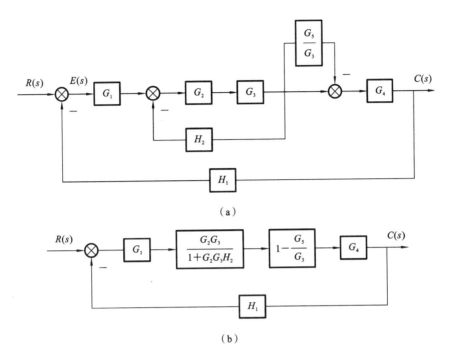

(a)

(b)

图 10-2 系统的等效结构图

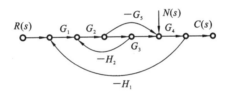

图 10-3 系统信号流图

所以
$$\frac{C(s)}{R(s)} = \frac{G_4(1+G_2G_3H_2)}{1+G_2G_3H_2+G_1G_2G_3G_4H_1-G_1G_2G_4G_5H_1}$$

【试题 10-2】 (10 分)某单位反馈系统的开环传递函数为

$$G(s) = \frac{K}{s(\tau s+1)}$$

(1) 试计算当超调量在 5%～30% 范围内变化时参数 K 与 τ 乘积的取值范围；

(2) 分析当系统阻尼比 $\xi=0.707$ 时参数 K 与 τ 的关系。

解 (1) 由 $G(s)=\dfrac{K}{s(\tau s+1)}$，可得闭环传递函数为

$$\Phi(s) = \frac{G(s)}{1+G(s)} = \frac{K}{\tau s^2+s+K} = \frac{\dfrac{K}{\tau}}{s^2+\dfrac{1}{\tau}s+\dfrac{K}{\tau}}$$

与标准二阶闭环传递函数 $\Phi(s)=\dfrac{\omega_n^2}{s^2+2\xi\omega_n s+\omega_n^2}$ 比较可得

$$\tau=\frac{1}{2\xi\omega_n}, \quad K=\frac{\omega_n}{2\xi}, \quad K\tau=\frac{1}{4\xi^2}$$

(2) 欲使系统超调量

则
$$\sigma_p = 5\% \sim 30\%$$
$$e^{-\frac{\xi\pi}{\sqrt{1-\xi^2}}} \times 100\% = 5\% \sim 30\%$$

可解得
$$\xi = 0.36 \sim 0.69$$

故可得
$$K\tau = 1.93 \sim 0.53$$

即 K 与 τ 的乘积应在 $1.96 \sim 0.53$ 取值。

【试题 10-3】 (15分)试绘制如图 10-4 所示的反馈系统当根轨迹增益 k 从零变化到无穷时的根轨迹。

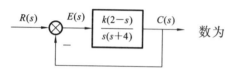

图 10-4 反馈系统的结构图

解 由系统结构图得负反馈系统的开环传递函数为

$$G(s) = \frac{k(2-s)}{s(s+4)}$$

由闭环特征方程 $D(s) = 1 + G(s) = 0$,得根轨迹方程为

$$\frac{k(2-s)}{s(s+4)} = -1$$

将上式等号左侧化为标准的零点、极点形式,得标准形式的根轨迹方程为

$$\frac{k(s-2)}{s(s+4)} = 1$$

根据零度根根轨迹规则,按下列步骤绘制系统根轨迹。

(1) 根轨迹的起点为 $p_1 = 0, p_2 = -4, n = 2$,根轨迹终点为 $z_1 = 2$,以及无穷远处,$m = 1$。

(2) 由于 $n - m = 1$,不需要求渐近线。

(3) 实轴上 $-4 \sim 0$ 以及 $2 \sim +\infty$ 的区域是根轨迹。

(4) 根轨迹在实轴上的分离点:观察可见,实轴上 $-4 \sim 0$ 以及 $2 \sim +\infty$ 都必存在分离点,由根轨迹方程可得

$$k = \frac{s(s+4)}{(s-2)}$$

令
$$\frac{dk}{ds} = \frac{d}{ds}\left[\frac{s(s+4)}{s-2}\right] = 0$$

即 $s^2 - 4s - 8 = 0$。解得分离点 $s_{x_1} = 2 + 2\sqrt{3}, s_{x_2} = 2 - 2\sqrt{3}$。

(5) 根轨迹与虚轴的交点:令 $s = j\omega$,代入闭环特征方程 $D(s) = s(s+4) - k(s-2) = 0$ 中,并令其实部、虚部分别为零,则

$$\begin{cases} 4\omega - k\omega = 0 \\ \omega^2 - 2k = 0 \end{cases}$$

则根轨迹与虚轴交点处有

$$\begin{cases} \omega = 0 \\ k = 0 \end{cases} \quad 或 \quad \begin{cases} \omega = \pm 2\sqrt{2} \\ k = 4 \end{cases}$$

即
$$\begin{cases} s = 0 \\ k = 0 \end{cases} \quad 或 \quad \begin{cases} s = \pm 2\sqrt{2} \\ k = 4 \end{cases}$$

综上,绘制系统根轨迹图,如图 10-5 所示。

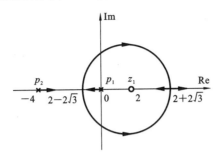

图 10-5 系统根轨迹图

【试题 10-4】 (10 分)已知单位负反馈开环传递函数为
$$G(s)=\frac{k(2s+1)}{s^2(s+1)}$$
求使相角裕度最大的 k 值。

解
$$G(j\omega)=\frac{k(j2\omega+1)}{-\omega^2(j\omega+1)}$$

令
$$|G(j\omega_c)|=\frac{k\sqrt{(2\omega_c)^2+1}}{\omega_c^2\sqrt{\omega_c^2+1}}=1 \tag{1}$$

$$\angle G(j\omega_c)=\arctan(2\omega_c)-180°-\arctan\omega_c$$

$$\gamma=180°+\angle G(j\omega_c)=\arctan(2\omega_c)-\arctan\omega_c$$

$$\gamma'=\frac{2}{1+(2\omega_c)^2}-\frac{1}{1+\omega_c^2}=\frac{2(1+\omega_c^2)-1-4\omega_c^2}{(1+4\omega_c^2)(1+\omega_c^2)}=\frac{1-2\omega_c^2}{(1+4\omega_c^2)(1+\omega_c^2)}$$

(提示:$\arctan A\pm\arctan B=\arctan\frac{A\pm B}{1\mp AB}$)

当 $\omega_c<\frac{\sqrt{2}}{2}$ 时,$1-2\omega_c^2>0$,γ 增大。

当 $\omega_c>\frac{\sqrt{2}}{2}$ 时,$1-2\omega_c^2<0$,γ 减小。

当 $\omega_c=\frac{\sqrt{2}}{2}$ 时,γ 有最大值,将 $\omega_c=\frac{\sqrt{2}}{2}$ 代入式(1),求出对应的 k 值为

$$k=\frac{\omega_c^2\sqrt{\omega_c^2+1}}{\sqrt{(2\omega_c)^2+1}}=\frac{\sqrt{2}}{4}\approx 0.354$$

【试题 10-5】 (20 分)已知待校正系统的开环传递函数为
$$G_0(s)=\frac{K}{s(0.2s+1)(0.02s+1)}$$
试设计串联校正装置,使得校正后系统满足下列指标:
(1) 系统静态速度误差系数为 $K_v\geqslant 250\ \text{s}^{-1}$;
(2) 截止频率 $\omega_c\geqslant 15\ \text{rad/s}$;
(3) 相角裕度 $\gamma\geqslant 45°$。

解 $K_v=\lim\limits_{s\to 0}sG(s)=K=0$,取 $K=250\ \text{s}^{-1}$,根据斜率法有

$$\omega_{c0}=29.65>\omega_c$$

$$\gamma(\omega_c) = 180° - 90° - \arctan 0.2\omega_c - \arctan 0.02\omega_c = 1.736° < 45°$$

综上：$\omega_0 > \omega_c, \gamma(\omega_c) < \gamma$，所以采用滞后-超前校正。

超前校正：

$$\varphi_m = \gamma - \gamma(\omega_c) + \Delta(5° \sim 10°) = 45° - 1.736° + \Delta = 50°$$

$$\alpha = \frac{1 + \sqrt{m\varphi_m}}{1 - \sqrt{m\varphi_m}} = 7.5, \quad \omega_c = \frac{1}{T\sqrt{\alpha}}$$

$$T = \frac{1}{\omega_c\sqrt{\alpha}} = 0.024, \quad \alpha T = 0.18$$

所以
$$G_1(s) = \frac{250(0.18s + 1)}{s(0.2s + 1)(0.02s + 1)(0.024 + 1)}$$

滞后校正：

$$20\lg H(\omega_c) = 20\lg \frac{250\sqrt{(0.18 + \omega_c)^2 + 1}}{\omega_c \sqrt{(0.2 + \omega_c)^2 + 1}\sqrt{(0.02 + \omega_c)^2 + 1}\sqrt{(0.024 + \omega_c)^2 + 1}} = -20\lg \sigma$$

$$b = 0.078, \quad \frac{1}{bT} = \frac{\omega_c}{10} \Rightarrow bT = 0.67, T = 8.55$$

所以
$$G(s) = \frac{250(0.18s + 1)(0.67s + 1)}{s(0.2s + 1)(0.02s + 1)(0.024s + 1)(8.55s + 1)}$$

检验：$K_v \geq 250 \text{ s}^{-1}, \quad \omega_c \geq 15 \text{ rad/s}$

$$\gamma(\omega_c) = 180° - 90° - \arctan 0.2\omega_c - \arctan 0.02\omega_c - \arctan 0.024\omega_c$$
$$- \arctan 8.55\omega_c - \arctan 0.67\omega_c = 46.39° > 45°$$

故符合题意。

【试题 10-6】（20 分）已知非线性控制系统的结构图如图 10-6 所示。已知 $r = 0, k = 1, h = 0.3, \Delta = 0.3, M = 1$。试用描述函数法确定该系统产生自激振荡的频率和幅值。

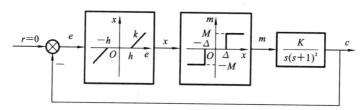

图 10-6 非线性控制系统的结构图

解 先把图 10-6 中的两个串联的非线性特性合并为一个，如图 10-7 所示。其中死区的参数 b 用 $k(e - h) = \Delta$ 确定。于是得

$$e = b = h + \frac{\Delta}{k} = 0.3 + 0.3 = 0.6$$

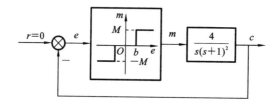

图 10-7 合并后非线性控制系统的结构图

对于有死区的继电器特性,其描述函数的负倒特性如图 10-8 所示。

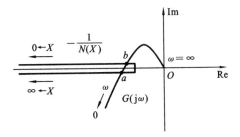

图 10-8 $-1/N(X)$ 和 $G(j\omega)$ 曲线

因为

$$-\frac{1}{N(X)}=-\frac{1}{\frac{4M}{\pi X}\sqrt{1-\left(\frac{b}{X}\right)^2}}$$

所以线性部分的频率特性 $G(j\omega)$ 曲线与复实轴相交点的相位为

$$\varphi=-90°-\arctan\omega-\arctan\omega=-180°$$
$$2\arctan\omega=90°$$

由此解得频率为 $\omega=1$。

当 $G(j\omega)$ 曲线与 $-\dfrac{1}{N(X)}$ 轨迹线相交时,有

$$\frac{1}{\frac{4}{\pi X}\sqrt{1-\frac{0.36}{X^2}}}=|G(j\omega)|_{\omega=1}=2$$

据此,解得幅值 $X=0.618$(b 点),或 $X=2.46$(a 点)。可以看出,在 a 点处的自激振荡 $2.46\sin t$ 是稳定的,幅值为 2.46,频率为 1,而 b 点处产生的自激振荡 $0.618\sin t$ 是不稳定的。

【试题 10-7】 (10 分)离散系统的结构图如图 10-9 所示,采样周期 $T=1$ s,$e^{-1}=0.368$。

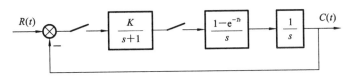

图 10-9 离散系统的结构图

(1) 求系统开环和闭环脉冲传递函数;
(2) 确定使系统稳定的 K 值范围;
(3) 当 $r(t)=t$ 时,若系统稳态误差 $e(\infty)\leqslant 0.1$,则该系统能否稳定工作?

解 (1) $G(z)=z\left[\dfrac{K}{s+1}\right]z\left[\dfrac{1-e^{-Ts}}{s}\dfrac{1}{s}\right]=\dfrac{Kz}{z-0.368}(1-z^{-1})\dfrac{Tz}{(z-1)^2}$

$$=\frac{Kz}{(z-1)(z-0.368)}$$

$$\Phi(z)=\frac{G(z)}{1+G(z)}=\frac{Kz}{z^2+(K-1.368)z+0.368}$$

(2) 方法一　$D(z)=z^2+(K-1.368)z+0.368$

$$\begin{cases} D(1)=1+(K-1.368)+0.368>0 \\ D(-1)=1-(K-1.368)+0.368>0 \\ 0.368<1 \end{cases}$$

解得
$$0<K<2.736$$

方法二　令 $z=\dfrac{\omega+1}{\omega-1}$，则

$$K\omega^2+1.24\omega+2.736-K=0$$

列劳斯表得

$$\begin{array}{ll} \omega^2 & K \quad 2.736-K \\ \omega^1 & 1.264 \\ \omega^0 & 2.736-K \end{array}$$

解得
$$0<K<2.736$$

(3) $r(t)=t$，使 $e_{ss}(\infty)\leqslant 0.1$，则

$$K_v=\lim_{z\to 1}(z-1)G(z)=\lim_{z\to 1}(z-1)\dfrac{Kz}{(z-1)(z-0.368)}=\dfrac{K}{0.632}$$

$$e_{ss}=\dfrac{1}{K_v}=\dfrac{0.632}{K}\leqslant 0.1\Rightarrow K\geqslant 6.32$$

而要使系统稳定，则 $0<K<2.736$，故该系统不能稳定工作。

参 考 文 献

[1] 刘胜. 自动控制原理[M]. 哈尔滨:哈尔滨工程大学,2015.
[2] 胡寿松. 自动控制原理[M]. 6版. 北京:科学出版社,2013.
[3] 胡寿松. 自动控制原理题海与考研指导[M]. 2版. 北京:科学出版社,2013.
[4] 李友善,梅晓榕,王彤. 自动控制原理480题[M]. 哈尔滨:哈尔滨工业大学出版社,2015.
[5] 史忠科,卢京潮. 自动控制原理常见题型解析及模拟题[M]. 西安:西北工业大学出版社,1998.
[6] 李友善,梅晓榕,王彤. 自动控制原理360题[M]. 哈尔滨:哈尔滨工业大学出版社,2002.
[7] 宋申民,陈兴林. 自动控制原理典型例题解析与习题精选[M]. 北京:高等教育出版社,2004.
[8] 张苏英. 自动控制原理考研试题分析与解答技巧[M]. 北京:北京航空航天大学出版社,2006.
[9] 孙建平. 自动控制原理习题集[M]. 北京:中国电力出版社,2010.
[10] 冯江,王晓燕. 自动控制原理解题指南[M]. 广州:华南理工大学出版社,2004.
[11] 张正方,李玉清,康远林. 新编自动控制原理题解[M]. 武汉:华中科技大学出版社,2003.
[12] 杨平,翁思义,王志萍. 自动控制原理学习辅导[M]. 北京:中国电力出版社,2005.
[13] 韩敏. 自动控制原理习题集[M]. 大连:大连理工大学出版社,2017.
[14] 张苏英. 自动控制原理学习指导与题解指南[M]. 北京:国防工业出版社,2007.